高职高专机械类专业系列教材

公差配合与几何测量检测技术

主　编　朱　红
副主编　任　云
参　编　彭　婧　奚旗文　李鄂琴

机械工业出版社

本书由绪论、基础知识和知识应用三大部分组成，每个部分的内容既相互联系又各自独立，内容包括：公差测量技术概述、尺寸公差、测量技术、几何公差、表面粗糙度、滚动轴承的公差与配合、键联接的公差配合与检测及螺纹的公差配合与检测。重点介绍了各类公差的选择、标注、查表与解释，以及几何量的常见检测方法和数据处理。

本书可作为高职高专制造大类相关专业的教学用书，也可作为从事机械设计与制造的工程技术人员的参考用书。

本书配套有电子课件，凡选用本书作为教材的教师可登录机械工业出版社教育服务网 www.cmpedu.com 注册后下载。咨询电话：010-88379375。

图书在版编目（CIP）数据

公差配合与几何测量检测技术/朱红主编．—北京：机械工业出版社，2015.2（2024.7 重印）

高职高专机械类专业系列教材

ISBN 978-7-111-49218-4

Ⅰ.①公…　Ⅱ.①朱…　Ⅲ.①公差—配合—高等职业教育—教材②技术测量—高等职业教育—教材　Ⅳ.①TG801

中国版本图书馆 CIP 数据核字（2015）第 011404 号

机械工业出版社（北京市百万庄大街 22 号　邮政编码 100037）

策划编辑：于奇慧　责任编辑：于奇慧　张丹丹

版式设计：常天培　责任校对：陈延翔

封面设计：路恩中　责任印制：邓　博

北京盛通数码印刷有限公司印刷

2024 年 7 月第 1 版第 7 次印刷

184mm×260mm ·9.75 印张·232 千字

标准书号：ISBN 978-7-111-49218-4

定价：29.00 元

电话服务　　网络服务

客服电话：010-88361066　　机 工 官 网：www.cmpbook.com

010-88379833　　机 工 官 博：weibo.com/cmp1952

010-68326294　　金 书 网：www.golden-book.com

机工教育服务网：www.cmpedu.com

前　言

“公差配合与几何测量检测技术”是高职院校机械类及近机械类各专业中一门实用性较强的专业基础课程，包含几何测量公差选用和误差检测两个方面的内容，与机械设计、机械制造及产品质量控制密切相关。

在机械产品的精度设计和制造过程中，正确应用相关的国家标准和零件精度设计的原则、方法进行机械产品的精度设计，运用常用的、现代的检测技术手段来保证机械零件加工质量是本课程的教学目标。

本教材的编写遵循“打好基础、精选内容、利于教学”的原则，注重理论与实践的紧密联系，既保证了必要、足够的理论知识内容，又增强了理论知识的应用性、实用性；既突出了常见几何参数及典型表面的公差要求的解释、设计及标注，又适当地讲述了对几何量的常见检测方法和数据处理的内容。本教材的每个模块均以实例引出并说明相关的理论知识，并采用最新的国家标准，力求按教学规律阐述本门学科的基本知识，同时便于自学。

本教材共分为三个部分，第一部分为绪论，简要介绍基本概念；第二部分为基础知识，包含尺寸公差、测量技术、几何公差和表面粗糙度；第三部分为知识应用，包含滚动轴承、键和螺纹的公差配合与检测。本教材概念阐述清楚，内容安排紧凑，体系清晰明了，剔除了与其他课程重叠的部分，简练易懂，同时突出实际应用。

本教材适用于高等职业院校机械类、近机械类各专业教学，可供高等院校机械类各专业师生使用，也可作为继续教育院校机械类各专业的教材，以及供从事机械设计、机械制造、标准化、计量测试等工作的工程技术人员参考。

本书由武汉职业技术学院朱红任主编，海军航空工程学院任云任副主编。其中绪论和知识模块 3 由朱红编写，知识模块 1 由武汉电力职业技术学院彭婧编写，知识模块 4 由武汉职业技术学院奚旗文编写，知识模块 2 由武汉职业技术学院李鄂琴编写，知识模块 5、知识模块 6、知识模块 7 由任云编写。

由于编者水平有限，书中难免出现疏忽错误之处，敬请各位读者批评指正。

编　者

目　　录

前言
绪论…………………………………………… 1
0.1　公差和测量 ……………………………… 1
0.1.1　制造精度（公差） ………… 1
0.1.2　精度检测 ………………………… 1
0.2　互换性及其作用 ……………………… 2
0.2.1　互换性 ……………………………… 2
0.2.2　互换性分类 ……………………… 2
0.2.3　互换性在机械制造中的作用 ……………………………… 2
0.3　标准化和优先数系 ………………… 3
0.3.1　标准和标准化 ………………… 3
0.3.2　优先数和优先数系 ………… 3
0.4　本课程任务 ……………………………… 4

第一篇　基础知识

知识模块1　尺寸公差 …………………… 5
1.1　尺寸术语及定义 ……………………… 7
1.1.1　孔和轴 ……………………………… 7
1.1.2　尺寸 ………………………………… 7
1.2　尺寸偏差、公差的术语及定义 … 8
1.2.1　尺寸偏差 ………………………… 8
1.2.2　尺寸公差 ………………………… 8
1.2.3　基本偏差 ………………………… 9
1.3　配合术语及定义……………………… 10
1.4　极限与配合的国家标准………… 13
1.4.1　公差与配合的国家标准…… 14
1.4.2　基本偏差系列………………… 17
1.4.3　公差与配合代号及标注…… 24
1.5　国标中规定的常用公差与配合………………………………… 26
1.5.1　常用尺寸段孔、轴公差带 … 26
1.5.2　常用尺寸段孔、轴公差配合………………………………… 27
1.6　常用尺寸段公差与配合的选用……………………………………… 29
1.6.1　基准制的选用………………… 29
1.6.2　公差等级的选用……………… 30
1.6.3　配合的选用…………………… 32
1.7　线性尺寸的未注公差……………… 37
1.7.1　线性尺寸一般公差的概念……………………………… 37
1.7.2　有关国家标准规定………… 38
1.7.3　线性尺寸一般公差的表示方法……………………………… 38
习题 …………………………………………… 38
知识模块2　测量技术 ………………… 40
2.1　概述…………………………………………… 40
2.2　长度基准与量值传递……………… 41
2.3　测量方法与测量器具……………… 45
2.3.1　测量原理与测量方法的分类……………………………… 45
2.3.2　测量器具的分类……………… 47
2.3.3　测量器具的度量指标 …… 49
2.3.4　常用量具简介………………… 50
2.4　测量误差…………………………………… 61
2.4.1　测量误差的基本概念……… 61
2.4.2　测量误差产生的原因……… 62
2.4.3　测量误差的分类与处理方法……………………………… 62
习题 …………………………………………… 65
知识模块3　几何公差 ………………… 66
3.1　几何公差概述…………………………… 67
3.1.1　几何公差的研究对象……… 67
3.1.2　几何公差的项目和含义…… 68
3.1.3　几何公差带…………………… 68
3.1.4　几何公差的标注方法……… 69
3.2　形状公差与公差带………………… 71

3.3 方向、位置、跳动公差及公差带……………………… 74
3.4 几何公差与尺寸…………………… 79
3.4.1 有关术语及定义…………… 79
3.4.2 独立原则……………………… 82
3.4.3 相关要求……………………… 82
3.5 几何公差的选择…………………… 88
3.5.1 几何公差特征项目的选择……………………… 88
3.5.2 几何公差值（或公差等级）的选择 ……………… 88
3.5.3 几何公差基准要素的选择……………………… 92
3.6 几何误差的检测原则……………… 93
3.6.1 几何误差的评定准则……… 94
3.6.2 三基面体系………………… 96
3.6.3 典型几何误差的检测……… 96
习题 ……………………………………… 99
知识模块 4 表面粗糙度 ……………… 102
4.1 概述 ………………………………… 103
4.1.1 表面粗糙度的概念 ……… 103
4.1.2 表面粗糙度对零件性能的影响 ………………………… 103
4.2 表面粗糙度的评定 ……………… 104
4.2.1 基本术语及定义 ………… 104
4.2.2 表面粗糙度的评定参数 ………………………… 105
4.3 表面粗糙度的标注 ……………… 108
4.3.1 表面粗糙度的符号 ……… 108
4.3.2 完整表面结构要求的符号 ………………………… 109
4.3.3 表面结构的代号及内容的注法 ………………………… 109
4.3.4 表面结构要求在图样上的标注 ………………………… 113
4.4 表面粗糙度参数的选择 ……… 117
4.4.1 表面粗糙度技术要求的内容 ………………………… 117
4.4.2 表面粗糙度评定参数的选用 ………………………… 117
4.4.3 表面粗糙度常用评定参数值的选用 ………………… 117
4.5 表面粗糙度的检测方法 ……… 118
习题……………………………………… 120

第二篇　知识应用

知识模块 5 滚动轴承的公差与配合 ………………………… 121
5.1 滚动轴承的公差等级 ………… 123
5.2 滚动轴承内径、外径的公差 … 123
5.3 滚动轴承与轴颈和外壳孔的配合 ……………………… 124
5.4 轴颈和外壳孔配合表面及端面的几何公差和表面粗糙度 ……… 128
习题……………………………………… 129
知识模块 6 键联接的公差配合与检测 ………………………… 130
6.1 平键联接的公差与检测 ……… 130
6.2 花键联接的公差与检测 ……… 133
习题……………………………………… 137
知识模块 7 螺纹的公差配合与检测 ………………………… 139
7.1 螺纹的种类及几何参数特性 … 140
7.2 普通螺纹的公差与配合 ……… 143
7.3 普通螺纹的标记 ……………… 146
7.4 普通螺纹的检测 ……………… 147
习题……………………………………… 148
参考文献……………………………… 149

绪　　论

【学习目标】

1. 了解互换性、公差测量在生产中的重要意义
2. 了解机械产品的性价比、精度与互换性的关系
3. 掌握互换性、公差测量相关的新知识和新概念

0.1　公差和测量

0.1.1　制造精度（公差）

产品的生产过程包括设计过程和制造过程。

机械产品设计的内容有运动设计、结构设计、强度设计和精度设计，前三个方面属于“机械设计基础”课程的内容，精度设计则是本书讨论的主要内容。

制造精度是指产品在制造过程中，产品几何参数的实际值与设计理想值之间的差异程度。差异程度越小，制造精度越高。

在加工过程中，由于生产现场如机床、刀夹量具以及操作人员技术水平等诸多因素的影响，使加工出来的零件几何参数与原设计不完全一致，经测量得出的差异值称为误差。误差越大精度越低，质量等级越低。对误差允许范围的限定即为公差，由国家制定并颁布。公差包括尺寸（长度和角度）公差、几何（形状、方向和位置）公差和表面粗糙度。

公差规范限制了误差，是产品精度最直接的反映、表征和保障，即保证产品精度的直接条件是给定必需的公差。正因为如此，我们通常讨论时常用公差代表精度，而言精度时则指公差。故将尺寸公差、几何公差和表面粗糙度也称为尺寸精度、几何精度和表面精度。

综上所述，产品的制造精度包括尺寸精度、几何精度和表面精度，这三项基本精度是零件加工和装配过程中不可缺少的技术要求。

精度设计是指根据机械产品的使用要求，在设计时经济合理地给出制造精度（公差），以便在加工过程中将制造误差控制在一定的范围内，从而保证产品装配后能够正常工作。

0.1.2　精度检测

零件加工后能否满足精度要求，要通过检测加以判断，因此检测是判断产品的制造精度是否达到设计要求的重要手段。

检测是检验和测量的统称。测量是将被测几何量与作为计量单位的标准量进行比较，以确定其具体数值的过程；检验是确定所加工零件的几何参数是否在规定的范围内，从而做出合格性判断的过程，不必一定得出其具体数值。

检测的目的不仅在于判断产品是否合格，更重要的意义在于分析不合格品产生的原因，

以便能够及时调整加工工艺，预防废品的进一步产生，从而降低产品成本。

事实证明，设计精度、加工精度和检测精度同时提高，才是提高产品质量的根本保证。

0.2 互换性及其作用

0.2.1 互换性

组成现代技术装备和日用机电产品的各种零件，如电灯泡、自行车、手表、汽车上的零部件，在装配时不需要挑选和额外的加工就可以直接进行装配；一批规格为 M10—6H 的螺母与 M10—6g 的螺栓可以自由旋合，这种现象就是因为零件具有互换性。

在现代化生产中，不同企业生产的零部件由于有互换性作为基础，才能够保障装配顺利进行。在日常生活中，如果机电产品的某个零部件损坏，只要换上一个相同规格的新的零部件即可，零件的这种可以相互替换的性能也就是互换性。

互换性是指在制成的同一规格的一批零件中，不需任何挑选或附加的修配或再调整，就可组装到机器（或部件）上，而且能够达到规定的使用性能要求的特性。

0.2.2 互换性分类

互换性按照互换程度分为完全互换和不完全互换。

完全互换是指不限定互换范围，以零部件装配或更换时不需要挑选或修配为条件，如日常生活中所用的电灯泡。

不完全互换（也称有限互换）是指因特殊原因，只允许零件在一定范围内互换。如机器上某部件精度越高，与之相配合零件的精度要求就越高，则加工困难，制造成本也高。为此，生产中往往把零件的精度适当降低，以便于制造，然后再根据实测尺寸的大小，将制成的相配合的零件分成若干组，使每组内的尺寸差别比较小，最后，再按组进行装配。除此分组互换法外，实现不完全互换还有修配法、调整法，主要适用于小批量生产和单件生产。

若制成的一批零件的实际尺寸值与理论值相等，即这些零件完全相同，虽然这些零件具有互换性，但在生产上不可能实现，且没有必要。

要使零件具有互换性，就应按“公差”制造。公差就是实际参数允许的最大变动量，也是在设计时就已给定的。

0.2.3 互换性在机械制造中的作用

1）在设计方面，有利于最大限度采用通用件和标准件，可大大简化绘图和计算工作，缩短设计周期，便于计算机辅助设计。

2）在制造方面，有利于组织专业化生产，采用先进工艺和高效率的专用设备，提高生产率。

3）在使用、维修方面，可以减少机器的维修时间和费用，保证机器能连续持久运转，提高机器的使用寿命。

总之，互换性在提高产品质量和可靠性、提高经济效益等方面均具有重大意义。互换性是进行社会化大生产的重要基础，也已成为现代制造业普遍遵守的技术经济原则。

应当指出，互换性原则不是在任何情况下都适用。有时，只有采取单个配置才符合经济原则，这时零件虽不能互换，但也存在公差与检测要求。

0.3 标准化和优先数系

0.3.1 标准和标准化

现代化工业生产的特点是规模大、协作单位多、互换性要求高，为了正确协调各生产部门和准确衔接各生产环节，必须有一种协调手段，使分散的局部的生产部门和生产环节保持必要的技术统一，成为一个有机的整体，以实现互换性生产。

标准与标准化正是联系这种关系的主要途径和手段，是实现互换性的基础。

标准按不同级别颁布，在世界范围共同遵守的是国际标准（ISO）。我国的技术标准分三级：国家标准（GB）、行业标准（如机械行业标准 JB）、地方标准（DB）及企业标准（QB）。地方标准和企业标准是在没有国家标准及行业标准可依据，而在某个范围内又需要统一技术要求的情况下制定的技术规范。

标准化是指制定、贯彻标准的全部活动过程，它是组织社会化生产的重要手段，是管理科学化的主要依据。标准化水平的高低反映出一个国家现代化水平的程度。

公差标准是对零件的公差和相互配合所制定的标准。

0.3.2 优先数和优先数系

1. 数值标准化（数值标准化的必要性）

制定公差标准以及设计零件的结构参数时，都需要通过数值表示。任何产品的参数值不仅与自身的技术特性有关，还直接、间接地影响与其配套系列产品的参数值。如螺母的直径数值，影响并决定螺钉直径数值以及丝锥、螺纹塞规、钻头等系列产品的直径数值。

为满足不同的需求，产品必然出现不同的规格，形成系列产品。产品数值的杂乱无章会给组织生产、协作配套、使用维修等带来困难，故需对数值进行标准化。

2. 优先数系

优先数系是一种十进制的几何级数。国家标准 GB/T 321—2005《优先数和优先数系》与国际标准推荐的优先数系为 R5、R10、R20、R40、R80 系列，前四项为基本系列，R80 为补充系列。其公比为：

R5 系列 $q_5 \approx 1.6$； R10 系列 $q_{10} \approx 1.25$；

R20 系列 $q_{20} \approx 1.12$； R40 系列 $q_{40} \approx 1.06$；

R80 系列 $q_{80} \approx 1.03$。

表 0-1 列出优先数的基本系列，如将表中所列优先数值乘以 10，100，…或乘以 0.1，0.01，0.001，…，即可得到所有大于 10 或小于 1 的优先数。

从基本系列中还可按一定规律取值组成派生系列，如常用的倍增数系 R10/3 系列，就是从基本系列中隔双项取值组成的。其传递规律是每经三项，数值倍增。如表面粗糙度（Ra、Rz）的数值排列，就是倍增数系 R10/3，在实际中应用非常方便。

表 0-1　优先数基本系列（摘自 GB/T 321—2005）

R5	R10	R20	R40	R5	R10	R20	R40	R5	R10	R20	R40
1.00	1.00	1.00	1.00			2.24	2.24		5.00	5.00	5.00
			1.06				2.36				5.30
		1.12	1.12	2.50	2.50	2.50	2.50			5.60	5.60
			1.18				2.65				6.00
	1.25	1.25	1.25			2.80	2.80	6.30	6.30	6.30	6.30
			1.32				3.00				6.70
		1.40	1.40		3.15	3.15	3.15			7.10	7.10
			1.50				3.35				7.50
1.60	1.60	1.60	1.60			3.55	3.55		8.00	8.00	8.00
			1.70				3.75				8.50
		1.80	1.80	4.00	4.00	4.00	4.00			9.00	9.00
			1.90				4.25				9.50
	2.00	2.00	2.00			4.50	4.50	10.00	10.00	10.00	10.00
			2.12				4.75				

0.4　本课程任务

本课程是高等学校机械类和近机械类一门重要的技术基础课，是教学计划中联系设计课程与工艺课程的纽带，是从基础课学习过渡到专业课学习的桥梁。本课程由几何量公差与几何量检测两部分组成。前一部分的内容主要通过课堂教学和课外作业来完成，后一部分的内容主要通过实验课来完成。

学生在学完本课程后应达到下列要求：

1）掌握标准化和互换性的基本概念及有关的术语和定义。

2）基本掌握本课程中几何量公差标准的主要内容、特点和应用原则。

3）初步学会根据机器和零件的功能要求，选用几何量公差与配合。

4）能够查用本课程介绍的公差表格，正确标注图样。

5）熟悉各种典型几何量的检测方法和初步学会使用常用的计量器具。

第一篇 基础知识

知识模块 1 尺寸公差

【学习目标】

1. 了解极限与配合的相关定义
2. 熟悉大尺寸、小尺寸公差与配合的选择
3. 掌握公差与配合的标准及其在机械设计中的应用
4. 掌握选择配合制、公差等级和配合方法的方法

【实例 1-1】 图 1-1 为齿轮泵的装配图，齿轮泵主动轴与齿轮装配在一起共同旋转，以实现齿轮泵泵油的功能。

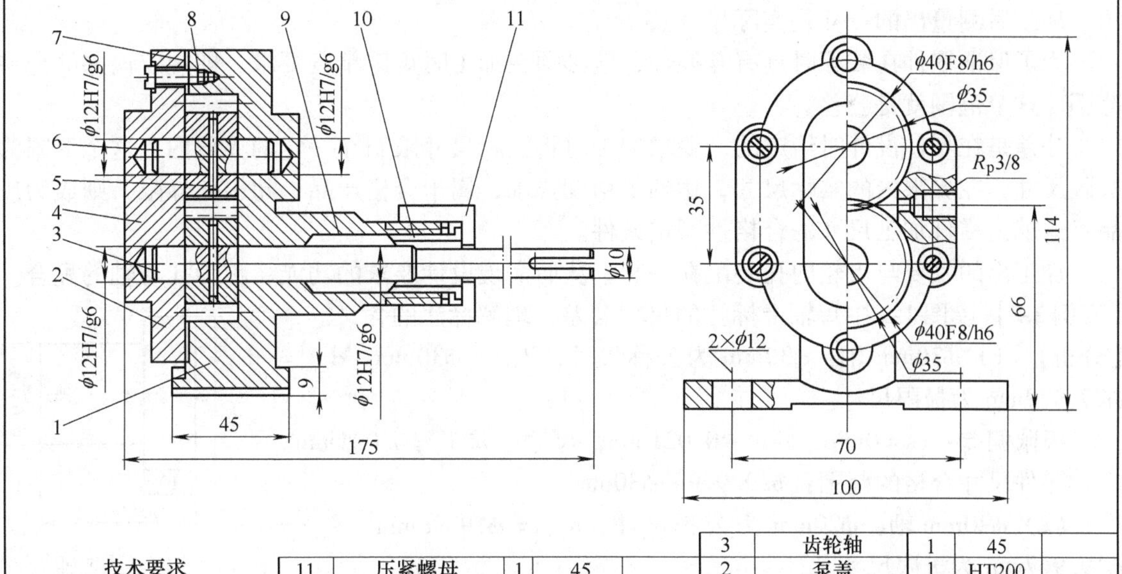

技术要求

1. 齿轮啮合面应占全长的 2/3 以上。
2. 在 490335Pa 油压下实验，不得渗油。

序号	名称	数量	材料	备注
11	压紧螺母	1	45	
10	压盖	1	45	
9	填料		石棉绳	
8	螺钉 M6×16	6	Q235	GB/T 65—2000
7	垫片	1	红纸板	
6	传动齿轮轴	1	45	
5	圆柱销	2	45	GB/T 119.2—2000
4	齿轮	2	45	
3	齿轮轴	1	45	
2	泵盖	1	HT200	
1	泵体	1	HT200	

齿轮泵			比例	1:1	（图号）
			数量		
制图	（签名）	（日期）	重量	共 张	第 张
描图	（签名）	（日期）	（班级）		
审核					

图 1-1 齿轮泵装配图

这里要解决两个问题：一是将轴和齿轮加工出来，加工过程中的技术保证之一是尺寸公差；二是将轴和齿轮装配在一起，装配过程中的技术保证之一是配合公差。

在图 1-2 中，表示孔径的尺寸有 $\phi3$mm，表示轴径的尺寸有 $\phi12$mm、$\phi10$mm，各段轴长分别为 50mm、75mm、168mm 等，均属于线性几何量。

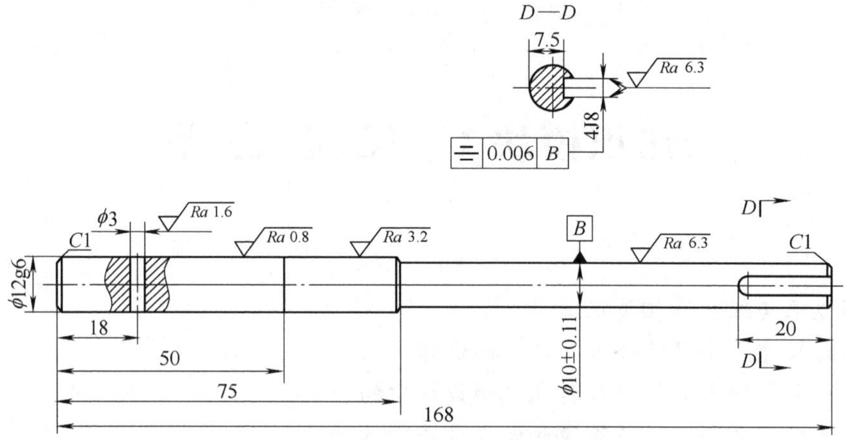

图 1-2　齿轮泵主动轴零件图

上述尺寸是根据零件的功能要求由设计者给定的，称为公称尺寸。

在实际的零件加工中，由于机床、夹具、刀具等工艺系统的热变形、力变形、振动及磨损，以及加工人员的操作技术等一系列因素，使得加工后测量出的尺寸与公称尺寸不能完全一致，从而产生偏差，这种偏差的大小在实际中称为误差。

加工后测量出的尺寸是实际尺寸。

为了保证零件在装配时具有互换性，就必须在加工时规定精度要求，即规定误差的允许范围，这个范围就是公差。

公差是在零件设计时给定的，要求加工时将实际尺寸限制在一定的界限内，这个界限为极限尺寸。在界限内的实际尺寸，达到了精度要求，属于合格产品；超出此界限，则成为废品。这就是零件加工尺寸的合格性判定条件。

加工出的轴要与齿轮内孔装配在一起，从而实现设计要求的功能，称为孔与轴的配合。

【实例 1-2】 读图 1-3 中短轴上标注的尺寸公差，理解标注的含义。

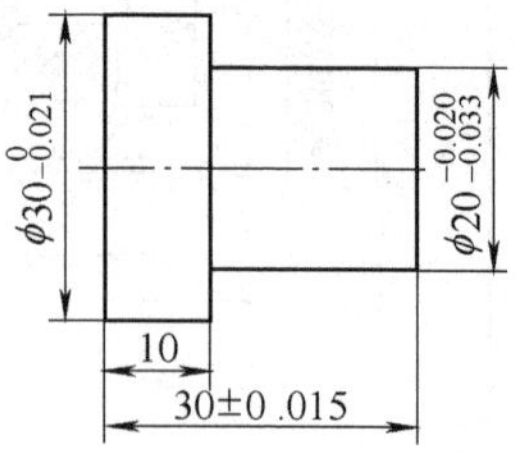

图 1-3　短轴

【分析】（1）$\phi30$mm 轴：$\phi30$mm 为公称尺寸，$d_{max}=\phi30$mm、$d_{min}=\phi29.979$mm 为极限尺寸。

极限偏差：es = 0mm，ei = −0.021mm，尺寸公差 $T_s=0.021$mm。

零件尺寸合格的范围：$\phi29.979\sim\phi30$mm。

（2）$\phi20$mm 轴：$\phi20$mm 为公称尺寸，$d_{max}=\phi19.98$mm，$d_{min}=\phi19.967$mm 为极限尺寸。

极限偏差：es = −0.02mm，ei = −0.033mm，尺寸公差 $T_s=0.013$mm。

零件尺寸合格的范围：$\phi19.967\sim\phi19.98$mm。

（3）长度 30mm：30mm 为公称尺寸，$L_{max}=30.015$mm，$L_{min}=29.985$mm 为极限尺寸。

极限偏差：es = +0.015mm，ei = −0.015mm，尺寸公差 $T=0.03$mm。

零件尺寸合格的范围：29.985 ~ 30.015mm。

1.1　尺寸术语及定义

1.1.1　孔和轴

孔是指零件的圆柱形内尺寸要素，也包括非圆柱形的内尺寸要素（由两平行平面或切面形成的包容面）。孔径用大写字母 D 表示。

轴是指零件的圆柱形外表面，也包括非圆柱形的外尺寸要素（由两平行平面或切面形成的包容面）。轴径用小写字母 d 表示，如图 1-4 所示。

从装配关系看，孔是包容面，轴是被包容面。

在齿轮泵中，齿轮孔与轴的装配表面是圆柱形内、外表面，但在实际应用中还有其他多种形式。如图 1-4 中，尺寸 D_1、D_2、D_3、D_4等所确定的内表面都可看作孔，尺寸 d_1、d_2、d_3等所确定的外表面都可看作轴。

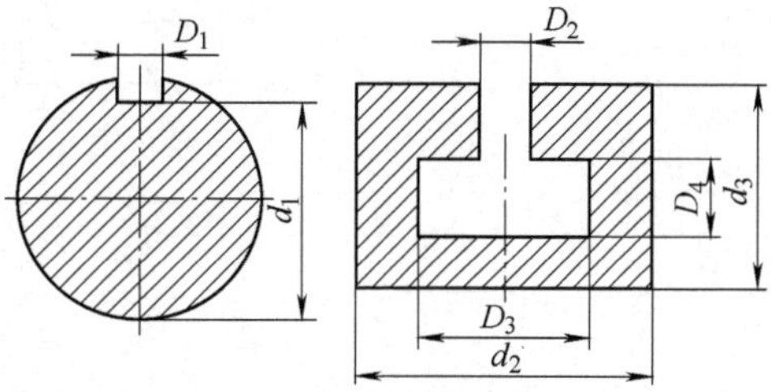

图 1-4　孔与轴

1.1.2　尺寸

尺寸是指用特定单位表示线性尺寸值的数值，如长度、厚度、直径及中心距等，机械工程中规定，一般以毫米（mm）作为尺寸的特定单位。

1. 公称尺寸

公称尺寸是由图样规范确定的理想形状要素的尺寸，它是根据零件强度、结构及产品的使用要求等，通过计算或者试验和类比等方法确定的。如图 1-5 所示，ϕ20mm 及 30mm 为圆柱销直径和长度的公称尺寸。

2. 实际尺寸

实际尺寸是通过测量得到的尺寸，孔用 D_a、轴用 d_a表示。由于加工误差的存在，按照同一图样要求所加工的零件，实际尺寸往往不同。即使是同一零件，不同位置、不同方向的实际尺寸往往也不一样。实际尺寸是实际零件上某个位置的实际测得值，因测量时存在测量误差，所以实际尺寸并非真值，如图 1-6 所示。

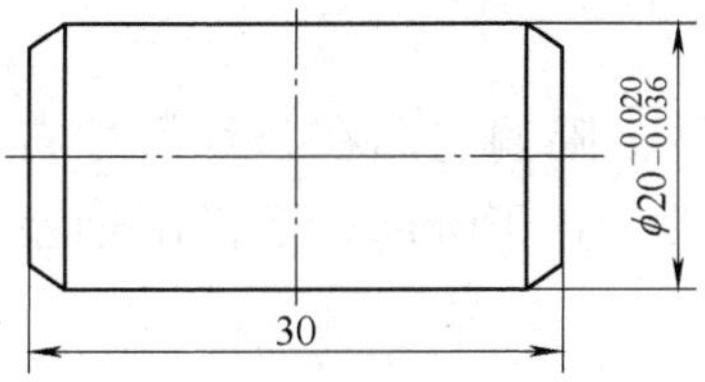

图 1-5　圆柱销

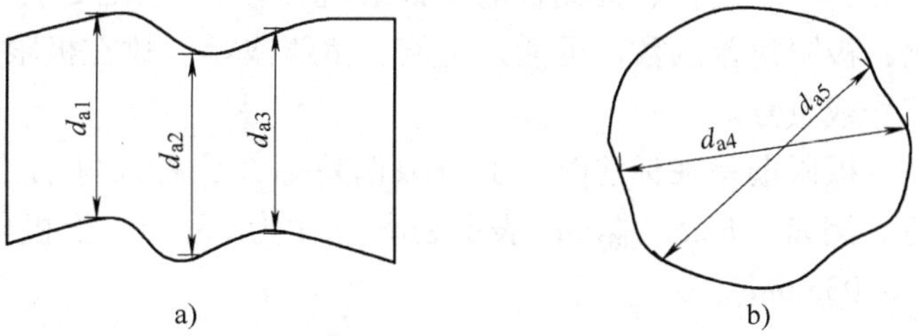

图 1-6　圆柱销实际尺寸

3. 极限尺寸

极限尺寸是指允许尺寸变化的两个界限值。其中，较大的尺寸称为上极限尺寸，孔用 D_{max}表示、轴用 d_{max} 表示；较小的尺寸称为下极限尺寸，孔用 D_{min} 表示、轴用 d_{min} 表示，如图 1-7 所示。

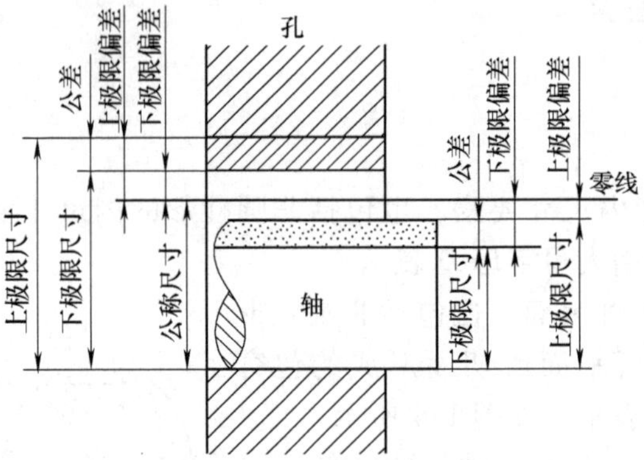

图 1-7　极限尺寸示意图

1.2　尺寸偏差、公差的术语及定义

1.2.1　尺寸偏差

尺寸偏差（简称偏差）是指某一尺寸减去其公称尺寸所得的代数差，其值可以为正值、负值或零。尺寸偏差在计算和书写时，除零以外必须带有正号或负号。

1. 实际偏差

实际偏差为实际尺寸减去其公称尺寸所得的代数差，记为

$$\text{实际偏差} = D_a - D(\text{或 } d_a - d) \tag{1-1}$$

2. 极限偏差

极限偏差为极限尺寸减去其公称尺寸所得的代数差。其中，上极限尺寸与公称尺寸之差称为上极限偏差，孔用 ES、轴用 es 表示；下极限尺寸与公称尺寸之差称为下极限偏差，孔用 EI、轴用 ei 表示（图 1-7），分别记为

$$ES = D_{max} - D,\ es = d_{max} - d \tag{1-2}$$

$$EI = D_{min} - D,\ ei = d_{min} - d \tag{1-3}$$

为了满足孔、轴配合的不同装配要求，极限尺寸可能大于、小于或等于公称尺寸。因此，极限偏差的数值可能是正值、负值或零。故在极限偏差值的前面除零外，应标上相应的正号或负号。

极限偏差在标注时：上极限偏差标在公称尺寸右上角，下极限偏差标在公称尺寸右下角。例如，$\phi 25^{-0.020}_{-0.033}$mm 表示公称尺寸为 25mm，上极限偏差为 −0.020mm，下极限偏差为 −0.033mm。

1.2.2　尺寸公差

尺寸公差（简称公差）是允许的尺寸的变动量，孔用 T_D 表示、轴用 T_d 表示。零件在加工过程中，不可能准确地加工到公称尺寸，总有一定的误差。但这个误差应在允许范围内

变化，这个范围就是允许尺寸的变动量，即公差。它的大小等于上极限尺寸与下极限尺寸的差值，也等于上极限偏差与下极限偏差的差值。如图1-7所示，即

$$T_D = |D_{max} - D_{min}| = |ES - EI| \tag{1-4}$$

$$T_d = |d_{max} - d_{min}| = |es - ei| \tag{1-5}$$

公差和偏差是有区别的。偏差是代数差，可以是正值、负值或零；而公差则是一个没有符号的绝对值。公差值越大，则其要求的加工精度越低。

1. 尺寸公差带图

如前所述，有关尺寸、极限偏差及公差都是按图1-7进行分析的。从图1-7中可见，由于公称尺寸与公差值的大小相差悬殊，不便于用同一比例在图上表示。为了表明尺寸、极限偏差及公差之间的关系，可以不必画出孔与轴的全形，而采用简单明了的公差带图表示，如图1-8所示。公差带图由两部分组成：零线和公差带。

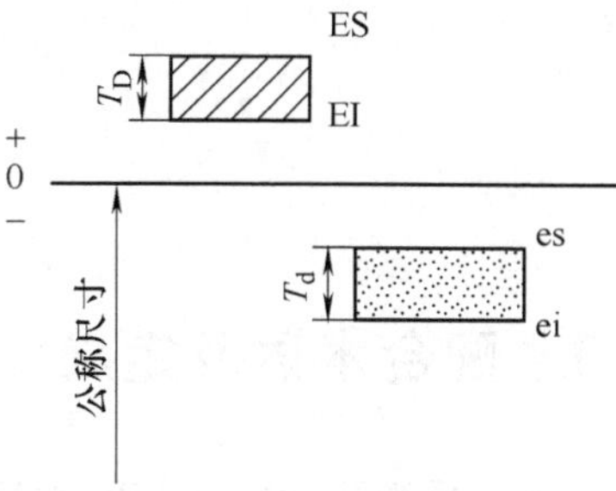

图1-8　公差与配合示意图

（1）零线　在公差带图中，用以确定偏差的一条基准线，即零偏差线，简称零线。通常用零线表示公称尺寸的位置。零线上方表示为正偏差；零线下方表示为负偏差。绘制公差带图时，在零线左端注上相应的符号“+”“0”“−”，如图1-8所示。

（2）尺寸公差带　在公差带图中，由代表上、下极限偏差的两条直线所限定的区域称为尺寸公差带。用图表示的公差带，称为公差带图，如图1-8所示。公差带在垂直零线方向的宽度表示公差值的大小；平行于零线的上、下两条线分别表示上、下极限偏差；公差带沿零线方向的长度可适当选取。公差带图中，尺寸单位为毫米（mm），极限偏差及公差单位也可以用微米（μm）表示，单位可省略不写。

2. 标准公差（IT）

标准公差是指大小已标准化的公差值，亦指GB/T 1800.1－2009《产品几何技术规范（GPS）极限与配合 第1部分：公差、偏差和配合的基础》中规定的，用以确定公差带大小的公差，用IT表示。

1.2.3　基本偏差

基本偏差是指用以确定公差带相对于零线位置的上极限偏差或下极限偏差。标准规定，以靠近零线的那个极限偏差，为基本偏差。公差带对称地分布在零线上时，其上、下极限偏差可作为基本偏差。

【实例1-3】 已知孔、轴的公称尺寸为ϕ25mm，$D_{max} = \phi 25.019$mm，$D_{min} = \phi 25.000$mm，$d_{max} = \phi 24.970$mm，$d_{min} = \phi 24.953$mm，求孔与轴的极限偏差和公差，并画出公差带图。

解： 根据式（1-2）~式（1-5）

孔的极限偏差　$ES = D_{max} - D = (25.019 - 25.000)\text{mm} = +0.019\text{mm}$

$EI = D_{min} - D = (25 - 25)\text{mm} = 0\text{mm}$

轴的极限偏差　$es = d_{max} - d = (24.970 - 25)\text{mm} = -0.030\text{mm}$

$ei = d_{min} - d = (24.953 - 25)\text{mm} = -0.047\text{mm}$

孔的公差　　$T_D = |D_{max} - D_{min}| = |25.019 - 25|mm = 0.019mm$

或　　$T_D = |ES - EI| = |(+0.019) - 0|mm = 0.019mm$

轴的公差　　$T_d = |d_{max} - d_{min}| = |24.970 - 24.953|mm = 0.017mm$

或　　$T_d = |es - ei| = |(-0.030) - (-0.047)|mm = 0.017mm$

公差带图如图 1-9 所示。

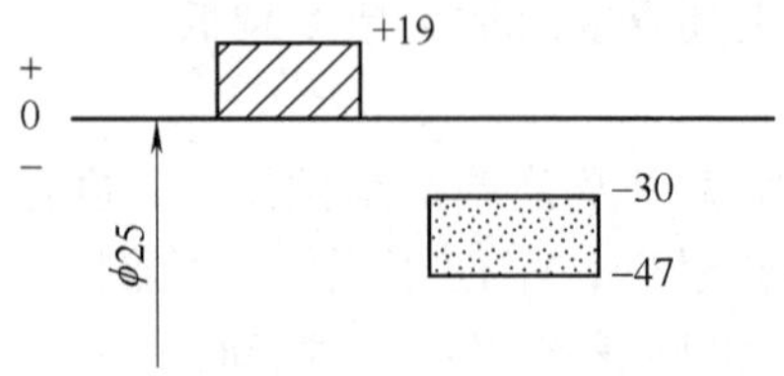

图 1-9　公差带图

1.3　配合术语及定义

配合是指公称尺寸相同的且相互结合的孔和轴的公差带之间的关系。

由定义可知，形成配合要有两个基本的条件：一是孔和轴的公称尺寸相同，二是必须有孔和轴的结合。由于配合是按照同一图样加工一批孔和按照同一图样加工一批轴的装配关系，而不是指一个具体的孔和轴的装配关系，所以用公差带关系来反映配合才是比较准确的。

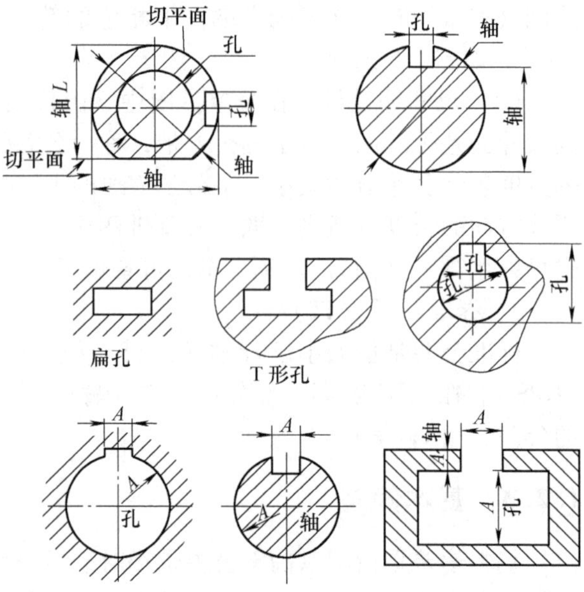

图 1-10　孔与轴

在极限与配合标准中，孔和轴都是由单一的主要尺寸确定的，如图 1-10 所示。

根据孔、轴公差带之间的不同关系，配合可分为间隙配合、过盈配合和过渡配合三大类。

在孔与轴的配合中，孔的尺寸减去轴的尺寸所得的代数差值，当差值为正值时叫作间隙，差值为负值时叫做过盈，间隙用 X 表示、过盈用 Y 表示。

（1）间隙配合　间隙配合是指孔的公差带在轴的公差带之上，具有间隙（包括最小间隙为零）的配合，如图 1-11 所示。

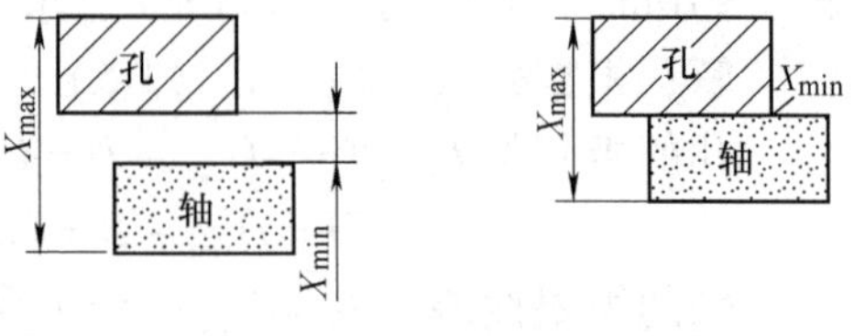

图 1-11　间隙配合

由于孔和轴的实际尺寸在各自的公差带内变动，因此装配后每对孔、轴间的间隙（松紧程度）也是变化的。当上极限尺寸的孔与下极限尺寸的轴配合时，得到最大间隙（最松的），用 X_{max} 表示；反之，得到最小间隙（最紧的），用 X_{min} 表示。最大间隙和

最小间隙统称为极限间隙，即

$$X_{max}=D_{max}-d_{min}=ES-ei \tag{1-6}$$

$$X_{min}=D_{min}-d_{max}=EI-es \tag{1-7}$$

间隙配合的平均松紧程度称为平均间隙，用 X_{av} 表示。它是最大间隙与最小间隙的平均值，即

$$X_{av}=(X_{max}+X_{min})/2 \tag{1-8}$$

（2）过盈配合　过盈配合是指孔的公差带位于轴的公差带之下，具有过盈（包括最小过盈为零）的配合，如图 1-12 所示。

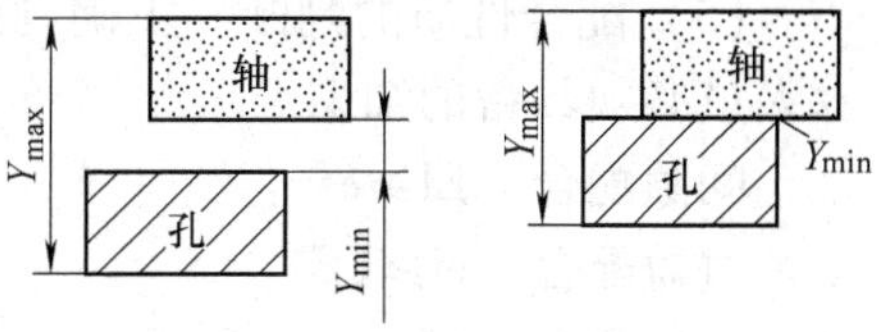

图 1-12　过盈配合

同样，装配后每对孔、轴间的过盈也是变化的。当上极限尺寸的孔与下极限尺寸的轴配合时，得到最小过盈（最松的），用 Y_{min} 表示；反之，得到最大过盈（最紧的），用 Y_{max} 表示，最小过盈和最大过盈统称为极限过盈，即

$$Y_{min}=D_{max}-d_{min}=ES-ei \tag{1-9}$$

$$Y_{max}=D_{min}-d_{max}=EI-es \tag{1-10}$$

过盈配合的平均松紧程度称为平均过盈，用 Y_{av} 表示。它是最大过盈和最小过盈的平均值，即

$$Y_{av}=(Y_{min}+Y_{max})/2 \tag{1-11}$$

（3）过渡配合　过渡配合是指孔的公差带与轴的公差带相互交叠，可能具有间隙或过盈的配合。它是介于间隙配合与过盈配合之间的一类配合，但其间隙或过盈都不大，如图 1-13 所示。

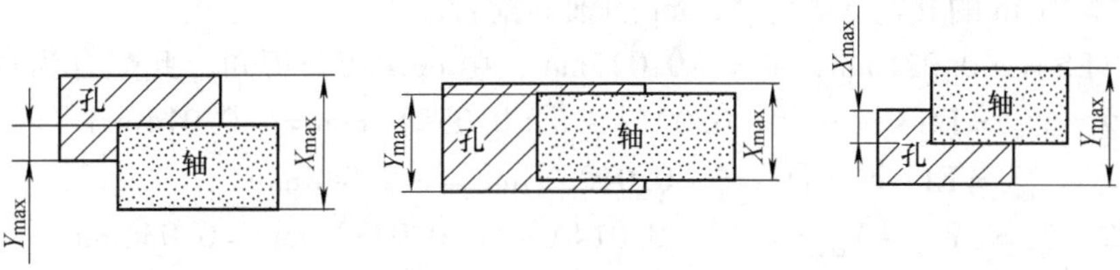

图 1-13　过渡配合

过渡配合中，每对孔、轴间的间隙或过盈也是变化的。当上极限尺寸的孔与下极限尺寸的轴配合时，得到最大间隙（最松的），用 X_{max} 表示；反之，得到最大过盈（最紧的）用 Y_{max} 表示，即

$$X_{max}=D_{max}-d_{min}=ES-ei \tag{1-12}$$

$$Y_{max}=D_{min}-d_{max}=EI-es \tag{1-13}$$

在过渡配合中，平均间隙或平均过盈为最大间隙与最大过盈的平均值，所得值为正，则为平均间隙；所得值为负，则为平均过盈。

$$X_{av}(\text{或}\ Y_{av})=(X_{max}+Y_{max})/2 \tag{1-14}$$

（4）配合公差（T_f）　配合公差是指允许间隙或过盈的变动量，用 T_f 表示。配合公差反映装配后的配合精度，是评定配合质量的一个重要的综合指标，其计算公式为

间隙配合　$T_f=|X_{max}-X_{min}|$　(1-15)

过盈配合　$T_f = |Y_{min} - Y_{max}|$　(1-16)

过渡配合　$T_f = |X_{max} - Y_{max}|$　(1-17)

将式（1-6）~式（1-10）分别带入式（1-15）~式（1-17）中，则得三类配合的配合公差计算公式均为

$$T_f = T_D + T_d \tag{1-18}$$

式（1-18）说明配合精度（配合公差）取决于相互配合的孔和轴的尺寸精度（尺寸公差）。在设计时，可根据配合公差来确定孔和轴的尺寸公差。

（5）配合性质的判断　正确判断配合性质，不仅有利于配合参数的计算，也是工程技术人员必须具备的知识。

间隙配合　$EI \geqslant es$　(1-19)

过盈配合　$ei \geqslant ES$　(1-20)

过渡配合　$EI < es$，$ei < ES$　(1-21)

【实例 1-4】 如果用一个 $\phi 30^{+0.021}_{0}$mm 的孔，分别与 $\phi 30^{-0.007}_{-0.020}$mm、$\phi 30^{+0.048}_{+0.035}$mm、$\phi 30^{+0.028}_{+0.015}$mm 的轴配合，判断它们的配合性质，并分别求出它们的极限间隙或极限过盈、配合公差。

解：

① $\phi 30^{+0.021}_{0}$mm 的孔与 $\phi 30^{-0.007}_{-0.020}$mm 的轴的配合。

依题意：$EI = 0$mm，$es = -0.007$mm，由 $EI > es$，根据式（1-19）可知，此配合为间隙配合。

最大间隙　$X_{max} = ES - ei = [(+0.021) - (-0.020)]\text{mm} = +0.041\text{mm}$

最小间隙　$X_{min} = EI - es = [0 - (-0.007)]\text{mm} = +0.007\text{mm}$

配合公差　$T_f = |X_{max} - X_{min}| = |(+0.041) - (+0.007)|\text{mm} = 0.034\text{mm}$

② $\phi 30^{+0.021}_{0}$mm 的孔与 $\phi 30^{+0.048}_{+0.035}$mm 的轴的配合。

依题意：$ES = +0.021$mm，$ei = +0.035$mm，由 $ei > ES$，可知，此配合为过盈配合。

最小过盈　$Y_{min} = ES - ei = [(+0.021) - (+0.035)]\text{mm} = -0.014\text{mm}$

最大过盈　$Y_{max} = EI - es = [0 - (+0.048)]\text{mm} = -0.048\text{mm}$

配合公差　$T_f = |Y_{min} - Y_{max}| = |(-0.014) - (-0.048)|\text{mm} = 0.034\text{mm}$

③ $\phi 30^{+0.021}_{0}$mm 的孔与 $\phi 30^{+0.028}_{+0.015}$mm 的轴的配合。

依题意：$ES = +0.021$mm，$EI = 0$mm，$es = +0.028$mm，$ei = +0.015$mm，由 $EI < es$、$ei < ES$ 可知，此配合为过渡配合。

最大间隙　$X_{max} = ES - ei = [(+0.021) - (+0.015)]\text{mm} = +0.006\text{mm}$

最大过盈　$Y_{max} = EI - es = [0 - (+0.028)]\text{mm} = -0.028\text{mm}$

配合公差　$T_f = |X_{max} - Y_{max}| = |(+0.006) - (-0.028)|\text{mm} = 0.034\text{mm}$

（6）基准制　从前述三类配合的公差带图可知，通过改变孔、轴公差带的相对位置可以实现各种不同性质的配合。为了设计和制造上的方便，以两个相配合零件中的一个零件为基准件，并选定公差带，而改变另一个零件（非基准件）的公差带位置，从而形成各种配合，这种配合制度称为基准制。

国家标准中规定了两种等效的基准制：基孔制和基轴制。

1）基孔制是指基本偏差为一定的孔的公差带与不同基本偏差的轴的公差带形成各种配合的一种制度，如图 1-14a 所示。

国家标准规定，基孔制中的孔称为基准孔，用基本偏差代号 H 表示，它是配合的基准件，而轴为非基准件。基准孔以下极限偏差为基本偏差，且 EI = 0mm，它的公差带位于零线上方。

2）基轴制是指基本偏差为一定的轴的公差带与不同基本偏差的孔的公差带形成各种配合的一种制度，如图 1-14b 所示。

国家标准规定，基轴制中的轴称为基准轴，用基本偏差代号 h 表示，它是配合的基准件，而孔为非基准件。基准轴以上极限偏差为基本偏差，且 es = 0mm，它的公差带位于零线下方。

由图 1-14 所示可知，孔、轴公差带相对位置不同，两种基准制都可以形成间隙、过盈和过渡三种不同性质的配合。图 1-14 中水平直线代表孔和轴的基本偏差，而虚线代表另一极限偏差；公差带的大小是可以变化的，与它们的公差等级有关。

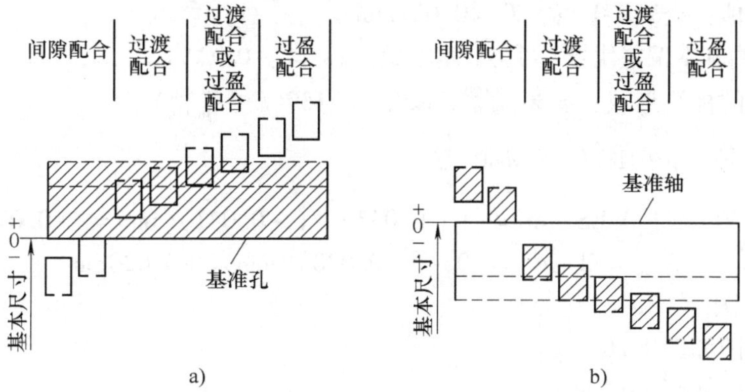

图 1-14 基孔制配合和基轴制配合公差带

a）基孔制配合公差带 b）基轴制配合公差带

1.4 极限与配合的国家标准

【实例 1-5】 图 1-15 所示为工程中常用的螺旋千斤顶，为了保证使用要求，在设计时对调节螺母外圈与套筒内孔提出 $\phi30H8/f7$ 的配合要求，试分析其配合性质，并确定调节螺母外圈和套筒内孔的尺寸公差要求（极限偏差、尺寸公差、尺寸公差带图等）。

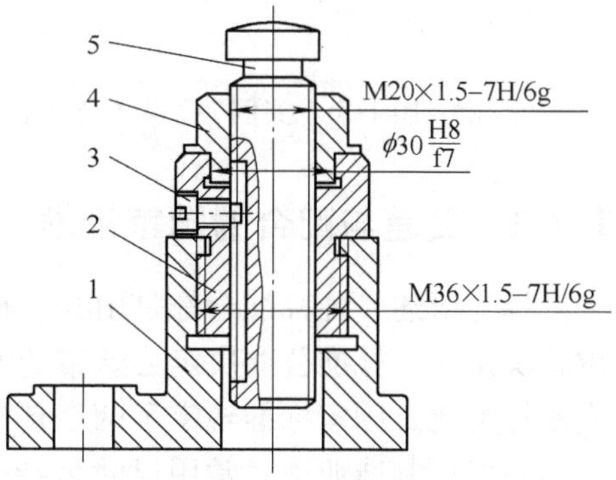

图 1-15 螺旋千斤顶

1—底座 2—套筒 3—螺钉 M6×12

4—调节螺母 5—螺杆

【分析】 要完成本任务内容，首先要了解公差与配合的相关知识：

1）配合与配合制

2）极限与配合的两大国标

3）优先、常用和一般公差带

【实施】

1. 分析配合性质

由配合代号 $\phi30H8/f7$ 可知，调节螺母外圈与套筒内孔采用基孔制的间隙配合。

2. 确定调节螺母外圈与套筒内孔的尺寸公差要求

（1）套筒内孔 $\phi30H8$

孔的公称尺寸：$D=\phi30mm$

孔的公差带代号：H8；基本偏差代号为 H；标准公差等级为 IT8

标准公差数值：查表 1-1 得，$T_D=0.033mm$

极限偏差：由基本偏差代号为 H 可得，$EI=0mm$，$ES=EI+T_D=+0.033mm$

在零件图上的标注形式：$\phi30^{+0.033}_{0}$、$\phi30H8$、$\phi30H8\left(^{+0.033}_{0}\right)$

（2）调节螺母外圈

外圈轴的公称尺寸：$d=\phi30mm$

外圈轴的公差带代号：f7；基本偏差代号为 f；标准公差等级为 IT7

标准公差数值：查表 1-1 得，$T_d=0.021mm$

极限偏差：由基本偏差代号 f 可得，基本偏差 $es=-0.020mm$，$ei=es-T_d=-0.041mm$

在零件图上的标注形式：$\phi30^{-0.020}_{-0.041}$、$\phi30f7$、$\phi30f7\left(^{-0.020}_{-0.041}\right)$

（3）配合代号：$\phi30H8/f7$ 或 $\phi30\dfrac{H8}{f7}$

（4）极限盈隙：$X_{max}=ES-ei=[(+0.033)-(-0.041)]mm=+0.074mm$

$X_{min}=EI-es=[0-(-0.020)]mm=+0.020mm$

（5）公差带图

尺寸公差带图如图 1-16 所示。

配合公差带图如图 1-17 所示。

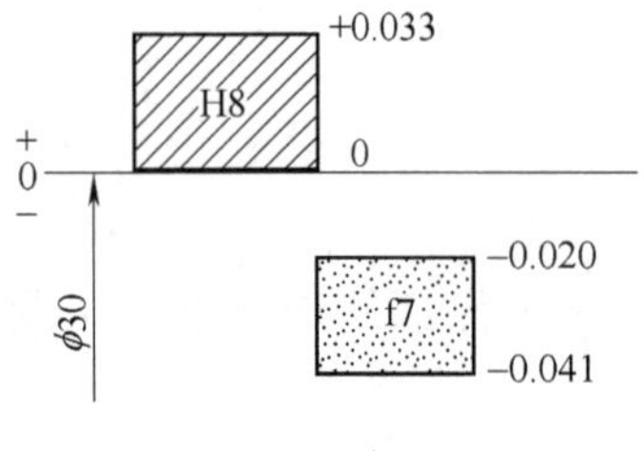

图 1-16　实例 1-5 尺寸公差带图

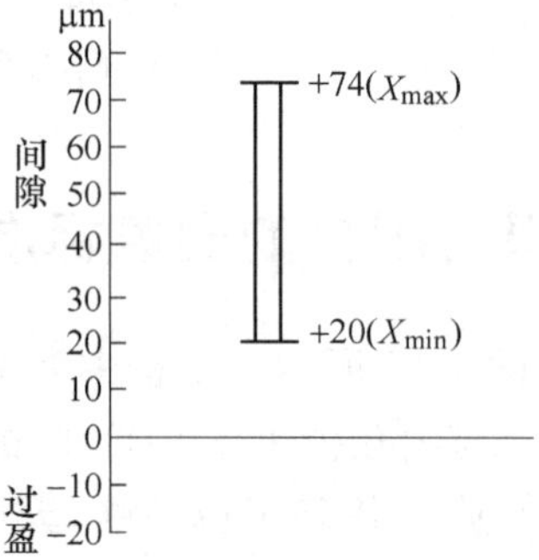

图 1-17　实例 1-5 配合公差带图

1.4.1　公差与配合的国家标准

综上所述，各种配合都是由孔、轴公差带组合形成的，而孔、轴公差带是由它的大小和位置决定的，标准公差决定公差带的大小，基本偏差决定公差带的位置。为了使公差与配合实现标准化，国家标准规定了两个基本系列，即标准公差系列和基本偏差系列。

在机械制造业中，常用尺寸是指公称尺寸小于或等于 500mm 的尺寸，该尺寸段在生产实践中应用最为广泛。本节只对该尺寸段进行介绍。

标准公差系列是国家标准制定出的一系列标准公差数值，见表 1-1。标准公差系列包含三项内容：公差等级、公差单位和公称尺寸段。

表 1-1　公称尺寸至 500mm 的标准公差数值（GB/T 1800.1—2009）

公称尺寸 mm		公差等级																			
		IT01	IT0	IT1	IT2	IT3	IT4	IT5	IT6	IT7	IT8	IT9	IT10	IT11	IT12	IT13	IT14	IT15	IT16	IT17	IT18
大于	至	μm													mm						
	3	0.3	0.5	0.8	1.2	2	3	4	6	10	14	25	40	60	0.10	0.14	0.25	0.40	0.60	1.0	1.4
3	6	0.4	0.6	1	1.5	2.5	4	5	8	12	18	30	48	75	0.12	0.18	0.30	0.48	0.75	1.2	1.8
6	10	0.4	0.6	1	1.5	2.5	4	6	9	15	22	36	58	90	0.15	0.22	0.36	0.58	0.90	1.5	2.2
10	18	0.5	0.8	1.2	2	3	5	8	11	18	27	43	70	110	0.18	0.27	0.43	0.70	1.10	1.8	2.7
18	30	0.6	1	1.5	2.5	4	6	9	13	21	33	52	84	130	0.21	0.33	0.52	0.84	1.30	2.1	3.3
30	50	0.6	1	1.5	2.5	4	7	11	16	25	39	62	100	160	0.25	0.39	0.62	1.00	1.60	2.5	3.9
50	80	0.8	1.2	2	3	5	8	13	19	30	46	74	120	190	0.30	0.46	0.74	1.20	1.90	3.0	4.6
80	120	1	1.5	2.5	4	6	10	15	22	35	54	87	140	220	0.35	0.54	0.87	1.40	2.20	3.5	5.4
120	180	1.2	2	3.5	5	8	12	18	25	40	63	100	160	250	0.40	0.63	1.00	1.60	2.50	4.0	6.3
180	250	2	3	4.5	7	10	14	20	29	46	72	115	185	290	0.46	0.72	1.15	1.85	2.90	4.6	7.2
250	315	2.5	4	6	8	12	16	23	32	52	81	130	210	320	0.52	0.81	1.30	2.10	3.20	5.2	8.1
315	400	3	5	7	9	13	18	25	36	57	89	140	230	360	0.57	0.89	1.40	2.30	3.60	5.7	8.9
400	500	4	6	8	10	15	20	27	40	63	97	155	250	400	0.63	0.97	1.55	2.50	4.00	6.3	9.7

注：公称尺寸小于或等于 1mm 时，无 IT14～IT18。

（1）公差等级　公差等级是指确定尺寸精确程度的等级。规定和划分公差等级的目的是为了简化和统一对公差的要求，使规定等级既满足不同的使用要求，又能大致代表各种加工方法的精度，从而既有利于设计，又有利于制造。标准公差代号用符号 IT 和公差等级数字表示，如 IT7。若与代表基本偏差的字母一起组成公差带时，则省略 IT 字母，如 H8。

标准公差分为 20 个等级，分别为 IT01、IT0、IT1、IT2……IT18，其中 IT01 等级最高，IT18 等级最低。标准公差数值在公称尺寸相同的条件下，随公差等级的降低而依次增大，标准公差的计算公式见表 1-2。

表 1-2 中，IT01、IT0、IT1 三个等级主要考虑测量误差的影响，所以标准公差与公称尺寸呈线性关系。

表 1-2　尺寸≤500mm 的标准公差的计算公式

公差等级	公　式	公差等级	公　式	公差等级	公　式
IT01	$0.3+0.008D$	IT6	$10i$	IT13	$250i$
IT0	$0.5+0.012D$	IT7	$16i$	IT14	$400i$
IT1	$0.8+0.020D$	IT8	$25i$	IT15	$640i$
IT2	$(IT1)(IT5/IT1)^{1/4}$	IT9	$40i$	IT16	$1000i$
IT3	$(IT1)(IT5/IT1)^{2/4}$	IT10	$64i$	IT17	$1600i$
IT4	$(IT1)(IT5/IT1)^{3/4}$	IT11	$100i$	IT18	$2500i$
IT5	$7i$	IT12	$160i$		

注：D 为公称尺寸段的几何平均值，单位为毫米。

IT2 ~ IT4 是在 IT1 与 IT5 之间插入三个公差等级，使 IT1、IT2、IT3、IT4、IT5 成一等比数列，其公比为 $q=(IT5/IT1)^{1/4}$。

IT5 ~ IT18 的标准公差计算公式为

$$IT=ai$$

式中　a——公差等级系数，除了 IT5 的公差等级系数 $a=7$ 以外，从 IT6 开始，公差等级系数采用 R5 优先数系，即公比 $q=\sqrt[5]{10}\approx1.6$ 的等比数列，每隔 5 级，公差数值增加 10 倍；

i——标准公差因子，它与零件的公称尺寸有一定的函数关系，单位为 μm。

（2）标准公差因子（i）　标准公差因子是计算标准公差的基本单位，也是制定标准公差数值系列的基础。当尺寸≤500mm 时，标准公差因子的计算公式为

$$i=0.45\sqrt[3]{D}+0.001D$$

式中　D——公称尺寸段的几何平均值，单位为 mm。

公式右边第一项反映加工误差的影响，它与公称尺寸之间呈立方抛物线关系；第二项反映测量误差的影响，尤其是温度变化引起的测量误差，它与公称尺寸呈线性关系。

（3）公称尺寸分段　根据表 1-2 所列标准公差计算公式可知，有一个公称尺寸就有一个相应的公差值。由于生产实践中的公称尺寸繁多，这样就会形成一个庞大的公差数值表，给生产、设计带来很多不便。为了简化表格和便于应用，国家标准对公称尺寸进行了分段。尺寸分段后，在公差等级相同的情况下，同一尺寸段内所有公称尺寸的标准公差值相同。

公称尺寸分段见表 1-1。国家标准将常用尺寸（≤500mm）分成 13 个尺寸段，把它称为

主段落。又将主段落中的每一段分成2～3个中间段落。在标准公差数值表格中，一般使用主段落。而在基本偏差数值表格中，对过盈或间隙较敏感的一些配合才使用中间段落。

在标准公差及基本偏差的计算公式中，公称尺寸（D）一律以所属尺寸分段内的首尾两个尺寸（D_n、D_{n+1}）的几何平均值进行计算，即

$$D=\sqrt{D_nD_{n+1}}$$

这样，在一个尺寸段内有一个公称尺寸，对应一个公差数值，极大地简化了公差表格（公称尺寸≤3mm的尺寸段，$D=\sqrt{1\times3}$）。

（4）标准公差数值　在公称尺寸和公差等级已定的情况下，按表1-2的标准公差计算公式计算出对应的标准公差数值，再经尾数圆整，最后编制出标准公差数值表。实际应用中，标准公差数值可直接查表1-1，不必另行计算。

1.4.2　基本偏差系列

设置基本偏差是为了将公差带相对于零线的位置标准化，以满足各种不同配合性质的需要。

1. 基本偏差代号及其特点

国家标准对孔和轴分别规定了28种基本偏差，其代号用拉丁字母表示，大写表示孔、小写表示轴。这28种基本偏差代号反映了28种公差带的位置，构成了基本偏差系列，如图1-18所示。

基本偏差系列图中，仅给出了公差带的一个极限偏差，而另一个极限偏差并未给出，它将取决于公差带的标准公差等级。

由图1-18可知，这些基本偏差的主要特点如下。

1）孔的基本偏差中，A～G的基本偏差是EI，为正值，其绝对值依次逐渐减小；H的基本偏差EI＝0mm，是基准孔；J～ZC的基本偏差是ES，其绝对值依次逐渐增加；JS的基本偏差是ES＝＋IT/2或EI＝－IT/2。

2）轴的基本偏差中，a～g的基本偏差是es，其绝对值依次逐渐减小；h的基本偏差es＝0，是基准轴；j～zc的基本偏差是ei，其绝对值依次逐渐增加；js的基本偏差是es＝＋IT/2或ei＝－IT/2。

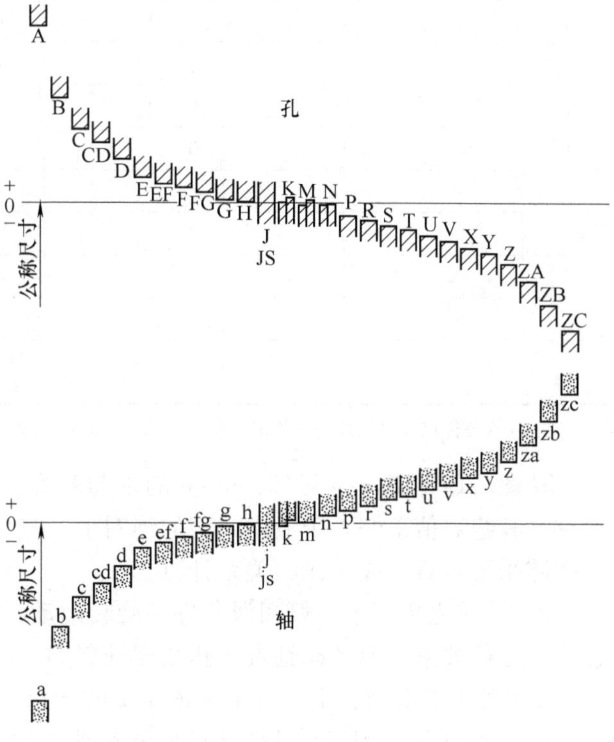

图1-18　基本偏差系列

3）基本偏差是公差带位置标准化的唯一参数，除JS、js、J、j、K、k、M和N以外，原则上基本偏差与公差等级无关。

2. 轴的基本偏差数值

轴的基本偏差数值以基准孔为基础，根据各种配合的要求，经过理论计算、实验和统计分析得到。表 1-3 为轴的基本偏差计算公式。

实际应用中，轴的基本偏差数值可直接查表（表 1-4），不必另行计算。

表 1-3　尺寸≤500mm 轴的基本偏差计算公式

代　号	适 用 范 围	基本偏差为上极限偏差(es)	代　号	适 用 范 围	基本偏差为下极限偏差(ei)
a	$D\leqslant120$mm	$-(265+1.3D)$	j	IT5 ~ IT8	经验数据
	$D>120$mm	$-3.5D$	k		$+0.6\sqrt[3]{D}$
b	$D\leqslant160$mm	$-(140+0.85D)$			
	$D>160$mm	$-1.8D$	m		$+(IT7-IT6)$
c	$D\leqslant40$mm	$-52D^{0.2}$	n		$+5D^{0.34}$
	$D>40$mm	$-(95+0.8D)$	p		$+IT7+(0\sim5)$
cd		$-\sqrt{cd}$	r		$+\sqrt{ps}$
d		$-16D^{0.44}$	s	$D\leqslant50$mm	$+IT8+(1\sim4)$
e		$-11D^{0.41}$		$D>50$mm	$+IT7+0.4D$
ef		$-\sqrt{ef}$	t		$+IT7+0.63D$
f		$-5.5D^{0.41}$	u		$+IT7+D$
fg		$-\sqrt{fg}$	v		$+IT7+1.25D$
g		$-2.5D^{0.34}$	x		$+IT7+1.6D$
h		0	y		$+IT7+2D$
			z		$+IT7+2.5D$
			za		$+IT8+3.15D$
			zb		$+IT9+4D$
			zc		$+IT10+5D$
$js=\pm\frac{IT}{2}$					

注：D 为公称尺寸段的几何平均值，单位为毫米（mm）；计算结果的单位为微米（μm）。

从图 1-14 和表 1-4 可知，a ~ h 的轴与基准孔（H）形成间隙配合，基本偏差为上极限偏差，其绝对值正好等于最小间隙的绝对值。其中，a、b、c 用于大间隙或热动配合，故最小间隙采用与直径成正比的关系计算。

d、e、f 主要用于一般润滑条件的旋转运动，为了保证良好的液体摩擦，最小间隙与直径成平方根关系，但考虑到表面粗糙度的影响，间隙应适当减小。

g 主要用于滑动、定位后半液体摩擦的场合，所以间隙更小。

cd、ef 和 fg 适用于尺寸较小的旋转运动，数值分别按 c 与 d、e 与 f 和 f 与 g 的基本偏差的几何平均值确定。

h 与 H 形成最小间隙等于零的间隙配合，常用于定位配合。

j ~ n 的轴与基准孔形成过渡配合，基本偏差为下极限偏差，为保证配合时有较好的对中及定心，拆装也不困难，其数值基本上是根据经验与统计的方法确定的。

p ~ zc 的轴与基准孔形成过盈配合，基本偏差为下极限偏差，数值大小按与一定等级的孔相配合所要求的最小过盈而定，大多数按它们与最常用的基准孔 H7 相配合为基础来考虑。

当轴的基本偏差确定后，另一个极限偏差可根据轴的基本偏差和标准公差数值按下列关系式计算。即

$$ei = es - IT$$

或

$$es = ei + IT$$

【实例 1-6】 试查表确定轴 ϕ35p8 的基本偏差和另一极限偏差。

解：

（1）查表确定轴的标准公差。公称尺寸 ϕ35mm 属于大于 30 ~ 50mm 尺寸段，查表 1-1 得 IT8 = 39μm。

（2）查表 1-4 确定轴的基本偏差 ei = +26μm。

（3）轴的另一极限偏差 es = ei + IT8 = (+26 +39) μm = +65μm

【实例 1-7】 试查表确定轴 ϕ36g6 的基本偏差和另一极限偏差。

解：

（1）查表确定轴的标准公差。公称尺寸 ϕ30mm 属于大于 18 ~ 30mm 尺寸段。查表 1-1 得 IT6 = 13μm。

（2）查表 1-4 得轴的基本偏差 es = −7μm。

（3）轴的另一极限偏差 ei = es − IT6 = (−7 −13) μm = −20μm

3. 孔的基本偏差数值

孔的基本偏差数值是以基准轴为基准，由轴的基本偏差换算得到的。换算的原则是：基本偏差字母代号同名的孔和轴分别组成基轴制与基孔制配合，在相应公差等级条件下，其配合的性质基本相同，称为同名配合，即具有相同的极限间隙或极限过盈。如 H10/g10 与 G10/h10、H7/r6 与 R7/h6。

根据上述原则，孔的基本偏差按以下两种规则换算。

（1）通用规则　同名代号孔、轴基本偏差的绝对值相等，而符号相反，即

$$A \sim H \qquad EI = -es$$

$$\left.\begin{matrix} J \sim N(>IT8) \\ P \sim ZC(>IT7) \end{matrix}\right\} \qquad ES = -ei$$

由图 1-18 可知，孔的基本偏差是轴的基本偏差相对于零线的倒影。

（2）特殊规则　同名代号孔、轴基本偏差的符号相反，绝对值相差一个 Δ 值。因为实际生产中，由于孔比轴难加工，因此国家标准规定，为使孔和轴在工艺上等价，在较高公差等级的配合中，孔比轴的公差等级低一级；在较低公差等级的配合中，轴与孔采用相同的公差等级，即

$$J \sim N(\leqslant IT8),\ P \sim ZC(\leqslant IT7) \qquad \begin{cases} ES = -ei + \Delta \\ \Delta = IT_n - IT_{n-1} \end{cases}$$

式中　IT_n——孔的标准公差，公差等级为 n 级；

IT_{n-1}——轴的标准公差，公差等级为 $n-1$ 级。

按上述公式计算出孔的基本偏差，经尾数圆整，编制出孔的基本偏差数值表。同样，实际应用中，孔的基本偏差数值也可直接查表（表 1-5），不必计算。

表 1-4　尺寸≤500mm 的轴的基

公称尺寸/mm	基本偏																
	上极限偏差 es																
	a	b	c	cd	d	e	ef	f	fg	g	h	js	j			k	
	所有公差等级												IT5 ~ IT6	IT7	IT8	IT4 ~ IT7	≤IT3 >IT7
≤3	−270	−140	−60	−34	−20	−14	−10	−6	−4	−2	0		−2	−4	−6	0	0
>3~6	−270	−140	−70	−46	−30	−20	−14	−10	−6	−4	0		−2	−4	—	+1	0
>6~10	−280	−150	−80	−56	−40	−25	−18	−13	−8	−5	0		−2	−5	—	+1	0
>10~14	−290	−150	−95	—	−50	−32	—	−16	—	−6	0		−3	−6	—	+1	0
>14~18																	
>18~24	−300	−160	−110	—	−65	−40	—	−20	—	−7	0		−4	−8	—	+2	0
>24~30																	
>30~40	−310	−170	−120	—	−80	−50	—	−25	—	−9	0		−5	−10	—	+2	0
>40~50	−320	−180	−130														
>50~65	−340	−190	−140	—	−100	−60	—	−30	—	−10	0	偏差等于 $\pm\frac{IT_n}{2}$，式中 IT_n 是 IT 值数	−7	−12	—	+2	0
>65~80	−360	−200	−150														
>80~100	−380	−220	−170	—	−120	−72	—	−36	—	−12	0		−9	−15	—	+3	0
>100~120	−410	−240	−180														
>120~140	−460	−260	−200	—	−145	−85	—	−43	—	−14	0		−11	−18	—	+3	0
>140~160	−520	−280	−210														
>160~180	−580	−310	−230														
>180~200	−660	−340	−240	—	−170	−100	—	−50	—	−15	0		−13	−21	—	+4	0
>200~225	−740	−380	−260														
>225~250	−820	−420	−280														
>250~280	−920	−480	−300	—	−190	−110	—	−56	—	−17	0		−16	−26	—	+4	0
>280~315	−1050	−540	−330														
>315~355	−1200	−600	−360	—	−210	−125	—	−62	—	−18	0		−18	−28	—	+4	0
>355~400	−1350	−680	−400														
>400~450	−1500	−760	−440	—	−230	−135	—	−68	—	−20	0		−20	−32	—	+5	0
>450~500	−1650	−840	−480														

注：1. 公称尺寸小于或等于 1mm 时，基本偏差 a 和 b 均不采用。

2. 公差带 js7 ~ js11，若 IT_n 的数值为奇数，则取偏差 $= \pm\frac{IT_n - 1}{2}$。

本偏差数值（GB/T 1800.1—2009）　（单位：μm）

差/μm

下极限偏差 ei													
m	n	p	r	s	t	u	v	x	y	z	za	zb	zc
所有公差等级													
+2	+4	+6	+10	+14	—	+18	—	+20	—	+26	+32	+40	+60
+4	+8	+12	+15	+19	—	+23	—	+28	—	+35	+42	+50	+80
+6	+10	+15	+19	+23	—	+28	—	+34	—	+42	+52	+67	+97
+7	+12	+18	+23	+28	—	+33	—	+40	—	+50	+64	+90	+130
							+39	+45	—	+60	+77	+108	+150
+8	+15	+22	+28	+35	—	+41	+47	+54	+63	+73	+98	+136	+188
					+41	+48	+55	+64	+75	+88	+118	+160	+218
+9	+17	+26	+34	+43	+48	+60	+68	+80	+94	+112	+148	+200	274
					+54	+70	+81	+97	+114	+136	+180	+242	325
+11	+20	+32	+41	+53	+66	+87	+102	+122	+144	+172	+226	+300	+405
			+43	+59	+75	+102	+120	+146	+174	+210	+274	+360	+480
+13	+23	+37	+51	+71	+91	+124	+146	+178	+214	+258	+335	+445	+585
			+54	+79	+104	+144	+172	+210	+256	+310	+400	+525	+690
+15	+27	+43	+63	+92	+122	+170	+202	+248	+300	+365	+470	+620	+800
			+65	+100	+134	+190	+228	+280	+340	+415	+535	+700	+900
			+68	+108	+146	+210	+252	+310	+380	+465	+600	+780	+1000
+17	+31	+50	+77	+122	+166	+236	+284	+350	+425	+520	+670	+880	+1150
			+80	+130	+180	+258	+310	+385	+470	+575	+740	+960	+1250
			+84	+140	+196	+284	+340	+425	+520	+640	+820	+1050	+1350
+20	+34	+56	+94	+158	+218	+315	+385	+475	+580	+710	+920	+1200	+1550
			+98	+170	+240	+350	+425	+525	+650	+790	+1000	+1300	+1700
+21	+37	+62	+108	+190	+268	+390	+475	+590	+730	+900	+1150	+1500	+1900
			+114	+208	+294	+435	+530	+660	+820	+1000	+1300	+1650	+2100
+23	+40	+68	+126	+232	+330	+490	+595	+740	+920	+1100	+1450	+1850	+2400
			+132	+252	+360	+540	+660	+820	+1000	+1250	+1600	+2100	+2600

表 1-5　尺寸≤500mm 的孔的基本偏差

公称尺寸/mm	下极限偏差 EI												上极限偏						
	A	B	C	CD	D	E	EF	F	FG	G	H	Js	J			K		M	
	所有标准公差等级												IT6	IT7	IT8	≤IT8	>IT8	≤IT8	>IT8
≤3	+270	+140	+60	+34	+20	+14	+10	+6	+4	+2	0	偏差等于 $\pm\frac{IT_n}{2}$，式中 IT_n 是 IT 值数	+2	+4	+6	0	0	−2	−2
>3~6	+270	+140	+70	+46	+30	+20	+14	+10	+6	+4	0		+5	+6	+10	−1+Δ	—	−4+Δ	−4
>6~10	+280	+150	+80	+56	+40	+25	+18	+13	+8	+5	0		+5	+8	+12	−1+Δ	—	−6+Δ	−6
>10~14 >14~18	+290	+150	+95	—	+50	+32	—	+16	—	+6	0		+6	+10	+15	−1+Δ	—	−7+Δ	−7
>18~24 >24~30	+300	+160	+110	—	+65	+40	—	+20	—	+7	0		+8	+12	+20	−2+Δ	—	−8+Δ	−8
>30~40 >40~50	+310 +320	+170 +180	+120 +130	—	+80	+50	—	+25	—	+9	0		+10	+14	+24	−2+Δ	—	−9+Δ	−9
>50~65 >65~80	+340 +360	+190 +200	+140 +150	—	+100	+60	—	+30	—	+10	0		+13	+18	+28	−2+Δ	—	−11+Δ	−11
>80~100 >100~120	+380 +410	+220 +240	+170 +180	—	+120	+72	—	+36	—	+12	0		+16	+22	+34	−3+Δ	—	−13+Δ	−13
>120~140 >140~160 >160~180	+460 +520 +580	+260 +280 +310	+200 +210 +230	—	+145	+85	—	+43	—	+14	0		+18	+26	+41	−3+Δ	—	−15+Δ	−15
>180~200 >200~225 >225~250	+660 +740 +820	+340 +380 +420	+240 +260 +280	—	+170	+100	—	+50	—	+15	0		+22	+30	+47	−4+Δ	—	−17+Δ	−17
>250~280 >280~315	+920 +1050	+480 +540	+300 +330	—	+190	+110	—	+56	—	+17	0		+25	+36	+55	−4+Δ	—	−20+Δ	−20
>315~355 >355~400	+1200 +1350	+600 +680	+360 +400	—	+210	+125	—	+62	—	+18	0		+29	+39	+60	−4+Δ	—	−21+Δ	−21
>400~450 >450~500	+1500 +1650	+760 +840	+440 +480	—	+230	+135	—	+68	—	+20	0		+33	+43	+66	−5+Δ	—	−23+Δ	−23

注：1. 公称尺寸小于或等于 1mm 时，基本偏差 A 和 B 及大于 IT8 的 N 均不采用。

2. 公差带 JS7～JS11，若 IT_n 的数值为奇数，则取偏差 = $\pm\frac{IT_n-1}{2}$。

3. 特殊情况：当公称尺寸大于 250～315mm 时，M6 的 ES 等于 −9（不等于 −11）。

4. 对小于或等于 IT8 的 K、M、N 和小于或等于 IT7 的 P～ZC，所需 Δ 值从表内右侧选取。

数值（GB/T 1800. 1—2009）　　（单位：μm）

差 ES			上极限偏差 ES												Δ(μm)					
N		P ~ ZC	P	R	S	T	U	V	X	Y	Z	ZA	ZB	ZC						
≤IT8	>IT8	≤IT7	>IT7												IT3	IT4	IT5	IT6	IT7	IT8
−4	−4	在大于IT7级的相应数值上增加一个Δ值	−6	−10	−14	—	−18	—	−20	—	−26	−32	−40	−60	0					
$-8+\Delta$	0		−12	−15	−19	—	−23	—	−28	—	−35	−42	−50	−80	1	1.5	1	3	4	6
$-10+\Delta$	0		−15	−19	−23	—	−28	—	−34	—	−42	−52	−67	−97	1	1.5	2	3	6	7
$-12+\Delta$	0		−18	−23	−28	—	−33	— −39	−40 −45	— —	−50 −60	−64 −77	−90 −108	−130 −150	1	2	3	3	7	9
$-15+\Delta$	0		−22	−28	−35	— −41	−41 −48	−47 −55	−54 −64	−63 −75	−73 −88	−98 −118	−136 −160	−188 −218	1.5	2	3	4	8	12
$-17+\Delta$	0		−26	−34	−43	−48 −54	−60 −70	−68 −81	−80 −97	−94 −114	−112 −136	−148 −180	−200 −242	−274 −325	1.5	3	4	5	9	14
$-20+\Delta$	0		−32	−41 −43	−53 −59	−66 −75	−87 −102	−102 −120	−122 −146	−144 −174	−172 −210	−226 −274	−300 −360	−405 −480	2	3	5	6	11	16
$-23+\Delta$	0		−37	−51 −54	−71 −79	−91 −104	−124 −144	−146 −172	−178 −210	−214 −254	−258 −310	−335 −400	−445 −525	−585 −690	2	4	5	7	13	19
$-27+\Delta$	0		−43	−63 −65 −68	−92 −100 −108	−122 −134 −146	−170 −190 −210	−202 −228 −252	−248 −280 −310	−300 −340 −380	−365 −415 −465	−470 −535 −600	−620 −700 −780	−800 −900 −1000	3	4	6	7	15	23
$-31+\Delta$	0		−50	−77 −80 −84	−122 −130 −140	−166 −180 −196	−236 −258 −284	−284 −310 −340	−350 −385 −425	−425 −470 −520	−520 −575 −640	−670 −740 −820	−880 −960 −1050	−1150 −1250 −1350	3	4	6	9	17	26
$-34+\Delta$	0		−56	−94 −98	−158 −170	−218 −240	−315 −350	−385 −425	−475 −525	−580 −650	−710 −790	−920 −1000	−1200 −1300	−1550 −1700	4	4	7	9	20	29
$-37+\Delta$	0		−62	−108 −114	−190 −208	−268 −294	−390 −435	−475 −530	−590 −660	−730 −820	−900 −1000	−1150 −1300	−1500 −1650	−1900 −2100	4	5	7	11	21	32
$-40+\Delta$	0		−68	−126 −132	−232 −252	−330 −360	−490 −540	−595 −660	−740 −820	−920 −1000	−1100 −1250	−1450 −1600	−1850 −2100	−2400 −2600	5	5	7	13	23	34

公差等级配合示意图如图 1-19 所示。

孔的另一偏差可根据下列公式计算，即

$$ES = EI + IT$$
$$EI = ES - IT$$

【实例 1-8】 试查表确定孔 ϕ35P8、ϕ35P6 的基本偏差和另一极限偏差。

解：

（1）查表确定孔的标准公差。

查表 1-1 得 IT8 = 39μm，IT6 = 16μm。

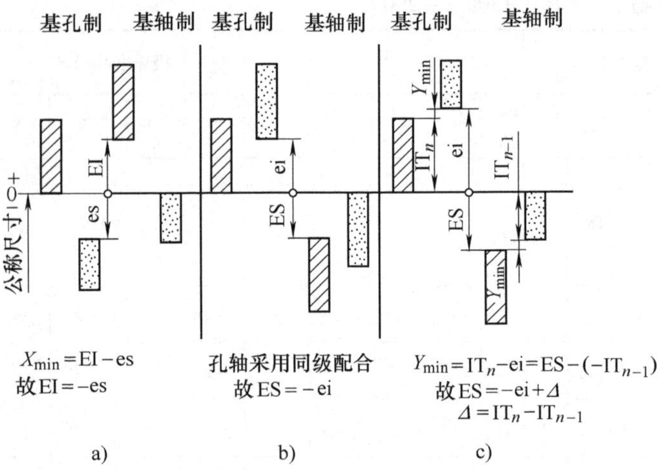

图 1-19 公差等级配合

（2）查表确定孔的基本偏差。

查表 1-5 得 ϕ35P8 的基本偏差 ES = −26μm。

ϕ35P6 的基本偏差 ES = −26μm + Δ = (−26 + 5)μm = −21μm。

（3）确定孔的另一极限偏差。

ϕ35P8 的另一极限偏差 EI = ES − IT8 = (−26 − 39)μm = −65μm。

ϕ35P6 的另一极限偏差 EI = ES − IT6 = (−21 − 16)μm = −37μm。

【实例 1-9】 试查表确定孔 ϕ30G6、ϕ40M8 的基本偏差和另一极限偏差。

解：

（1）查表确定孔的标准公差。

查表 1-1 得：对于 ϕ30mm，IT6 = 13μm；对于 ϕ40mm，IT8 = 39μm。

（2）查表确定孔的基本偏差。

查表 1-5 得 ϕ30G6 的基本偏差 EI = +7μm。

ϕ40M8 的基本偏差 ES = −9μm + Δ = (−9 + 14)μm = +5μm。

（3）确定孔的另一极限偏差。

ϕ30G6 的另一极限偏差 ES = EI + IT6 = (+7 + 13)μm = +20μm。

ϕ40M8 的另一极限偏差 EI = ES − IT8 = (+5 − 39)μm = −34μm。

1.4.3 公差与配合代号及标注

1. 公差带代号与配合代号

（1）公差带代号 如前所述，公差带是由基本偏差和公差等级决定的。因此，公差带代号将由基本偏差代号和公差等级数字组成。例如，孔公差带代号 H7、G8，轴公差代号 h6、m7 等。

（2）配合代号 配合是公称尺寸相同的孔与轴公差带之间的关系。因此，配合代号是在公称尺寸后用孔、轴公差带联合表示。孔、轴公差带写成分数形式，分子为孔公差带，分母为轴公差带，如 ϕ50H7/g6 或 $\phi 50\dfrac{H7}{g6}$。

2. 公差与配合在图样上的标注

（1）零件图上的标注　根据国家标准 GB/T 4458.5—2003，在零件图上公差与配合一般有三种标注方法，如图1-20所示。

（2）装配图上的标注（图1-21）

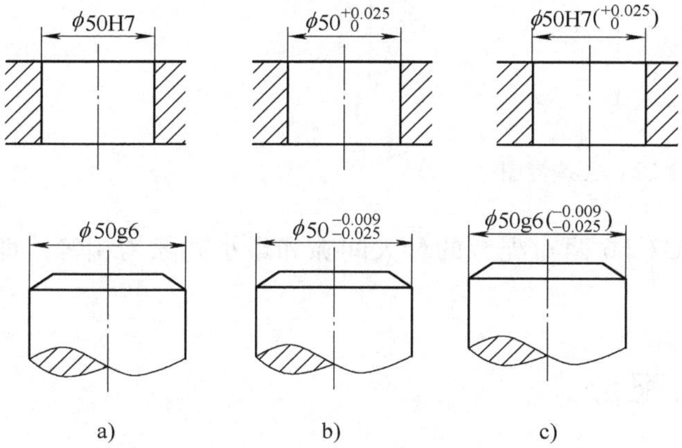

图1-20　孔、轴公差与配合在零件图上的标注

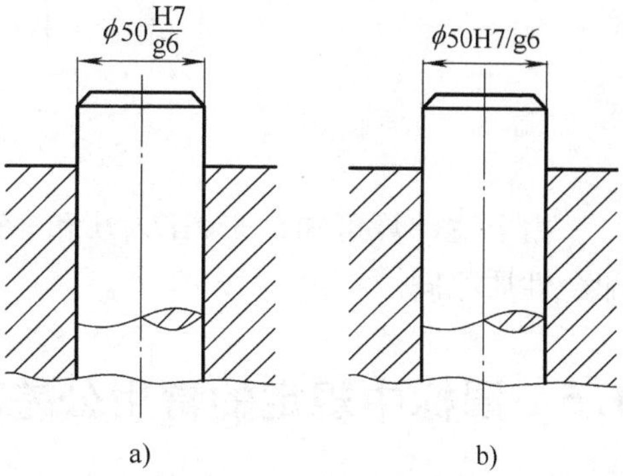

图1-21　孔、轴公差与配合在装配图上的标注

【实例1-10】 试查表确定 ϕ50H7/g6 和 ϕ50G7/h6 配合中孔、轴的极限偏差，并计算两对配合的极限间隙，画出公差带图。

解：

1）查表确定 ϕ50H7/g6 配合中的孔、轴的极限偏差。

查表1-1得 IT7 = 25μm，IT6 = 16μm。

$\because$ 基准孔 H7，EI = 0

$\therefore$ ES = EI + IT7 = (0 + 25)μm = +25μm。

对于非基准轴 g6，查表1-4得 es = −9μm

$\therefore$ ei = es − IT6 = (−9 − 16)μm = −25μm

由此可得 $\phi50H7 = \phi 50^{+0.025}_{0}$mm，$\phi50g6 = \phi 50^{-0.009}_{-0.025}$mm。

2）查表确定 ϕ50G7/h6 配合中的孔、轴的极限偏差。

对于非基准孔 G7，查表1-5得 EI = +9μm

$\therefore$ ES = EI + IT7 = (+9 + 25)μm = +34μm。

对于基准轴 h6，es = 0μm

$\therefore$ ei = es − IT6 = (0 − 16)μm = −16μm。

由此可得 $\phi50G7 = \phi50^{+0.034}_{+0.009}$mm，$\phi50h6 = \phi50^{0}_{-0.016}$mm。

3）计算 ϕ50H7/g6 和 ϕ50G7/h6 配合的极限间隙。

对于 ϕ50H7/g6，$X_{max} = ES - ei = [+25-(-25)]\mu m = +50\mu m$

$X_{min} = EI - es = [0-(-9)]\mu m = +9\mu m$

对于 ϕ50G7/h6，$X_{max} = ES - ei = [+34-(-16)]\mu m = +50\mu m$

$X_{min} = EI - es = (+9-0)\mu m = +9\mu m$

用以上计算的极限偏差和极限间隙绘制公差带图，如图1-22所示。

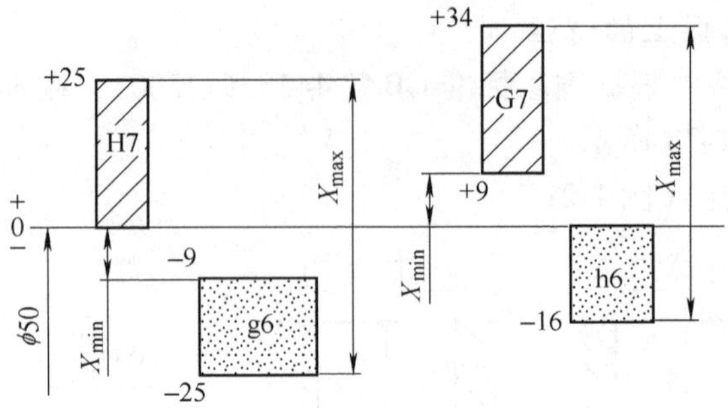

图 1-22　公差带图

由上述计算可知，$\phi 50H7/g6$ 和 $\phi 50G7/h6$ 两对配合的最大间隙和最小间隙均相等，即配合性质相同。

1.5　国标中规定的常用公差与配合

按照国家标准规定的标准公差和基本偏差系列，可将任一基本偏差与任一标准公差组合，从而得到大小与位置不同的大量公差带。在常用尺寸段内，孔公差带有 20 × 27 + 3 = 543 种（J 仅保留 IT6 ~ IT8），轴公差带有 20 × 27 + 3 = 543 种（j 仅保留 IT5 ~ IT8），这些公差带又可组成近 30 万种配合。如果不加以限制，任意选用这些公差与配合，将不利于生产。为了减少零件、定值刀具、量具等工艺装备的品种及规格，国家标准对所选用的公差与配合做了必要限制。

1.5.1　常用尺寸段孔、轴公差带

常用尺寸段内，国家标准对孔、轴规定了一般用途、常用和优先公差带，如图 1-23、图 1-24所示。

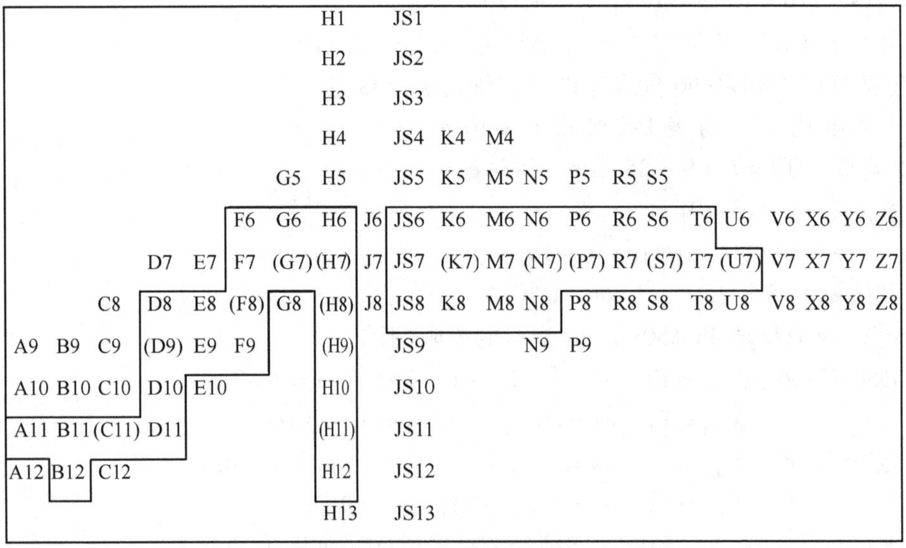

图 1-23　一般、常用和优先孔公差带

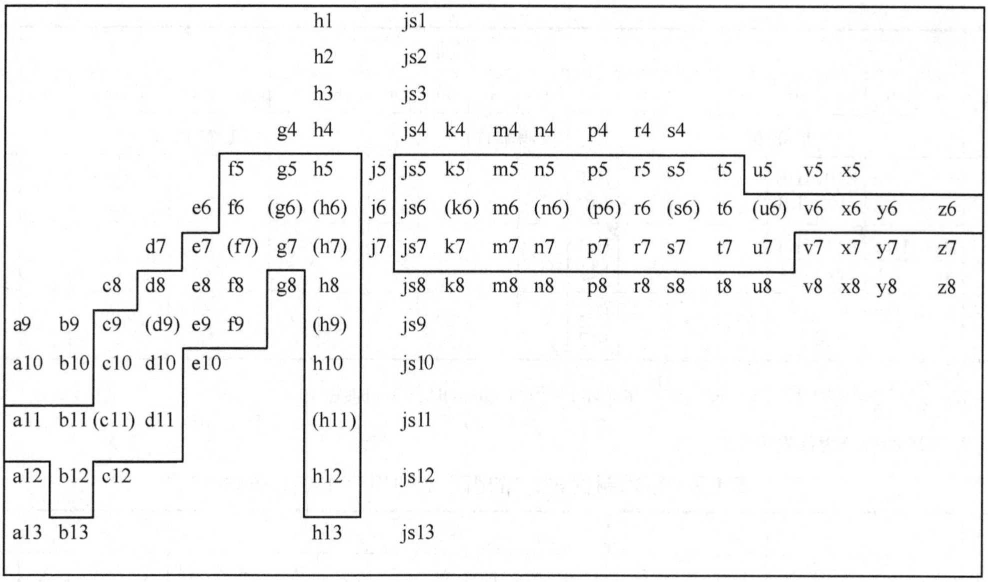

图 1-24 一般、常用和优先轴公差带

图 1-23 中列出了孔的一般用途公差带，共 105 种，方框内为常用公差带，共 44 种，括号内为优先公差带，共 13 种。

图 1-24 中列出了轴的一般用途公差带，共 119 种，方框内为常用公差带，共 59 种，括号内为优先公差带，共 13 种。

1.5.2 常用尺寸段孔、轴公差配合

常用尺寸段内，国家标准又规定基孔制常用配合 59 种，优先配合 13 种，见表 1-6；基轴制常用配合 47 种，优先配合 13 种，见表 1-7。

选用公差带或配合时，应按优先、常用、一般的顺序选取。若上述标准不能满足某些特殊需要，则国家标准允许采用两种基准制以外的非基准制配合。

表 1-6 基孔制优先、常用配合（GB/T 1801—2009）

基准孔	轴																				
	a	b	c	d	e	f	g	h	js	k	m	n	p	r	s	t	u	v	x	y	z
	间隙配合								过渡配合			过盈配合									
H6						H6/f5	H6/g5	H6/h5	H6/js5	H6/k5	H6/m5	H6/n5	H6/p5	H6/r5	H6/s5	H6/t5					
H7						H7/f6	H7/g6	H7/h6	H7/js6	H7/k6	H7/m6	H7/n6	H7/p6	H7/r6	H7/s6	H7/t6	H7/u6	H7/v6	H7/x6	H7/y6	H7/z6
H8					H8/e7	H8/f7	H8/g7	H8/h7	H8/js7	H8/k7	H8/m7	H8/n7	H8/p7	H8/r7	H8/s7	H8/t7	H8/u7				
				H8/d8	H8/e8	H8/f8		H8/h8													
H9			H9/c9	H9/d9	H9/e9	H9/f9		H9/h9													

（续）

基准孔	a	b	c	d	e	f	g	h	js	k	m	n	p	r	s	t	u	v	x	y	z
	间隙配合								过渡配合		过盈配合										
H10			$\frac{H10}{c10}$	$\frac{H10}{d10}$				$\frac{H10}{h10}$													
H11	$\frac{H11}{a11}$	$\frac{H11}{b11}$	◤$\frac{H11}{c11}$	$\frac{H11}{d11}$				◤$\frac{H11}{h11}$													
H12		$\frac{H12}{b12}$						$\frac{H12}{h12}$													

注：1. $\frac{H6}{n5}$、$\frac{H7}{p6}$在基本尺寸≤3mm 和$\frac{H8}{r7}$在基本尺寸≤100mm 时，为过渡配合。

2. 带◤的配合为优先配合。

表 1-7　基轴制优先、常用配合（GB/T 1801—2009）

基准轴	A	B	C	D	E	F	G	H	JS	K	M	N	P	R	S	T	U	V	X	Y	Z
	间隙配合								过渡配合			过盈配合									
h5						$\frac{F6}{h5}$	$\frac{G6}{h5}$	$\frac{H6}{h5}$	$\frac{JS6}{h5}$	$\frac{K6}{h5}$	$\frac{M6}{h5}$	$\frac{N6}{h5}$	$\frac{P6}{h5}$	$\frac{R6}{h5}$	$\frac{S6}{h5}$	$\frac{T6}{h5}$					
h6						$\frac{F7}{h6}$	◤$\frac{G7}{h6}$	◤$\frac{H7}{h6}$	$\frac{JS7}{h6}$	◤$\frac{K7}{h6}$	$\frac{M7}{h6}$	◤$\frac{N7}{h6}$	◤$\frac{P7}{h6}$	$\frac{R7}{h6}$	◤$\frac{S7}{h6}$	$\frac{T7}{h6}$	◤$\frac{U7}{h6}$				
h7					$\frac{E8}{h7}$	◤$\frac{F8}{h7}$		◤$\frac{H8}{h7}$	$\frac{JS8}{h7}$	$\frac{K8}{h7}$	$\frac{M8}{h7}$	$\frac{N8}{h7}$									
h8				$\frac{D8}{h8}$	$\frac{E8}{h8}$	$\frac{F8}{h8}$		$\frac{H8}{h8}$													
h9				◤$\frac{D9}{h9}$	$\frac{E9}{h9}$	$\frac{F9}{h9}$		◤$\frac{H9}{h9}$													
h10				$\frac{D10}{h10}$				$\frac{H10}{h10}$													
h11	$\frac{A11}{h11}$	$\frac{B11}{h11}$	◤$\frac{C11}{h11}$	$\frac{D11}{h11}$				◤$\frac{H11}{h11}$													
h12		$\frac{B12}{h12}$						$\frac{H12}{h12}$													

注：标注◤的配合为优先配合。

【实例 1-11】 图 1-25 所示为某减速器中齿轮与轴配合的示意图，已知配合公称尺寸为 ϕ56mm，试设计齿轮与轴配合的尺寸精度。

【分析】 零件的尺寸精度设计主要包括以下四个方面的内容：

（1）基准制的选择

（2）尺寸公差等级的选择

（3）配合的选择与设计

（4）尺寸精度和配合的标注

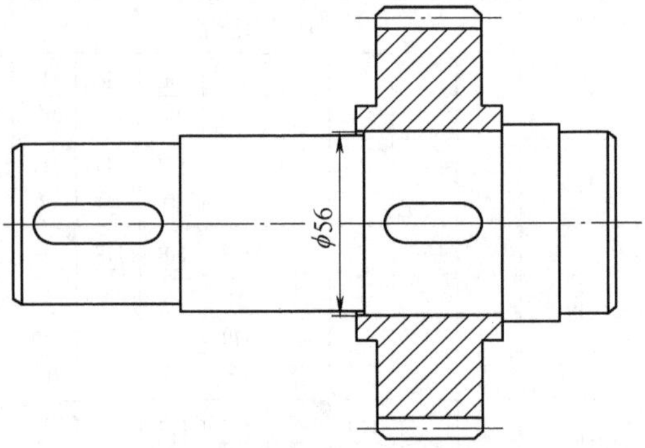

图 1-25　齿轮与轴的配合示例

【实施】

（1）选择基准制 齿轮孔与轴的配合没有特殊要求，优先采用基孔制，即齿轮孔的基本偏差代号为 H。

（2）选择尺寸公差等级 参考表1-1，考虑工艺等价性原则，齿轮孔的尺寸公差等级为 IT7，轴的尺寸公差等级为 IT6。

（3）选择配合代号 在减速器中，齿轮孔与轴的配合是直接影响减速器传动性能的重要配合。为了克服齿轮孔和轴周向的相对移动，需要采用平键联接。而采用平键联接存在的问题：一方面是键槽使工作压力沿工作面的分布不均匀，造成轴与齿轮轮毂的变形不对称；另一方面，若有配合间隙，轴与齿轮轮毂工作时易产生互相转磨损，配合表层材料剥蚀，造成联接失效。所以，齿轮与轴的配合面之间不允许存在间隙，且通常采用过盈配合来改善普通平键联接时的缺陷。此时，选择配合的依据是：将传动零件上所承受的转矩都转化到键上；齿轮与轴的配合面之间必须有足够的配合过盈量，以保证齿轮孔与轴在工作时不相对转动。而从装配的难易程度考虑，过盈量不能取得太大。

参考表1-4，选择轴的基本偏差代号为 r。

故齿轮孔与轴的配合代号是 ϕ56H7/r6。

（4）标注 查表1-4和表1-5得出齿轮轴和孔的尺寸公差数值，标注在工程图样上，如图1-26所示。

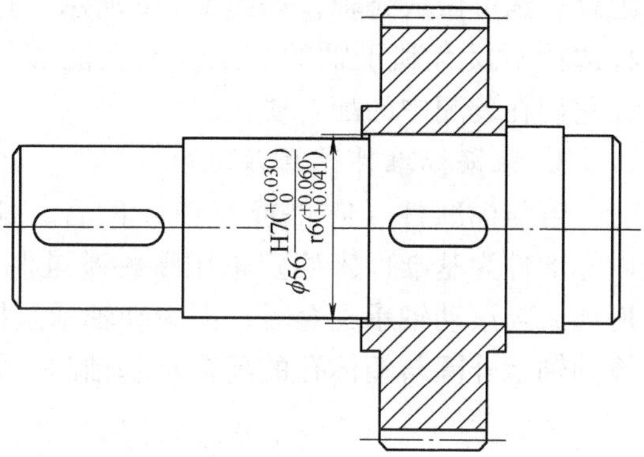

图1-26 齿轮和轴配合的标注示例

1.6 常用尺寸段公差与配合的选用

尺寸公差与配合的选用是机械设计与制造中一项重要的工作，它是在公称尺寸已经确定的情况下进行的尺寸精度设计。它对产品性能、质量、互换性及经济性有着重要影响。

尺寸公差与配合的选用包括三方面内容，即选用基准、公差等级和配合种类。

1.6.1 基准制的选用

选用基准制时，应从结构、工艺及经济性等几方面综合分析考虑。

1. 一般优先选用基孔制

优先选用基孔制主要是从功能、结构、工艺条件和宏观经济效益等方面来考虑。因为选用基孔制可以减少备用定值刀具、量具的规格数目，降低成本，提高加工的经济性。而加工轴的刀具多不是定值的，所以改变轴的尺寸不会增加刀具和量具等的数目。

2. 下列情况选用基轴制

（1）直接使用有一定公差等级（IT8～IT11），而不再进行机械加工的冷拔钢材（这种钢材是按照基准轴的公差带制造）做轴。当需要各种不同的配合时，可选择不同的孔公差带位置来实现。这种情况主要应用在农业机械和纺织机械中。

（2）加工公称尺寸小于1mm的精密轴比加工同级孔要困难，因此在仪器制造、钟表生产、无线电工程中，常使用经过光扎成形的钢丝直接做轴，这时采用基轴制较经济。

根据结构需要，在同一公称尺寸的轴上装配有不同配合要求的几个孔件时应采用基轴制。例如，发动机活塞销与连杆铜套孔和活塞销孔之间的配合，如图 1-27a 所示。根据工件需要及装配性，活塞销与活塞孔采用过渡配合，与连杆铜套孔采用间隙配合。若采用基孔制配合，活塞销将做成阶梯状，如图 1-27b 所示。而采用基轴制配合，销可做成光轴，如图 1-27c 所示。这种选择不仅有利于轴的加工，而且能够保证它们在装配中的配合质量。

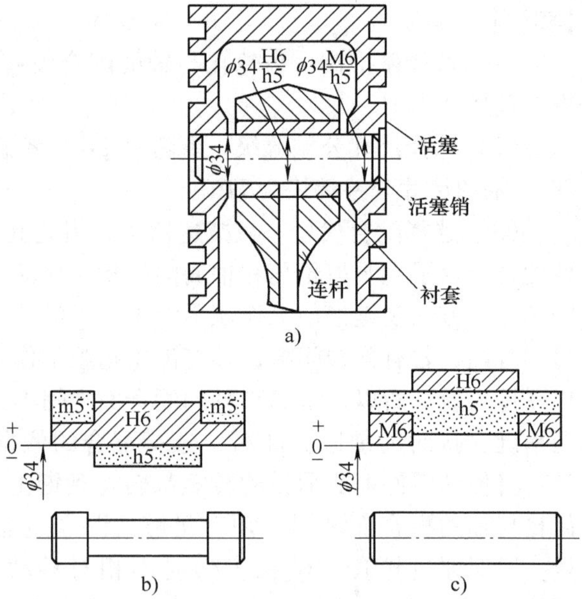

图 1-27　基准制选择示例 1

3. 根据标准件选择基准制

若与标准件（零件或部件）配合，应以标准件为基准件来确定采用哪种基准制。例如，与滚动轴承配合时，因滚动轴承是标准件，所以滚动轴承内圈与轴的配合是基孔制，滚动轴承外圈与箱体孔的配合是基轴制，如图 1-28 所示。

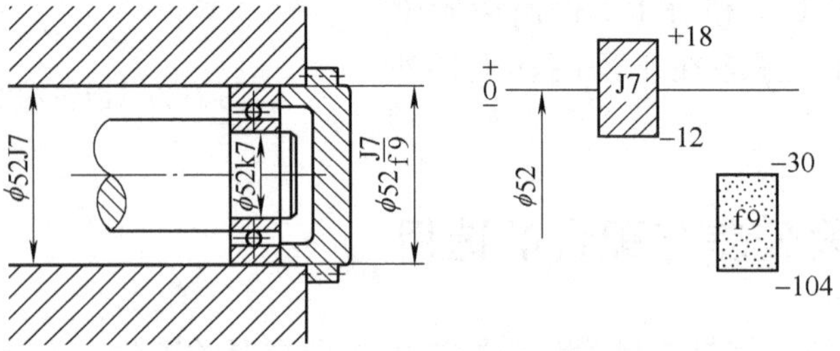

图 1-28　基准制选择示例 2

4. 为满足配合的特殊要求，允许选用非基准制配合

非基准制的配合是指相配合的两零件既无基孔制又无基轴制的配合。当一个孔与几个轴配合或一个轴与几个孔配合时，其各部分配合要求各不相同，这时就要出现非基准制的配合，如图 1-28 所示。在箱体孔中装配有滚动轴承和轴承端盖，由于滚动轴承是标准件，它与箱体孔的配合是基轴制配合，箱体孔的公差带代号为 J7，这时如果端盖与箱体孔的配合也是要用基轴制，则配合为 J/h，属于过渡配合。但轴承端盖要经常拆卸，显然这种配合过于紧密，而应选用间隙配合为好，即端盖公差带不能选用 h，只能选择非基轴制公差带，考虑到端盖的性能要求和加工的经济性，最后选择端盖与箱体孔之间的配合为 J7/f9。

1.6.2　公差等级的选用

合理地选择公差等级，是为了更好地解决机械零部件使用要求与制造工艺及成本之间的矛盾。因此，选择公差等级的基本原则是在满足使用要求的前提下，尽量选取较低的公差等级。

公差等级的选用可采用类比法，也就是参考从生产实践中总结出来的经验，进行比较选用。用类比法选择公差等级时，应掌握各种加工方法所能达到的公差等级，参见表1-8，公差等级的应用范围见表1-9和表1-10。

表1-8　各种加工方法所能得到的公差等级

加工方法	公差等级 IT																			
	01	0	1	2	3	4	5	6	7	8	9	10	11	12	13	14	15	16	17	18
研磨	—	—	—	—	—	—	—													
珩磨						—	—	—	—											
圆磨							—	—	—	—										
平磨							—	—	—	—										
金刚石车							—	—	—											
金刚石镗							—	—	—											
拉削							—	—	—	—										
铰孔								—	—	—	—	—								
精车、精镗									—	—	—									
粗车												—	—	—						
粗镗												—	—	—						
铣										—	—	—	—							
刨、插												—	—							
钻削												—	—	—	—					
冲压												—	—	—	—	—				
滚压、挤压												—	—							
锻造																	—	—		
砂型铸造																—	—			
金属型铸造																—	—			
气割																	—	—	—	—

表1-9　公差等级的应用

应　用	公差等级 IT																			
	01	0	1	2	3	4	5	6	7	8	9	10	11	12	13	14	15	16	17	18
量块	—	—	—																	
量规			—	—	—	—	—	—	—											
配合尺寸							—	—	—	—	—	—	—	—						
特别精密零件				—	—	—	—													
非配合尺寸														—	—	—	—	—	—	—
原材料尺寸										—	—	—	—	—	—	—				

表 1-10　公差等级的主要应用范围

公差等级	主要应用范围
IT01、IT0、IT1	一般用于精密标准量块，IT1 也用于检验 IT6、IT7 轴用量规的校对量规
IT2 ~ IT7	用于检验 IT5、IT6 工件的量规尺寸公差
IT3、IT5 （孔的 IT6）	用于精度要求很高的重要配合。例如，机床主轴与精密滚动轴承的配合；发动机活塞销与连杆孔和活塞孔的配合； 配合公差很小，对加工要求很高，应用很少
IT6 （孔的 IT7）	用于机床、发动机和仪表中的重要配合。例如，机床传动机构中的齿轮与轴的配合，轴与轴承的配合，发动机中活塞与汽缸、曲轴与轴承、气门杆与导套等的配合； 配合公差较小，一般精密加工能够实现，在精密机械中广泛应用
IT7、IT8	用于机床和发动机中的次要配合，也用于重型机械、农业机械、纺织机械、机车车辆等的重要配合。例如，机床上操纵杆的支承配合，发动机中活塞环与活塞的配合，农业机械中齿轮与轴的配合等； 配合公差中等，加工易于实现，在一般机械中广泛应用
IT9、IT10	用于一般要求或长度精度要求较高的配合，某些非配合尺寸的特殊要求。例如，飞机机身外壳尺寸，由于重量限制，要求达到 IT9 或 IT10
IT11、IT12	用于不重要的配合处，多用于各种没有严格要求，只要求便于连接的配合。例如，螺栓与螺孔、铆钉与孔等的配合
IT12 ~ IT18	用于未注公差的尺寸和粗加工的工序尺寸。例如，手柄的直径、外壳的外形、壁厚尺寸、断面之间的距离等

用类比法选用公差等级时，除参考表 1-8 ~ 表 1-10 外，还应考虑以下问题。

1. 工艺等价性

工艺等价性是指孔和轴的加工难易程度相同。

在常用尺寸段内，当间隙配合和过渡配合公差等级≤IT8、过盈配合公差等级≤IT7 时，由于孔比轴难加工，采用孔比轴低一级，如 H8/g7、H7/u6 等，使孔、轴工艺等价；当间隙配合和过渡配合公差等级 > IT8、过盈配合公差等级 > IT7 时，采用孔与轴同等级配合，如 H9/c9 等。

2. 配合性质

过渡配合、过盈配合的公差等级不宜太低，一般孔的公差等级≤IT8，轴的公差等级≤IT7；对于间隙配合，间隙小的公差等级应较高，间隙大的公差等级可低些。例如，选用 H6/f5 和 H11/b11 比较合适，而选用 H11/f11 和 H6/b5 是不合适的。

3. 相配合零部件的精度要匹配

例如，齿轮孔与轴的配合，它们的公差等级取决于齿轮的公差等级。与滚动轴承配合的箱体孔和轴的公差等级取决于滚动轴承的公差等级。

4. 非基准制配合

在非基准制配合中，有的零件精度要求不高，可与相配合零件的公差等级差 2 ~ 3 级。

1.6.3　配合的选用

如前面所述，通过对基准制和公差等级的选择，确定了基准件的公差带以及相配合的非基准件公差带的大小，因此选择配合种类实质上就是根据配合的类型确定非基准件公差带的位置，也就是选择非基准件的基本偏差代号。

选用配合的步骤分为：配合类别的选择和非基准件基本偏差代号的选择。

1. 配合类别的选择

配合类别有间隙配合、过渡配合和过盈配合三大类。选择哪种配合，应根据孔、轴配合具体的使用要求，参照表1-11从大体方向上确定应选的配合类别。

表1-11　配合类别选择的大体方向

<table>
<tr><td rowspan="4">无相对运动</td><td rowspan="3">要传递转矩</td><td rowspan="2">要精确同轴</td><td>永久结合</td><td>过盈配合</td></tr>
<tr><td>可拆结合</td><td>过渡配合或基本偏差为H(h)①的间隙配合加紧固件②</td></tr>
<tr><td colspan="2">不需要精确同轴</td><td>间隙配合加紧固紧件②</td></tr>
<tr><td colspan="3">不需要传递转矩</td><td>过渡配合或轻的过盈配合</td></tr>
<tr><td rowspan="2">有相对运动</td><td colspan="3">只有移动</td><td>基本偏差为H(h)、G(g)①等间隙配合</td></tr>
<tr><td colspan="3">只移动或转动和移动复合运动</td><td>基本偏差为A～F(a～f)①等间隙配合</td></tr>
</table>

① 指非基准件的基本偏差代号。

② 紧固件指键、销钉和螺钉等。

确定配合类型后，应尽可能地选用优先配合，其次是常用配合，再次是一般配合。如果仍不能满足要求，可选择其他配合。

2. 非基准件基本偏差代号的选择

选择方法有三种：计算法、试验法和类比法。

（1）计算法　计算法指结合零件的材料、结构和功能要求，按照一定理论公式计算结果来选择配合的方法。用计算法选择配合时，关键是确定所需的极限间隙或极限过盈量。由于影响间隙和过盈的因素很多，理论计算也是近似的，因此在实际应用中还需经过试验来确定。一般情况下，很少用计算法。

（2）试验法　试验法指通过模拟试验和分析来选择配合的方法。该方法主要用于特别重要的、关键性的场合。试验法比较可靠，但成本较高，很少应用。

（3）类比法　类比法指参照同类型机器或结构中经过生产实践验证配合的实际情况，通过分析对比来确定的方法，此方法应用最为广泛。

用类比法选择配合种类，首先要掌握各种配合的特征和应用场合，应尽量采用国家标准所规定的常用与优先配合。公称尺寸≤500mm基孔制常用和优先配合的特征及应用见表1-12。

表1-12　公称尺寸≤500mm基孔制常用和优先配合的特征及应用

特征配合		配合代号	应　用
间隙配合	特大间隙	$\frac{H11}{a11}$，$\frac{H11}{b11}$，$\frac{H12}{b12}$	用于高温或工作时要求大间隙的配合
	很大间隙	$\left(\frac{H11}{c11}\right)$，$\frac{H11}{d11}$	用于工作条件较差、受力变形或为了便于装配而需要大间隙的配合和高温工作的配合
	较大间隙	$\frac{H9}{c9}$，$\frac{H10}{c9}$，$\frac{H8}{d8}$，$\left(\frac{H9}{d9}\right)$，$\frac{H10}{d10}$，$\frac{H8}{e7}$，$\frac{H8}{e8}$，$\frac{H9}{e9}$	用于高速重载的滑动轴承或大直径的滑动轴承，也可以用于跨距或多支承点支承的配合

（续）

特征配合		配合代号	应　用
间隙配合	一般间隙	$\frac{H6}{f5}$，$\frac{H7}{f6}$，$\left(\frac{H8}{f7}\right)$，$\frac{H8}{f8}$，$\frac{H9}{f9}$	用于一般转速的配合；当温度影响不大时，广泛应用于普通润滑油润滑的支承处
	较小间隙	$\left(\frac{H7}{g6}\right)$，$\frac{H8}{g7}$	用于精密滑动零件或缓慢间歇回转零件的配合部位
	很小间隙和零间隙	$\frac{H6}{g5}$，$\frac{H6}{h5}$，$\left(\frac{H7}{h6}\right)$，$\left(\frac{H8}{h7}\right)$，$\frac{H8}{h8}$，$\left(\frac{H9}{h9}\right)$，$\frac{H10}{h10}$，$\left(\frac{H11}{h11}\right)$，$\frac{H12}{h12}$	用于不同精度要求一般定位件的配合和缓慢移动、摆动零件的配合
过渡配合	绝大部分有微小间隙	$\frac{H6}{js5}$，$\frac{H7}{js6}$，$\frac{H8}{js7}$	用于易于拆装的定位配合或加紧固件后传递一定静载荷的配合
	大部分有微小间隙	$\frac{H6}{k5}$，$\left(\frac{H7}{k6}\right)$，$\frac{H8}{k7}$	用于稍有振动的定位配合，加紧固件可传递一定载荷，装拆方便，可用木锤敲入
	大部分有微小过盈	$\frac{H6}{m5}$，$\frac{H7}{m6}$，$\frac{H8}{m7}$	用于定位精度较高且抗振的定位配合，加键可传入更大载荷，可用铜锤敲入或小压力压入
	绝大部分有微小过盈	$\left(\frac{H7}{n6}\right)$，$\frac{H8}{n7}$	用于精确定位或紧密组件的配合，加键传递大力或冲击性载荷，只在大修时拆卸
	绝大部分有较小过盈	$\frac{H8}{p7}$	加键后能传递很大力矩，且承受振动和冲击的配合，装配后不再拆卸
过盈配合	轻型	$\frac{H6}{n5}$，$\frac{H6}{p5}$，$\left(\frac{H7}{p6}\right)$，$\frac{H6}{r5}$，$\frac{H7}{r6}$，$\frac{H8}{r7}$	用于精确的定位配合，一般不能靠过盈传递力矩，要传递力矩需加紧固件
	中型	$\frac{H6}{s5}$，$\left(\frac{H7}{s6}\right)$，$\frac{H8}{s7}$，$\frac{H6}{t5}$，$\frac{H7}{t6}$，$\frac{H8}{t7}$	不需要加紧固件就可传递较小力矩和轴向力，加紧固件后可承受较大载荷或动载荷的配合
	重型	$\left(\frac{H7}{u6}\right)$，$\frac{H8}{u7}$，$\frac{H7}{v6}$	不需加紧固件就可传递和承受较大力矩和动载荷的配合，要求零件材料有高强度
	特重型	$\frac{H7}{x6}$，$\frac{H7}{y6}$，$\frac{H7}{z6}$	能传递和承受很大力矩和动载荷的配合，需经试验后方可应用

注：1. 括号内的配合为优先配合。
2. 国家标准规定的 44 种基轴制配合的应用与本表中的同名配合相同。

其次应考虑工作时结合件之间是否有相对运动、承受载荷情况、温度变化情况、润滑条件、装配变形、拆装情况以及生产类型等，不同工作情况对过盈或间隙的影响见表 1-13。

表 1-13　工作情况对过盈或间隙的影响

具体情况	过盈增或减	间隙增或减
材料强度低	减	—
经常拆卸	减	—
有冲击载荷	增	减
工作时孔温高于轴温	增	减
工作时轴温高于孔温	减	增
配合长度增大	减	增
配合面几何误差增大	减	增
装配时可能歪斜	减	增

（续）

具 体 情 况	过盈增或减	间隙增或减
旋转速度增高	增	增
有轴向运动	—	增
润滑油黏度增大	—	增
表面趋向粗糙	增	减
单件生产相对于成批生产	减	增

3. 各类配合的特征与应用示例

为了便于在设计中运用类比法合理地选用配合，下面以基孔制为例，举例说明一些配合在实际中的应用，以供参考。

（1）间隙配合的选用　a ~ h 共 11 种轴基本偏差与基准孔配合，其中，H/a 的配合间隙最大，间隙依次减小，H/h 的配合间隙最小，其最小间隙为零。

1）H/a、H/b、H/c 配合。这三种配合间隙最大，不常使用。适用于高温下工作的间隙配合及工作条件较差、受力变形大或为了便于装配的缓慢、松弛的大间隙配合。例如，内燃机气门导杆与衬套的配合，如图 1-29 所示。

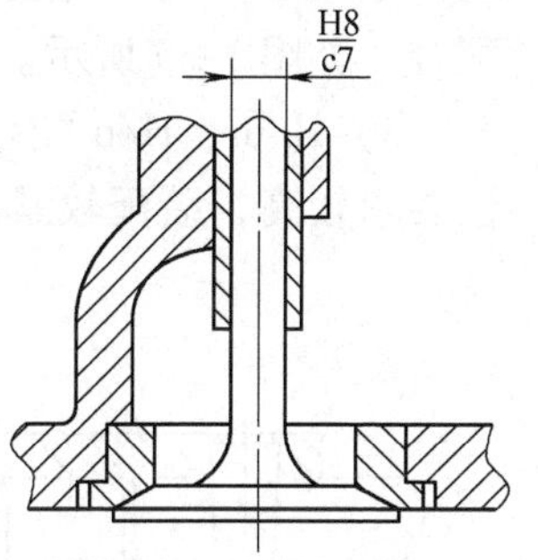

图 1-29　内燃机气门导杆与衬套的配合

2）H/d、H/e 配合。这两种配合间隙较大，适用于松的间隙配合和一般的传动配合。例如，滑轮与轴的配合，如图 1-30 所示。

3）H/f 配合。此种配合间隙适中，多用于公差等级为 IT7 ~ IT9 的一般传动配合。例如，齿轮轴套与轴的配合，如图 1-31 所示。

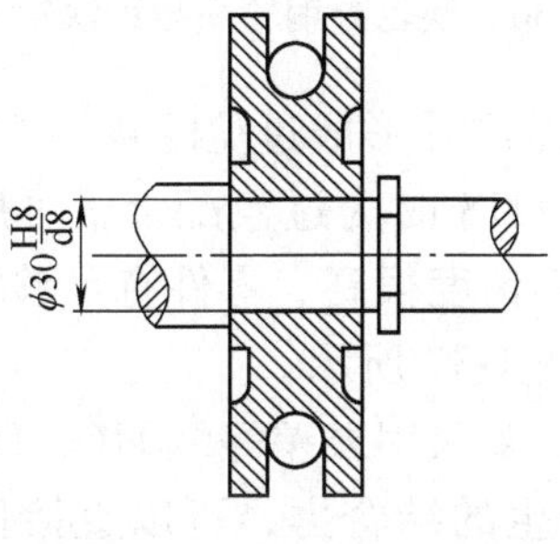

图 1-30　滑轮与轴的配合

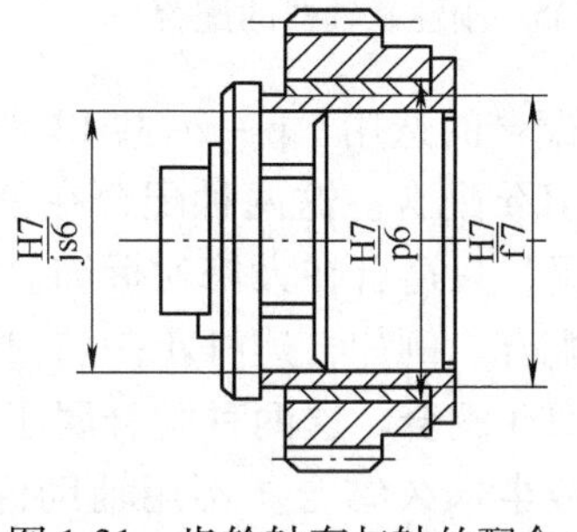

图 1-31　齿轮轴套与轴的配合

4）H/g 配合。此种配合间隙很小，制造成本很高，除了用于很轻负荷的精密装置外，不推荐用于转动配合。多用于公差等级为 IT5 ~ IT7，适用于做往复摆动和滑动的精密配合。例如，钻套与衬套的配合，如图 1-32 所示。

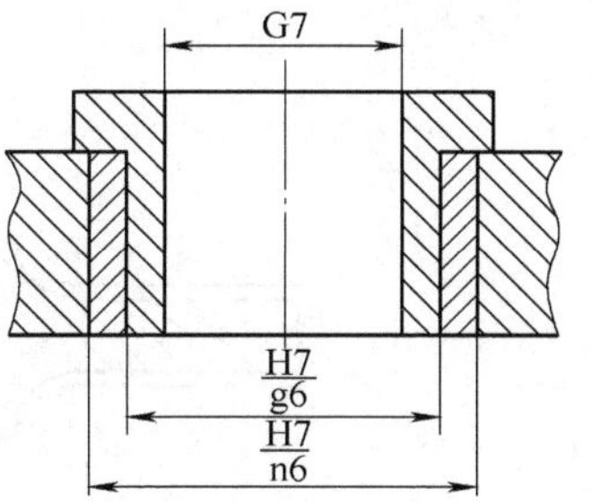

图 1-32　钻套与衬套的配合

5）H/h 配合。这种配合间隙最小，为零，广泛用于公差等级为 IT4 ~ IT11 无相对运动而有定心和导向要求的定位配合。若忽略温度、变形影响，也用于精密的滑动配合。例如，车床尾座顶尖套筒的配合，如图 1-33 所示。

（2）过渡配合的选用　j ~ n 共 5 种基本偏差与基准孔形成过渡配合。

1）H/j、H/js 配合。这两种配合获得的间隙如图 1-34 所示。

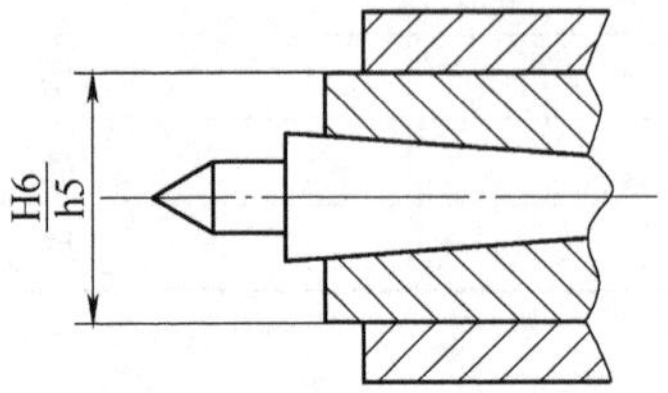

图 1-33　车床尾座顶尖套筒与尾座的配合

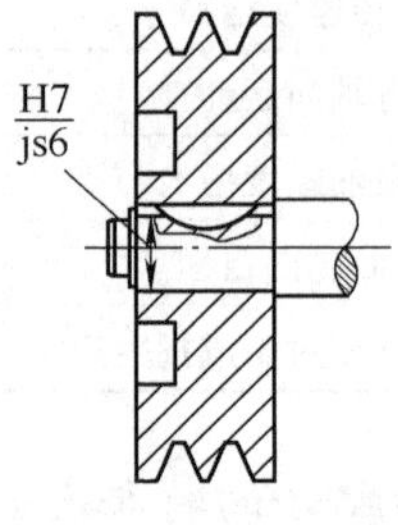

图 1-34　带轮与轴的配合

2）H/k 配合。这种配合获得的平均间隙接近于零，定心较好，装配后零件受到的接触应力也较小，用于公差等级为 IT4 ~ IT7、稍有过盈、能够拆卸的配合。例如，刚性联轴器的配合，如图 1-35 所示。

3）H/m、H/n 配合。这两种配合获得过盈的机会较多，用于公差等级为 IT4 ~ IT7、定位要求较高，装配较紧的配合。例如，蜗轮青铜轮缘与铸铁轮辐的配合，如图 1-36 所示。

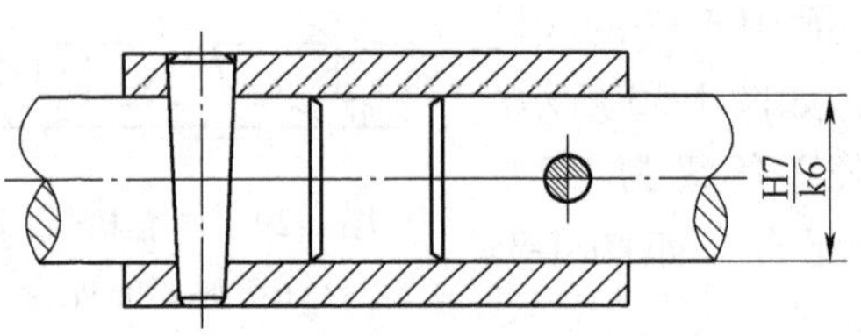

图 1-35　刚性联轴器的配合

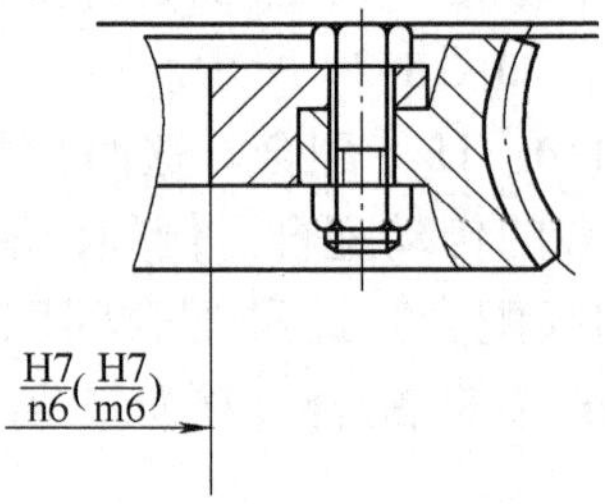

图 1-36　蜗轮青铜轮缘与铸铁轮辐的配合

（3）过盈配合的选用　p ~ zc 共 12 种轴基本偏差与基准孔形成过盈配合。

1）H/p、H/r 配合。这两种配合在公差等级为 IT6 ~ IT8 时为过盈配合，可用锤敲打或压入机压入装配，只适合在大修时拆卸。它主要用于定心精度很高、零件有足够刚性、受冲击载荷的定位配合。例如，连杆小头与衬套的配合，如图 1-37 所示。

2）H/s、H/t 配合。这两种配合属于中等过盈配合，多采用公差等级 IT6、IT7。它用于钢铁件的永久或半永久结合。不用辅助件，依靠过盈产生的结合力，可以直接传递中等载荷。一般用压入法装配，也有用热胀法或冷缩法装配。例如，联轴器与轴的配合，如图 1-38 所示。

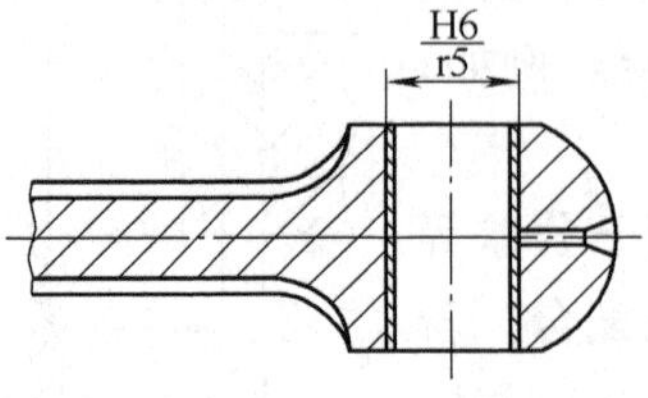

图 1-37　连杆小头与衬套的配合

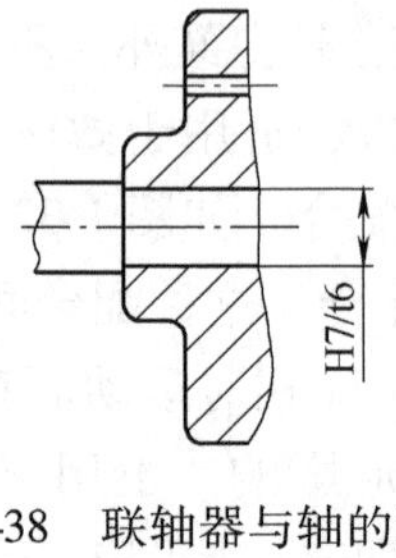

图 1-38　联轴器与轴的配合

3）H/u、H/v、H/x、H/y、H/z 配合。这几种配合属于大过盈配合，一般不用。适用于传递大的转矩或承受大的冲击载荷，完全依靠过盈产生的结合力保证牢固连接。通常采用热胀法或冷缩法装配。例如，火车车轮与轴的配合，如图 1-39 所示。

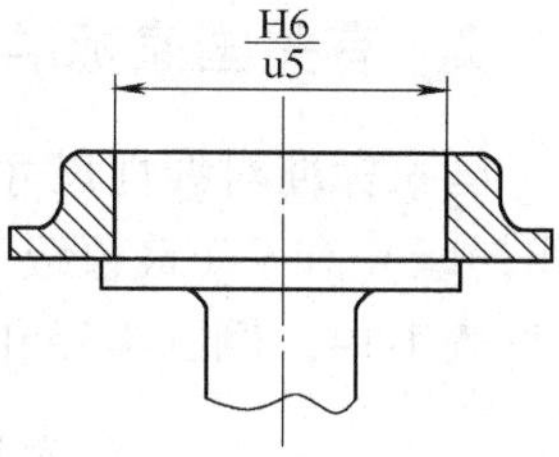

图 1-39　火车车轮与轴的配合

【实例 1-12】 设有一公称尺寸为 ϕ60mm 的配合，根据使用要求，其配合间隙在 +25 ~ +110μm 之间，试确定孔和轴的公差等级和配合种类。

解：

（1）选择基准制

∵ 没有特殊要求　∴ 选择基孔制配合，EI = 0

（2）查表选择孔、轴公差等级

由式（1-15）和式（1-18）得 $T_f = |X_{max} - X_{min}| = T_D + T_d$。

根据使用要求，允许的配合公差 $[T_f] = |[X_{max}] - [X_{min}]| = |(+110) - (+25)|\mu m = 85\mu m$，即所选孔、轴公差之和 $T_D + T_d$ 应最接近 $[T_f]$，而不大于 $[T_f]$。

查表 1-1 得，孔和轴的公差等级介于 IT7 和 IT8 之间，根据工艺等价原则，当间隙配合公差等级≤IT8 时，由于孔比轴难加工，采用孔比轴低一级，故孔为 IT8，$T_D = 46\mu m$；轴为 IT7，$T_d = 30\mu m$，则配合公差 $T_f = T_D + T_d = (46 + 30)\mu m = 76\mu m$，小于且接近于 $[T_f]$，因此满足使用要求。

（3）确定孔、轴公差带代号

∵ 选用基孔制配合，且孔的标准公差为 IT8 ∴ 孔的公差带代号为 $\phi 60H8(^{+0.046}_{0})$。

又∵ 是间隙配合，$X_{min} = EI - es = 0 - es = -es$，由已知条件 $[X_{min}] = +25\mu m$，即轴的基本偏差 es 应最接近于 −25μm。查表 1-4，取轴的基本偏差 f，es = −30μm，则 ei = es − IT7 = (−30 − 30) μm = −60μm　∴ 轴的公差带代号为 $\phi 60f7(^{-0.030}_{-0.060})$，配合代号为 $\phi 60\frac{H8}{f7}$

（4）设计验算结果

$$X_{max} = ES - ei = [(+46) - (-60)]\mu m = +106\mu m$$

$$X_{min} = EI - es = [0 - (-30)]\mu m = +30\mu m$$

间隙在 +25 ~ +110μm 之间，结果满足使用要求。

由以上分析可知，本题所选的配合 $\phi 60\frac{H8}{f7}$ 是适合的，其中孔为 $\phi 60H8(^{+0.046}_{0})$，轴为 $\phi 60f7(^{-0.030}_{-0.060})$。

1.7　线性尺寸的未注公差

1.7.1　线性尺寸一般公差的概念

线性尺寸的一般公差是指在车间普通工艺条件下，机床设备一般加工能力可保证的公差。在正常维护和操作情况下，它代表经济加工精度，主要用于低精度的非配合尺寸。

1.7.2 有关国家标准规定

国家标准对线性尺寸的一般公差规定了 4 个等级，分别为 f（精密级）、m（中等级）、c（粗糙级）和 v（最粗级）。其中，f 最高，依次降级，v 最低。线性尺寸未注极限偏差的数值见表 1-14，倒圆半径和倒角高度尺寸的未注极限偏差数值见表 1-15。

表 1-14 线性尺寸的极限偏差数值（GB/T 1804—2000）（单位：mm）

公差等级	基本尺寸分段							
	0.5 ~ 3	>3 ~ 6	>6 ~ 30	>30 ~ 120	>120 ~ 400	>400 ~ 1000	>1000 ~ 2000	>2000 ~ 4000
f(精密级)	±0.05	±0.05	±0.1	±0.15	±0.2	±0.3	±0.5	—
m(中等级)	±0.1	±0.1	±0.2	±0.3	±0.5	±0.8	±1.2	±2
c(粗糙级)	±0.2	±0.3	±0.5	±0.8	±1.2	±2	±3	±4
v(最粗级)	—	±0.5	±1	±1.5	±2.5	±4	±6	±8

表 1-15 倒圆半径与倒角高度尺寸的极限偏差数值（GB/T 1804—2000）（单位：mm）

公 差 等 级	基本尺寸分段			
	0.5 ~ 3	>3 ~ 6	>6 ~ 30	>30
f 级(精密级)	±0.2	±0.5	±1	±2
m 级(中等级)				
c 级(粗糙级)	±0.4	±1	±2	±4
v 级(最粗级)				

注：倒圆半径与倒角高度的含义参见国家标准 GB/T 6403.4—2008《零件倒圆与倒角》。

1.7.3 线性尺寸一般公差的表示方法

当采用一般公差时，在图样上只标注公称尺寸，不注极限偏差，而是在图样上的技术文件中用标准号和公差等级符号来表示。例如，选用 c（粗糙级）时，则表示为 GB/T 1804—c。这表明图样上凡未注公差的线性尺寸（包含倒圆半径和倒角高度）均按 c（粗糙级）加工和检验。

但是，当要素的功能允许采用比一般公差大的公差，而该公差比一般公差更经济时，应在尺寸后直接注出极限偏差。

习 题

1-1 简答题

（1）在国家标准中，孔和轴是如何定义的？

（2）什么是公称尺寸、极限尺寸、尺寸偏差和尺寸公差？它们之间有何关系？在公差带图中如何表示？

（3）什么是标准公差？国家规定了多少个公差等级？如何表示？

（4）什么是基本偏差？国家规定基本偏差有何意义？有多少个？如何表示？

（5）配合分为几类？如何判断配合性质？

（6）什么是基准制？有多少种？有何特点？

（7）什么是线性尺寸的一般公差？在图样中如何表示？

1-2　实作题

（1）根据下表中给出的数据，计算表格中空格的数值并填入空格内（单位为 mm）。

公称尺寸	最大极限尺寸	最小极限尺寸	上极限偏差	下极限偏差	尺寸公差
孔 $\phi12$	12.050	12.023			
轴 $\phi30$			-0.040		0.021
孔 $\phi50$		50.050			0.039
轴 $\phi55$			-0.030	-0.076	

（2）根据下表中给出的数据，计算表格中空格的数值并填入空格内（单位为 mm）。

公称尺寸	孔			轴			X_{max} 或 Y_{min}	X_{min} 或 Y_{max}	X_{av} 或 Y_{av}	配合性质
	ES	EI	T_D	es	ei	T_d				
$\phi25$		0				0.021	+0.074		+0.057	
$\phi14$		0				0.010		-0.012	+0.0025	
$\phi45$			0.025	0				-0.050	-0.0295	

（3）设公称尺寸为 D 的孔与轴配合，要求的极限间隙 X_{max}、X_{min} 或极限过盈 Y_{max}、Y_{min} 如下：

1）基孔制，$D=\phi40$mm，$X_{max}=+0.067$mm，$X_{min}=+0.022$mm。

2）基轴制，$D=\phi30$mm，$X_{max}=+0.027$mm，$Y_{max}=-0.030$mm。

3）基孔制，$D=\phi100$mm，$Y_{max}=-0.146$mm，$Y_{min}=-0.089$mm。

试按所要求的基孔制或基轴制确定孔、轴配合代号和极限偏差。

（4）设计要求 $\phi40$H8/f7 配合的某孔加工后实际尺寸为 $\phi40.045$mm，它大于最大极限尺寸。为了不把具有此孔的零件报废并获得设计规定的配合性质，拟按 $\phi40.045$mm 孔加工一轴，试确定配合加工时该轴的上、下极限偏差。

（5）某发动机工作时铝活塞与汽缸钢套之间的间隙应该在 +0.040 ~ +0.097μm 范围内，活塞与汽缸钢套的公称尺寸为 95mm。活塞的工作温度为 150℃，汽缸钢套的工作温度为 100℃，而装配时的温度为 20℃。汽缸钢套的线膨胀系数为 (12×10^{-6})℃$^{-1}$，活塞的线膨胀系数为 (22×10^{-6})℃$^{-1}$。试计算活塞与汽缸钢套孔间装配间隙的允许变动范围，并根据该装配间隙要求确定配合代号和极限偏差。

知识模块2　测 量 技 术

【学习目标】

1. 了解测量的基础知识
2. 掌握测量方法和计量器具的度量指标
3. 能够正确地利用计量器具进行零件尺寸的测量

【实例2-1】 如图2-1所示为一轴类零件，在加工过程中为了保证其加工精度，请选择合理的计量器具进行尺寸检测。

【分析】 要完成零件尺寸的检测任务，首先要了解测量技术的相关知识：

（1）测量的基础知识

（2）测量方法的分类

（3）计量器具的分类和度量指标

（4）测量误差和测量数据的处理

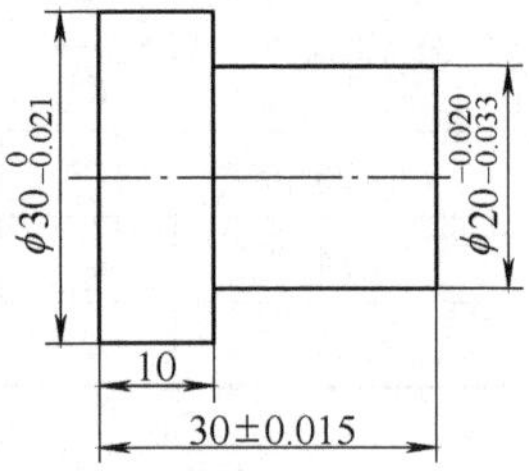

图2-1　短轴零件图

【实施】 从图2-1中看出，该零件为阶梯轴，直径尺寸要求较高，长度尺寸要求一般。

1. 读零件图分析尺寸

这是一个比较典型的轴类零件，是由不同直径的外圆柱组成的阶梯轴。有些直径尺寸标有尺寸公差，有较高的尺寸精度要求，可选用千分尺进行检测。长度方向的尺寸以及未注公差的直径尺寸要求一般，可用游标卡尺进行检测。

2. 选择合理的计量器具

（1）游标卡尺　游标卡尺用于粗加工测量及长度方向尺寸的最终测量。

（2）千分尺　千分尺用于进行有较高要求的直径尺寸的测量。

3. 进行数据处理

对某一尺寸进行多次重复测量，将测量结果填入表中，根据所学数据处理方法进行数据误差计算处理。

2.1　概述

在机械制造中，机械零件的几何参数（尺寸、几何误差及表面粗糙度等）是否满足设计要求，必须通过测量才能加以判断。

测量是将被测几何量 L 与作为计量单位的标准量 E 进行比较，从而获得两者比值 q 的过程，即 $L/E=q$，$L=Eq$。测量是一个确定被测几何量量值的实验过程。

任何一个完整的测量过程都包括以下四个要素。

（1）被测对象　本节主要研究的被测对象是机械零件的几何量，包括长度、角度、形状、相对位置、表面粗糙度等各个几何参数的测量。

（2）计量单位　在我国的法定计量单位中，长度的计量单位为米（m），平面角的角度单位为弧度（rad）及度（°）、分（′）、秒（″）。

机械制造中常用的长度计量单位为毫米（mm）；在精密测量中常用的长度计量单位为微米（μm）；在超精密测量中常用的长度计量单位为纳米（nm）。常用的角度计量单位为弧度（rad）、微弧（μrad）和度（°）、分（′）、秒（″）。

它们的换算关系如下：$1\text{m}=10^3\text{mm}$，$1\text{mm}=10^3\mu\text{m}$，$1\mu\text{m}=10^3\text{nm}$；$1°=60'$，$1'=60''$；$1\text{rad}=(180°/\pi)\text{rad}=106\mu\text{rad}$。

（3）测量方法　测量方法广义上是指测量时采用的测量原理、计量器具、具体的测量方法及测量条件的总和。

（4）测量精度　测量精度是指测量值与真值的接近程度。测量精度用来表示测量结果的可靠程度，其高低用测量极限误差或测量不确定度表示。

在测量技术和技术监督工作中，还经常用到检验和检定两个概念。

检验即判断被检对象是否合格。可以用通用计量器具进行测量，将测量值与给定值进行比较，并做出合格与否的结论。也可以用量规和样板等专用定值量具来直接判断被检对象的合格性。

检定是指为评定计量器具的精度指标是否符合计量器具的检定规程的全部过程。例如，用量块定期检定千分尺的示值精度等。

2.2　长度基准与量值传递

为了便于国际交流，我国的法定长度计量单位采用国际单位，米（m）是基本单位。米的定义：1m是指光在真空中，在（1/299792458）s时间间隔内所行进的路程长度。国际计量大会推荐采用稳频激光辐射来复现，我国从1985年3月开始，用碘吸收稳频的0.633μm氦氖激光辐射波长作为国家长度基准。

1. 长度量值传递系统

在实际生产和科学研究中，不可能按照上述定义来测量零件尺寸，而是用各种测量器具进行测量。为了保证零件在国内、国际上具有互换性，必须保证量值的统一，因此必须建立一套从长度的最高基准到被测零件的严密的尺寸传递系统，分别通过线纹量具（线纹尺）和端面量具（量块）两大平行系统由高到低逐级传递。由国家最高计量管理机构——国家计量局组织执行，如图2-2所示。

2. 角度尺寸基准和传递

角度是重要的几何量之一。弧度可以通过长度比值求得，一个圆周角定义为360°，因此角度不必再建立一个自然基准。在实际应用中，为了量值统一的需要，仍然需要建立角度量值基准及角度量值的传递系统，如图2-3a所示。

角度计量属于长度计量范畴。过去常以角度量块（图2-3b）做基准，并以它进行角度的量值传递。近年来，随着科学技术的不断发展和角度计量要求的不断提高，出现了高精度的测角仪和多面棱体，如图2-4所示。

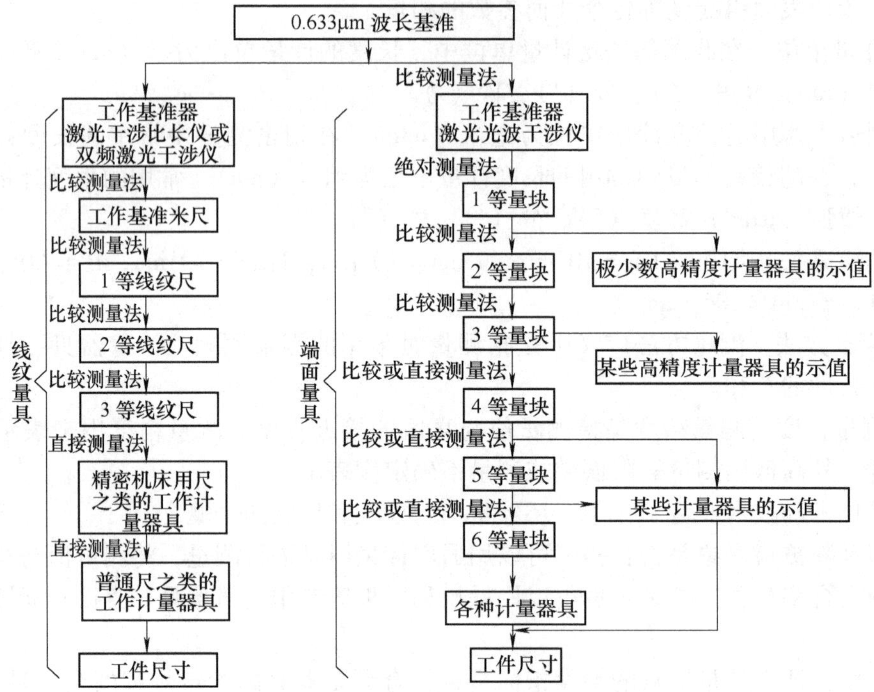

图 2-2　长度基准的量值传递系统

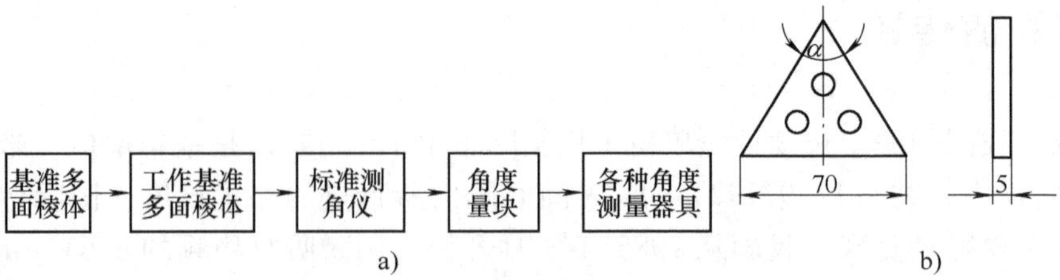

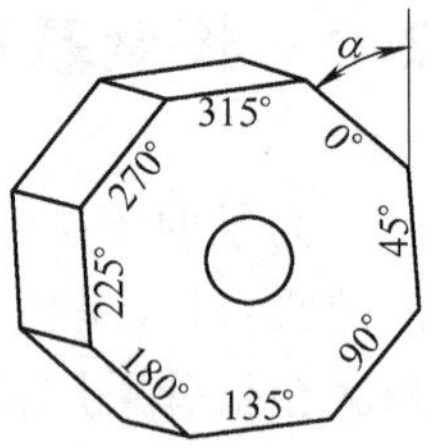

图 2-3　角度量值传递系统和角度量块

a）角度量值传递系统图　b）角度量块

图 2-4　八面棱体

3. 量块

量块是一种无刻度的标准端面量具，用特殊的合金钢材料制成。量块外形为长方体结构，六个面中只有两个看上去极为光滑平整的、相互平行的为测量面，这两个面之间具有精确的工作尺寸，如图 2-5 所示。

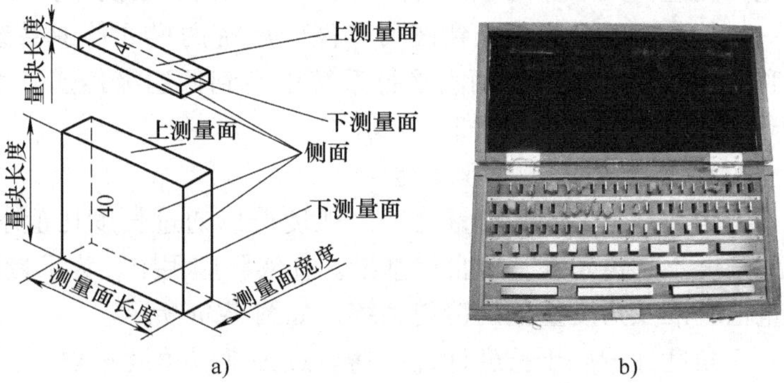

图 2-5　量块

a）量块外观结构　b）成套量块（83 块组）

量块在量值传递系统中作为实物基准，或在相对法测量中作为标准件调整仪器的零位。量块用于精密机床的调整，也可以用来直接测量精密零件、精密划线等。

（1）量块的精度　为了满足不同的使用场合，量块可做成不同的精度等级。GB/T 6093—2001 规定：量块按制造精度分为 5 级，即 0，1，2，3，K 级，其中 0 级最高，精度依次降低，3 级最低。K 级为校准级，主要用来校准 0，1，2 级量块。

量块的“级”主要是根据量块长度极限偏差和量块长度变动量（指量块的测量面上最大和最小长度之差）的允许值来划分的。量块长度极限偏差和量块长度变动量的允许值见表 2-1。

表 2-1　各级量块的精度指标（GB/T 6093—2001）　（单位：μm）

公称长度范围/mm		0 级		1 级		2 级		3 级		K 级	
大于	至	量块长度的极限偏差	长度变动量允许值	量块长度的极限偏差	长度变动量允许值	量块长度的极限偏差	长度变动量允许值	量块长度的极限偏差	长度变动量允许值	量块长度的极限偏差	长度变动量允许值
—	10	±0.12	0.10	±0.20	0.16	±0.45	0.30	±1.0	0.50	±0.20	0.05
10	25	±0.14	0.10	±0.30	0.16	±0.60	0.30	±1.2	0.50	±0.30	0.05
25	50	±0.20	0.10	±0.40	0.18	±0.80	0.30	±1.6	0.55	±0.40	0.06
50	75	±0.25	0.12	±0.50	0.18	±1.00	0.35	±2.0	0.55	±0.50	0.06
75	100	±0.30	0.12	±0.60	0.20	±1.20	0.35	±2.5	0.60	±0.60	0.07
100	150	±0.40	0.14	±0.80	0.20	±1.60	0.40	±3.0	0.65	±0.80	0.08

通常在精密测量中需要按量块的“等”使用。标准 JJG 146—2011《量块检定规程》按检定精度将量块分为 1 ~ 5 等，其中，1 等最高，精度依次降低，5 等最低。

（2）量块的使用　由于量块有很好的研合特性，所以将量块顺其测量面加压推合，就能研合在一起。利用这一特性，可以在一定范围内根据需要对量块尺寸进行不同的组合。

根据 GB/T 6093—2001 的规定，我国生产的成套量块共有 17 种套别，每套的量块数量分别为 91、83、46、38、12、10、8、6、5 等，常用成套量块尺寸见表 2-2。

表 2-2　常用成套量块尺寸

总块数	级别	尺寸系列/mm	间隔/mm	块数
83	0，1，2	0.5	—	1
		1	—	1
		1.005	—	1
		1.01 ~ 1.49	0.01	49
		1.5 ~ 1.9	0.1	5
		2.0 ~ 9.5	0.5	16
		10 ~ 100	10	10
46	0，1，2	1	—	1
		1.001 ~ 1.009	0.001	9
		1.01 ~ 1.09	0.01	9
		1.1 ~ 1.9	0.1	9
		2 ~ 9	1	8
		10 ~ 100	10	10

（续）

总 块 数	级 别	尺寸系列/mm	间隔/mm	块 数
38	0，1，2	1	—	1
		1.005	—	1
		1.01～1.09	0.01	9
		1.1～1.9	0.1	9
		2～9	1	8
		10～100	10	10
10	0，1	0.991～1	0.001	10

1）量块组合尺寸的选取。为了减少量块的组合误差，应尽量减少组合尺寸所用量块数量，一般不超过4块。在组合尺寸时，每选取一块量块，就要消去所需组合尺寸的一位尾数，逐一选取。

量块组合尺寸举例：从83块一套的量块中选取量块，需组合尺寸为41.595mm。

41.595 ………………………… 需组合尺寸

−1.005 ………………………… 选取的第1块量块尺寸

40.590

−1.090 ………………………… 选取的第2块量块尺寸

39.500

−9.500 ………………………… 选取的第3块量块尺寸

30.000

−30.000 ………………………… 选取的第4块量块尺寸

0

2）量块组合尺寸的操作。组合量块时，用航空汽油或120号溶剂汽油将所选量块的工作面仔细清洗干净，再用软绸布认真擦拭干净，尺寸大的放在下面，尺寸小的放在上面，逐一进行研合。量块的组合实例如图2-6所示。

量块按“级”使用时，以量块的标称尺寸作为工作尺寸。该尺寸包含了量块的制造误差，即其制造误差被引入到了测量结果中。因为不需要考虑修正值，所以使用较简便。

量块按“等”使用时，以量块检定的实际中心长度尺寸作为工作尺寸。该尺寸排除了量块的制造误差，只含有检定时较小的测量误差。

图2-6　量块组合实例

虽然按“等”使用比按“级”使用在计算测量结果时麻烦一些，但前者比后者的测量精度高。

例如，用立式光学计测量某一精密零件外径尺寸。零件的公称尺寸为30mm，其实际尺寸为29.998mm。量块分别按“等”使用与按“级”使用，比较测量结果的误差。

选用标称尺寸为30mm的量块，量块检定后的实际尺寸为29.9999mm。

① 按“级”使用：量块按标称尺寸使用，测量误差 $\delta_1=(30-29.998)\mathrm{mm}=0.002\mathrm{mm}$

② 按“等”使用：量块按检定后的实际尺寸使用，测量误差 $\delta_2=(29.9999-29.998)\mathrm{mm}=0.0019\mathrm{mm}$。

显然，按“等”使用比按“级”使用测量误差小。

2.3　测量方法与测量器具

2.3.1　测量原理与测量方法的分类

测量是依据恰当的测量原理、运用适当的测量器具、采用合理的具体测量方法，在一定的测量条件下进行的操作过程。因此测量是测量原理、测量器具、具体测量方法的综合。例如，在生产车间，测量零件的轴径采用直接测量法用游标卡尺测量；在计量室或实验室，测量精度要求高的零件轴径则会采用比较测量法用量块和立式光学计（或机械齿轮比较仪）测量。

1. 测量原理（测量原则）

（1）阿贝测长原则　阿贝测长原则是指测量长度时，应使被测量与量仪中的标准长度量排列在一条直线上。当测量器具设计不符合阿贝测长原则时，产生的测量误差就较大。例如，对于同一零件的轴径分别用游标卡尺和外径千分尺进行测量，由于游标卡尺的测量不符合阿贝测长原则，而外径千分尺的测量符合阿贝测长原则，因此前者的测量误差大于后者。

（2）基准统一原则　基准统一原则是指测量基准应与加工基准、设计基准统一，即工序测量时应以工艺基准作为测量基准，终结测量时应以设计基准作为测量基准。

（3）最短链原则　最短链原则是指在间接测量中，被测量和与其具有函数关系的其他量组成的测量链中的环节要最少。例如，用“弓高弦长法”间接测量圆弧样板的半径 R 时，环节较多，因此测量结果的误差较大。以最少数目的量块组成所需尺寸的量块组，则是最短链原则的实际应用。

（4）最小变形原则　最小变形原则是指在测量过程中，要求被测零件与测量器具间相对变形（指弹性变形）最小。例如，检定大量块时，要保证两端面（测量面）间平行度变化最小，应按照艾利点要求选择支承点；如果检定量棒或线纹尺，要保证中性层（中心轴）上长度变化量最小，应按照贝塞尔点要求选择支承点，如图2-7所示。支承点到端面的距离 a 与被测件总长 L 的关系见表2-3。

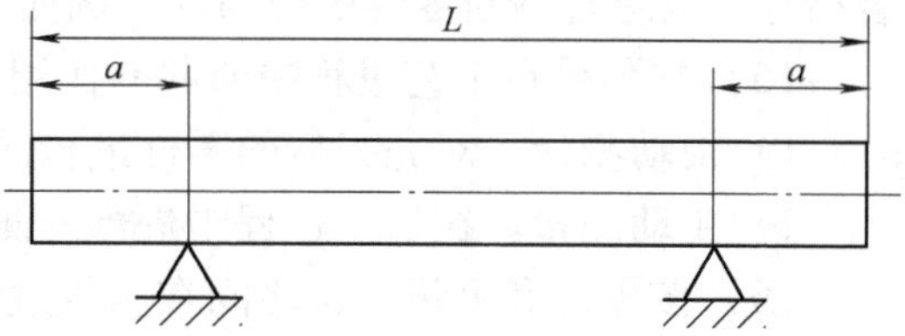

图2-7　两支承点位置

表2-3　两支承点变形最小的支承点位置

名　称	a	变形状态	用　途
艾利点	$0.2113L\approx4/19L$	两端面平行度变化为最小	大量块检定
贝塞尔点	$0.2203L\approx2/9L$	中性层（中心轴）上长度变化量为最小	量棒、线纹尺检定

在实际测量中，被测零件和测量器具都会由于热变形（温度升高）和弹性变形（测量力）而引起相应尺寸的变化，形成测量误差。因此在测量时应采取控制温度变动、选用与被测零件线膨胀系数相近的测量器具、选择减小测量力的测量方法等措施，尽量减小变形量。

2. 测量方法的分类

（1）按被测量值是否能直接从测量器具上获得分类

1）直接测量。即直接从测量器具上获得被测量值。例如，用外径千分尺测量轴径。

2）间接测量。即通过测量与被测量有函数关系的其他量，计算得出被测量值。例如，用弓高弦长法测量圆弧样板的半径，如图2-8所示。

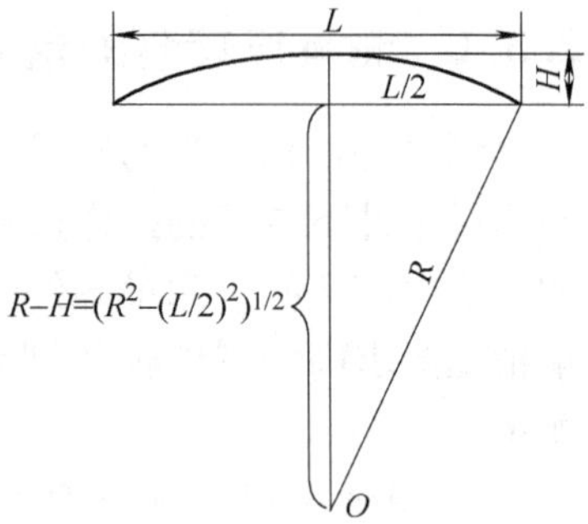

图2-8　弓高弦长法图示

（2）按测量器具上的示值是否为被测量分类

1）绝对测量。测量器具上的示值就是被测量。例如，用外径千分尺测量轴径。

2）相对测量（也称比较测量）。指测量器具上的示值是被测量与标准量的偏差值，而被测量的实际值等于该偏差值与标准量的代数和。例如，用机械齿轮比较仪测量尺寸精度要求较高的零件轴径。

一般来说，相对测量比绝对测量精度高。

（3）按测量器具上的测头是否与被测量表面接触分类

1）接触测量。测量过程中，测量器具上的测头与被测量表面接触。例如，用机械齿轮比较仪测量尺寸精度要求高的零件轴径。

2）非接触测量。测量过程中，测量器具上的测头不与被测量表面接触。例如，用投影仪测量零件轮廓尺寸。

（4）按一次测量中同时完成测量指标的多少分类

1）单项测量。分别测量零件上被测量的单个指标。例如，在工具显微镜上测量螺纹要素时，大径、小径、螺距和牙型半角等指标是分别测量的。

2）综合测量（也称多项测量）。一次测量中同时完成零件上多个有关联的被测量的综合指标，以综合判断零件的合格性。例如，用螺纹量规测量螺纹零件的作用中径是否合格。

（5）按测量在工艺过程中所起的作用分类

1）被动测量。对完工后的零件进行的测量，其作用是发现并剔除废品。

2）主动测量。在加工过程中进行的测量，其作用是控制加工质量，防止废品的产生。

（6）按零件和测量器具之间在测量过程中所处的状态分类

1）静态测量。在测量过程中，零件的被测表面与测量器具的测头间处于相对静止的状态。例如，用螺纹千分尺测量螺纹中径。

2）动态测量。在测量过程中，零件的被测表面与测量器具的测头间处于相对运动的状态。例如，用圆度仪测量圆度误差。

（7）按测量时所处条件是否发生变化分类

1）等精度测量。即在测量条件（测量器具、测量环境、测量人员）不变的情况下，对同一零件进行多次重复的测量。

2）不等精度测量。即在测量条件（测量器具、测量环境、测量人员）发生变化的情况下，对同一零件进行多次重复的测量。

以上测量方法的分类是从不同角度考虑的，但对一个具体的测量过程，可能兼有几种测量方法的特性。例如，用外径千分尺测量零件轴径，整个测量过程兼有直接测量、绝对测量、接触测量、单项测量、静态测量等特性。因此，测量方法的选择应考虑被测对象的结构特点、精度要求、生产批量、技术条件和经济效益等。

2.3.2　测量器具的分类

测量器具（也称计量器具）是直接或间接测量零件几何参数量值的量具、量仪和测量工具的总称。如按测量原理、结构特点及用途等又可分为量具、量仪、量规和测量装置。

通常将没有传动放大系统的测量工具称为量具，例如，量块、量规、直角尺、游标卡尺等。把具有传动放大系统的测量器具称为量仪，例如，投影仪、测长仪、比较仪等。

1. 量具

量具是一种具有固定形态、提供一个或多个已知量值的器具，分为定值量具和变值量具。

定值量具是无刻度的单一量值的量具。例如，量块、角度量块、宽座角尺等。

变值量具是有刻度的复现一定范围内计量单位的倍数和分数的量具。例如，游标卡尺、千分尺、指示表等，如图2-9～图2-11所示。

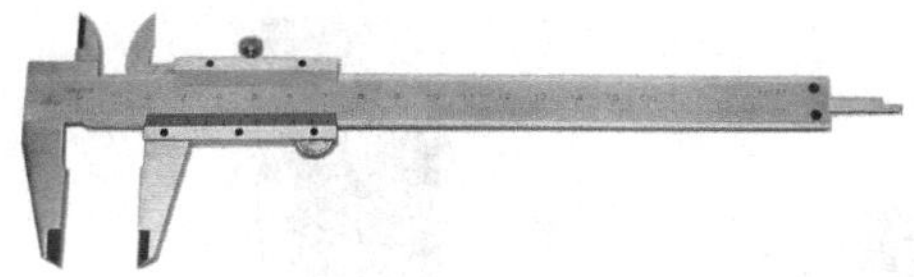

图2-9　游标卡尺

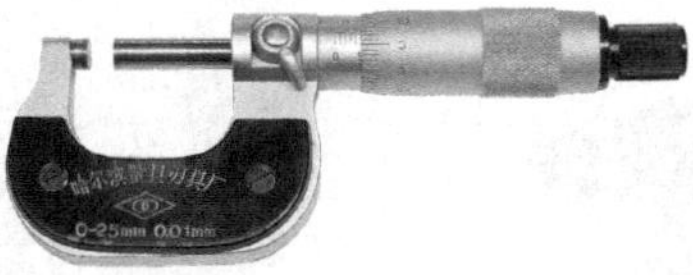

图2-10　外径千分尺

图2-11　指示表

2. 量规

量规是一种无刻度的专用测量器具，或称为专用检验器具。量规只能判断零件是否合格，不能测量出具体尺寸，在成批、大量生产中用于检验零件加工的实际尺寸与几何误差的综合效果是否在规定范围内。量规有光滑极限量规、莫氏量规（圆锥量规）、螺纹量规等，如图2-12～图2-14所示。

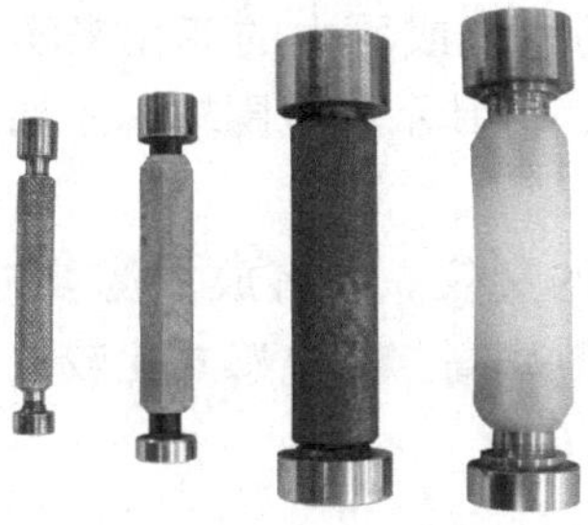

图2-12　光滑极限量规（圆柱形量规）

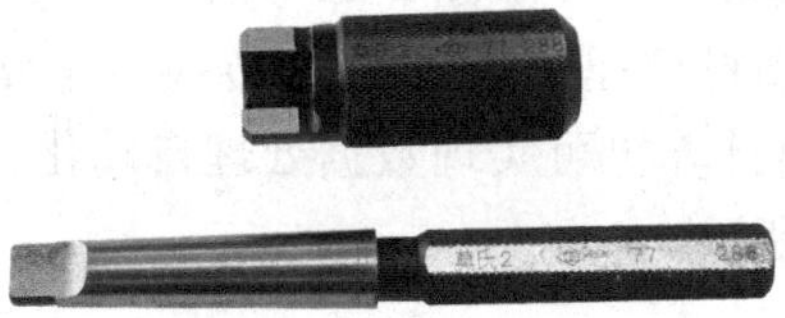

图2-13　莫氏量规

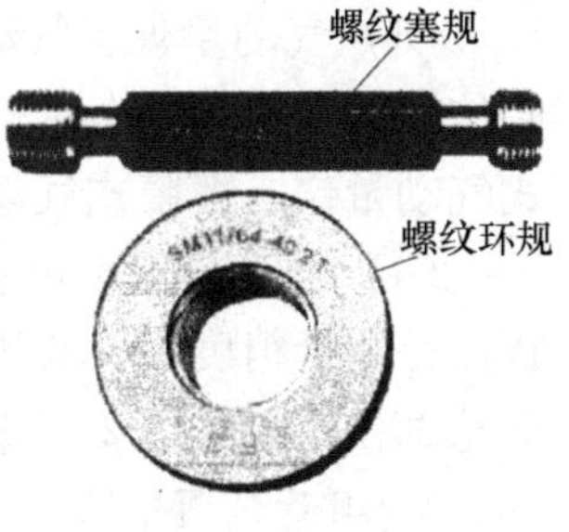

图2-14　螺纹量规

3. 量仪

量仪是将被测量值转换成可直接观测的指示值的测量器具。量仪主要有以下几类。

(1) 机械量仪　机械量仪是用机械的方法实现原始信号转换的量仪。以杠杆、齿轮、扭簧等机械零件组成的传动系统构成机械测微机构，具有结构简单、性能稳定、使用方便等特点。如指示表、杠杆齿轮比较仪（简称机械比较仪）、扭簧比较仪、测长仪等，如图 2-15 ~ 图 2-17 所示。

图 2-15　杠杆齿轮比较仪

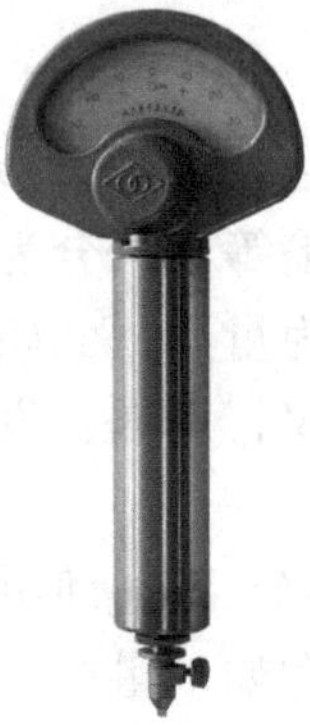

图 2-16　扭簧比较仪

图 2-17　万能测长仪

(2) 光学量仪　光学量仪是用光学的方法实现原始信号转换的量仪。具有光学放大测微机构，特点是测量精度高、性能稳定等。如立式光学计（又称光学比较仪）、光切显微镜、小型工具显微镜等，如图 2-18 ~ 图 2-20 等。

图 2-18　立式光学计

图 2-19　光切显微镜

图 2-20　小型工具显微镜

(3) 气动量仪　气动量仪是以压缩气体为介质，通过气动系统或压力的变化来实现原始信号的转换。具有结构简单、测量精度高、操作方便等特点，但其示值范围较小。如浮标式气动量仪、薄膜式气动量仪等，如图 2-21 所示。

(4) 电动量仪　电动量仪是将原始信号转换成电量信号的量仪。具有放大滤波电路，特点是测量精度高、通过计算机可实现数据处理自动化，测量效率高。如电感式比较仪、电动轮廓仪等，如图 2-22 所示。

4. 测量装置

测量装置（又称计量装置）是指为确定专门被测量值所必需的测量器具和辅助设备组

成的系统。其特点是能够测量同一零件上的多个几何量或形状比较复杂的零件，有利于实现检测自动化。如齿轮综合精度检查仪。

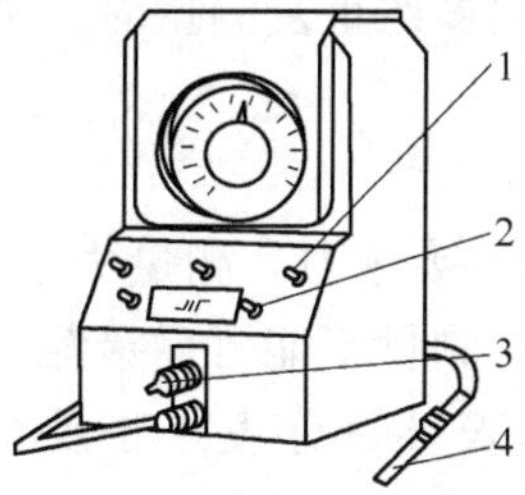

图 2-21　薄膜式气动量仪

1—指示灯　2—开关

3—零位间隙喷嘴　4—测量喷嘴

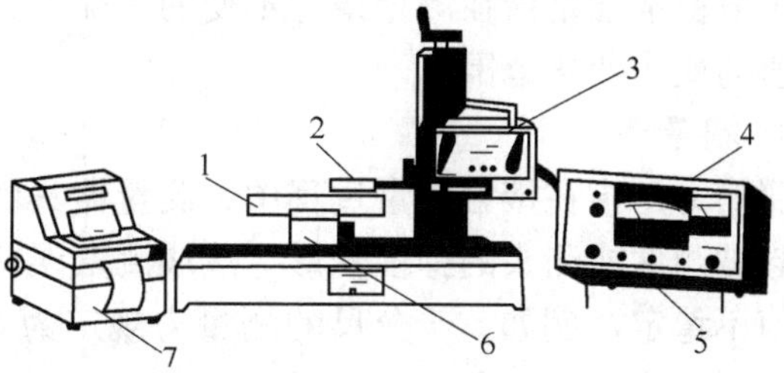

图 2-22　电动（电感式）轮廓仪

1—工件　2—测头（传感器）　3—驱动箱　4—指示表

5—电器箱　6—V 形架　7—记录器

2.3.3　测量器具的度量指标

测量器具的度量指标是测量器具工作性能的标志，是使用者选择和应用测量器具的依据。只有充分理解其定义，才能在实际测量中熟练应用。测量器具的主要度量指标如下。

1. 标尺间距

标尺间距是指测量器具的刻度尺或刻度盘上相邻两刻线中心线间的距离。一般为 1 ~2.5mm。

2. 分度值

分度值是指测量器具的刻度尺或刻度盘上每一刻度间隔所代表的量值。一般来说，分度值越小，测量器具的精度越高。例如，千分尺的分度值为 0.01mm；游标卡尺的分度值有 0.02mm 和 0.05mm。

3. 示值范围

示值范围是指测量器具所显示或指示的最低值到最高值的范围。例如，机械比较仪的示值范围为 ±0.1mm。

4. 测量范围

测量范围是指测量器具所允许测量尺寸的最小值到最大值的范围。例如，机械比较仪的测量范围（取决于横臂沿着立柱的可调节范围）是 0 ~180mm。

5. 灵敏度和放大比

灵敏度是指测量器具对被测量微小变化的反应能力。若被测量微小变化为 ΔL，测量器具上相应变化为 ΔX，则灵敏度 $S=\Delta X/\Delta L$。

当分子和分母为同一类量时，灵敏度又称为放大比或放大倍数，其值为常数。放大倍数等于标尺间距（c）与分度值（i）之比，即 $K=c/i$。

6. 示值误差

示值误差是指测量器具的示值与被测量真值的代数差。一般来说，示值误差越小，测量器具的精度越高。由于真值一般无法知道，可通过高一级精度的测量器具测得的量值来近似代表真值。测量器具的示值误差大小可通过检定得到。

7. 回程误差

回程误差是指在相同测量条件下，被测量不变时，测量器具正反行程的示值之差的绝对值。

8. 示值稳定性

示值稳定性是指在测量条件不变的情况下，对同一量进行连续多次重复测量时，测量器具示值的最大变化范围。

9. 测量力

测量力是指在接触测量过程中，测量器具的测头与被测表面的接触力。测量力过大时，会引起被测件或测头的弹性变形，造成测量误差；测量力过小时，测量不能可靠接触，会造成示值不稳定。例如，千分尺的测量力规定为600～1000g；指示表（百分表）正反行程的测量力规定为50～150g。

10. 修正值

修正值是指为了消除系统误差用代数法加到测量结果上的值。修正值与示值误差绝对值相等，而符号相反。例如，示值误差为－0.003mm，则修正值为＋0.003mm。

2.3.4 常用量具简介

量具是为产品服务的，了解常用量具的基本结构和工作原理是选择量具的基本要求，而正确合理地使用量具，不但是保证产品质量的需要，而且是提高经济效益的措施。下面介绍几种常用量具。

1. 游标卡尺

游标卡尺是机械制造业中最常用的量具之一，如图2-23所示。它的优点是构造简单，使用方便，测量范围大，用途广泛。游标卡尺可在其测量范围内测量工件的内外尺寸（如长度、宽度、内径、外径）、孔距、深度和高度等，但由于结构上的不完善（不符合阿贝测长原则），它的精度和测量准确度较低，只能作为一般精度的测量工具。游标卡尺的常用规格及主要技术要求见表2-4。

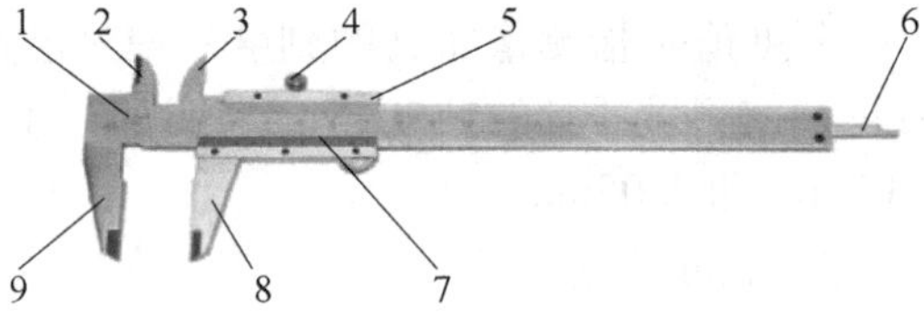

图2-23　游标卡尺外观结构

1—尺身　2、3—内测量爪　4—紧固螺钉　5—游标框　6—深度尺　7—游标　8、9—外测爪

表2-4　游标卡尺的常用规格及主要技术要求（GB/T 21389—2008）　（单位：mm）

测量范围	游标读数值(分度值)		
	0.02	0.05	0.1
	示值误差		
0～125	±0.02	±0.05	±0.10
0～150	±0.02	±0.05	±0.10
0～200	±0.03	±0.05	±0.10
0～300	±0.04	±0.08	±0.10

注：0～150mm以上游标卡尺不带深度尺。

（1）读数原理　游标卡尺是利用尺身与游标之间的标尺间距差进行读数的。例如，测量范围为0～125mm（分度值0.02mm）的游标卡尺：尺身标尺间距$a=1$mm，游标标尺间距

$b=0.98mm$，$n=50$ 格。即尺身上的49格（49mm）与游标上的50格的长度相等，则 $a-b=(1-0.98)mm=0.02mm$，即分度值为0.02mm。

（2）读数示例　如图2-24和图2-25所示，0~125mm（分度值0.02mm）游标卡尺最后读数结果为：$(8+0.72)mm=8.72mm$。

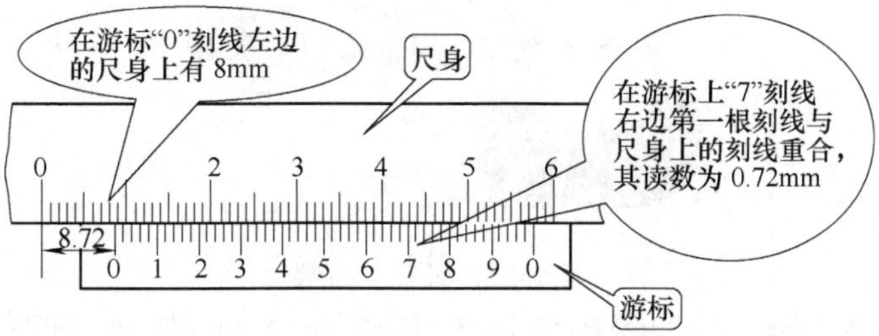

图2-24　游标卡尺读数示例

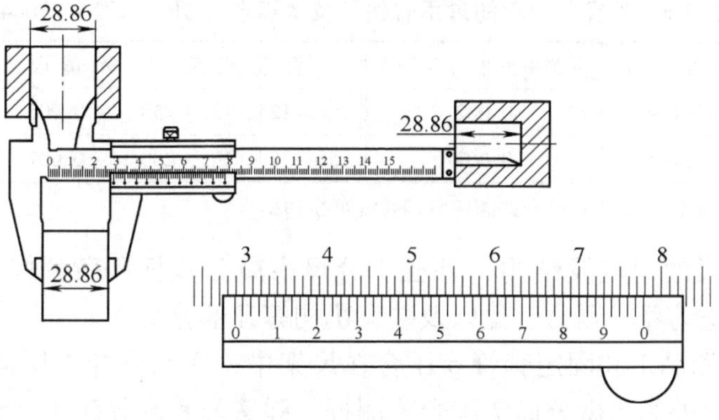

图2-25　游标卡尺的识读

目前，电子数显卡尺因读数直观、操作简便而逐渐得到广泛的应用。电子数显卡尺的用途、功能与游标卡尺大致相同，结构上进行了相应的改进，使其具有防溅水、防尘、抗干扰能力强、工作稳定等特点。电子数显卡尺是一种读数直观、工作稳定且能进行米制、英制转换的长度测量器具。电子数显卡尺除能进行绝对测量，还可进行相对测量，其测量方法和操作步骤可参考游标卡尺，如图2-26所示。

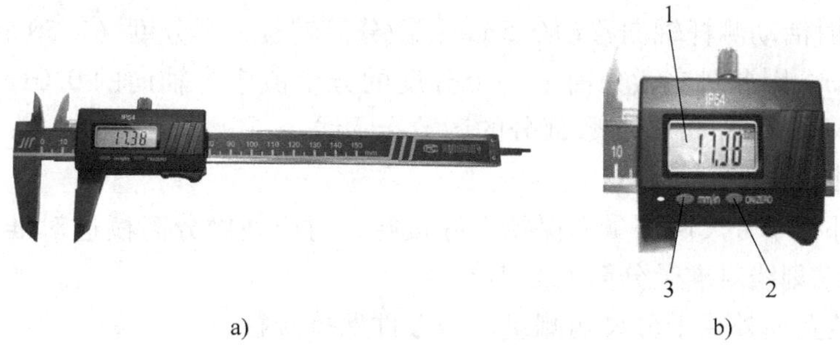

图2-26　电子数显卡尺

a）数显游标卡尺外观　b）数显卡尺显示屏及设置按钮

1—液晶显示　2—置零/电源开关　3—米制/英制转换开关

2. 外径千分尺

外径千分尺是一种利用螺旋传动原理制成的测量长度尺寸的精密量具，如图 2-27 所示。外径千分尺的常用规格及技术要求见表 2-5。

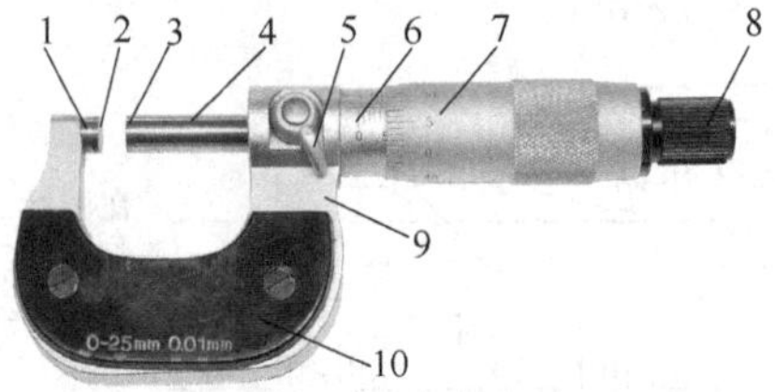

图 2-27　外径千分尺

1—固定测砧　2、3—硬质合金头　4—活动测杆　5—止动器　6—固定套管　7—微分筒　8—测力装置　9—尺架　10—绝热垫

表 2-5　外径千分尺的常用规格及技术要求（GB/T 1216—2004）　（单位：mm）

测量范围	示值误差	两测量面平行度公差	测量范围	示值误差	两测量面平行度公差
0～25，25～50	0.004	0.002	100～125，125～150	0.006	0.004
50～75，75～100	0.005	0.003	150～175，175～200	0.007	0.005

注：测量范围在 300mm 以上的千分尺允许制成可调式或可换测砧。

（1）外径千分尺的组成及结构　外径千分尺由微分丝杆和微分螺母组成的传动机构、对零和读数装置、止动器、测力装置以及装夹机构等几部分组成。

图 2-27 中固定测砧 1 和固定套管 6 压合在尺架中；活动测杆 4 尾部的锥体与弹簧套的内锥孔配合，弹簧套外圆与微分筒 7 配合。测杆、弹簧套和微分筒通过测力装置 8 上的螺钉紧固在一起。活动测杆的丝杆部分与固定套管一端的螺母配合，并用调节螺母锁紧。止动器 5 通过偏心作用把活动测杆固定在一定位置上。

（2）外径千分尺的读数　如图 2-28 所示，外径千分尺的读数装置由固定套管和可转动的微分筒两部分组成。固定套管上纵刻线上下方各刻有 25 条刻线，下方刻线每隔 5mm（5 个分度）有一个长刻线；上方刻线每隔 1mm 有一等长刻线，且上下方的起始刻度线在轴线方向相距 0.5mm。微分筒的棱边作为毫米整数的读数指示线。微分筒的周围斜面上有 50 个等分线，而微分筒与活动测杆固定在一起，活动测杆上丝杆的螺距为 0.5mm，所以当微分筒转过一整周的同时活动测杆轴向移动 0.5mm；微分筒转过一个分度（1/50 转），则活动测杆轴向移动 0.01mm；因此对应微分筒上一个分度的分度值应为轴向的 0.01mm。固定套管上的纵刻线，作为不足 0.5mm 的小数部分的读数指示线。

外径千分尺的读数步骤：

1）对零。令外径千分尺两测量面保持良好接触；对应使微分筒棱边对准固定套管零刻线，固定套管上的纵刻线对准微分筒上的零刻线。

2）转动测力装置使外径千分尺两测量面与工件保持接触。

3）从固定套管上露出的刻线数读出被测尺寸的整数值和半数值，再由微分筒上对准固定套管纵刻线所对应的刻线读出被测尺寸的小数部分（百分之几毫米），不足一格的数（即千分之几毫米）由估读法确定。

4）将整数和小数部分相加，即为测量尺寸。

图2-28所示0～25mm外径千分尺的读数结果为（11.5+0.141）mm=11.641mm。

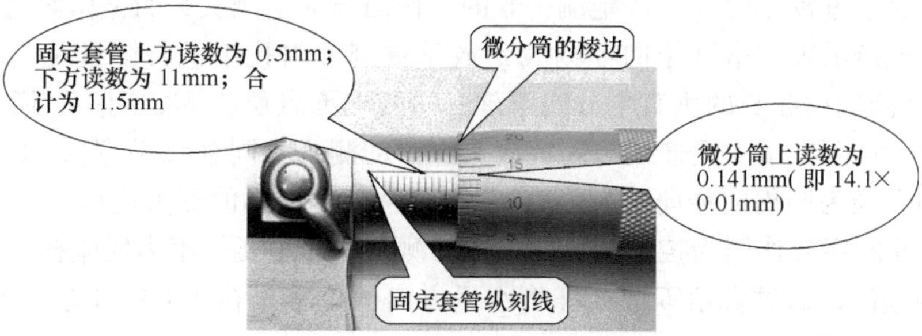

图2-28　外径千分尺的读数示例

（3）外径千分尺的测量操作

1）测量时，左手持绝热垫处，右手旋动测力装置。

2）先将硬质合金头的测量面间距离旋到大于被测尺寸，然后将硬质合金头的测基面贴于被测尺寸。

3）当测力装置发出响声时，即可读数。

3. 内径指示表

内径指示表的基本组成部分包括指示表、测杆、测头、定位护桥、锁紧装置等，结构如图2-29所示。

a)

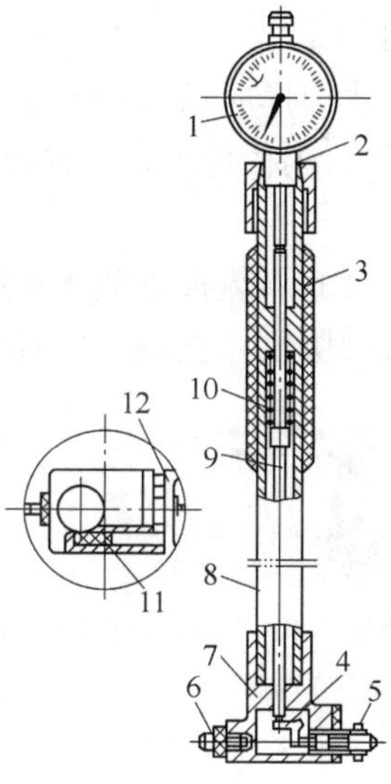

b)

图2-29　内径指示表外观及内部结构

a）未装配的内径指示表　b）装配后的内径指示表结构

1—指示表　2—锁紧装置　3—隔热手柄　4—直角等臂杠杆　5—活动测头　6—固定测头　7—主体　8—表架　9—传动杆　10、11—弹簧　12—定位护桥

（1）内径指示表工作原理　内径指示表结构应用了圆周内弦长的垂直平分线原理、杠杆原理等，将被测孔径与标准值（量块尺寸）的差值指示出来。

内径指示表经过校零后（即固定测头 6 的工作面与活动测头 5 的工作面之间的距离为所需尺寸时，内径指示表的指针指向零刻线）放于被测件内孔中进行测量时，由于有定位护桥 12 的作用（圆周内弦长的垂直平分线原理——两支承点位于固定测头、活动测头共同轴线的对称位置，且两支承点间连线与固定测头、活动测头共同轴线垂直），测头不需在径向找最大值（因孔径为圆周内径向最大值），只需在轴向找最小值即为孔径。

固定测头 6 的主要作用为控制总长度；活动测头 5 的主要作用为反应孔径与标准值（量块尺寸）间的差值，通过直角等臂杠杆将水平方向的位移量按 1 ∶ 1 的比例转向垂直方向，由传动杆传给指示表并指示出来。

（2）内径指示表主要度量指标及技术数据

内径指示表主要度量指标及技术数据见表 2-6。

表 2-6　内径指示表主要度量指标及技术数据　　（单位：mm）

测量范围		6 ~ 10	10 ~ 18	18 ~ 35	35 ~ 50	50 ~ 100	100 ~ 160	160 ~ 250	250 ~ 450
活动测头工作行程		0.6	0.8	1	1.2	1.6	1.6	1.6	1.6
测孔深度 H	Ⅰ型	≤40	≤50	≤60	≤80	≤40	≤40	≤40	≤40
	Ⅱ型	≥80	≥100	≥125	≥160	≥200	≥250	≥400	≥500
示值误差		0.012	0.012	0.015	0.015	0.018	0.018	0.018	0.018

（3）操作步骤

测量前的准备工作：

1）根据被测尺寸选择应组合的量块尺寸，用软绸布擦净后研合好。

2）将外径千分尺、内径指示表、被测件用航空汽油或 120 号溶剂汽油清洗，用软绸布擦净。

仪器校零：

1）将外径千分尺的隔热板处放入夹持座开口中并固紧，如图 2-30 所示。

2）将研合好的量块尺寸复现于外径千分尺的两测量面之间，如图 2-31 所示。

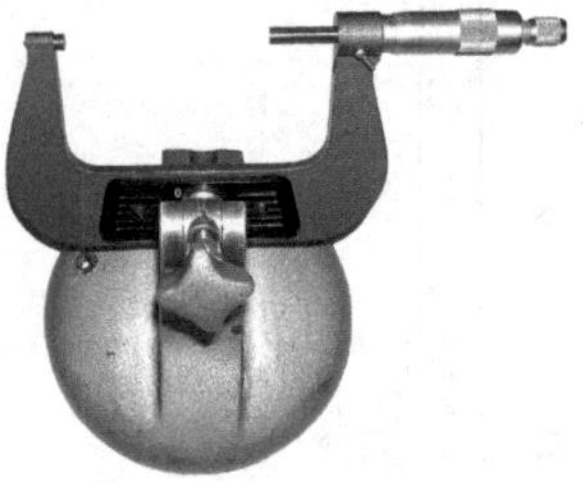

图 2-30　外径千分尺放于夹持座中

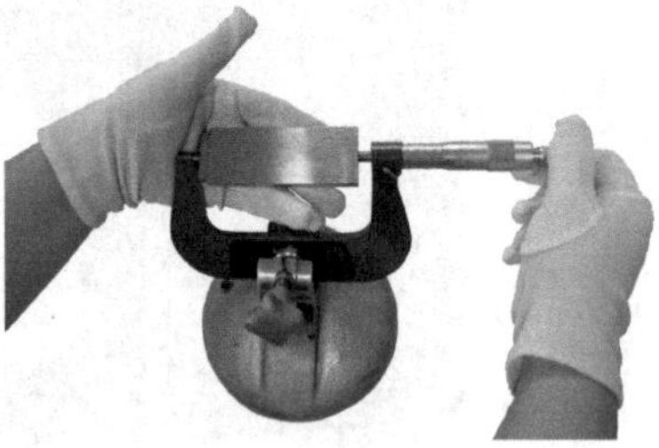

图 2-31　量块尺寸复现于外径千分尺两测量面之间

3）拧动测力装置，退出微分筒约 10 格左右，轻轻取出量块，立着放于桌面且使其工作面朝外。然后拧动测力装置，使微分筒回到原来的位置后将止动器推向左侧，固紧外径千分尺的活动测杆。

4）装配内径指示表。

① 选择合适的可换测头，将紧固螺母旋在可换测头的螺纹处。

② 将旋有紧固螺母的可换测头旋进内径指示表测头螺纹孔中，如图2-32 所示。

③ 松开指示表紧固手轮，将指示表装进表架孔中，如图2-33 所示。

图2-32　装配内径指示表1

图2-33　装配内径指示表2

注意：使指示表的刻度盘面方向与测头轴线方向一致。

④ 当指示表测量杆接触到传动杆端面时，其指针开始顺时针摆动，此时继续向里压进指示表使长指针转过半周，固紧指示表紧固手轮。注意：紧固力要适中，既不能过大也不能过小。紧固力过大，会使指示表测量杆护套变形，指示表测量杆不能动，导致无法进行测量；紧固力过小（当指示表的测量杆护套外径比内径指示表的表架孔内径小很多时），内径指示表垂直竖起时，指示表会因自重而使其测头移至最上极限位置，导致无法进行测量。

⑤ 检查指示表紧固手轮的固紧力是否合适：a）右手握着指示表外壳，左手握着内径指示表表架（图2-33），用较小的力时指示表与内径指示表表架间不应有转动；b）左手不变，右手食指或大拇指按动活动测头时，指示表指针应能轻松自如地转动，无阻塞现象。

⑥ 将内径指示表测头总长度调至略长于外径千分尺的两测量面之间距离，如图2-34 所示。

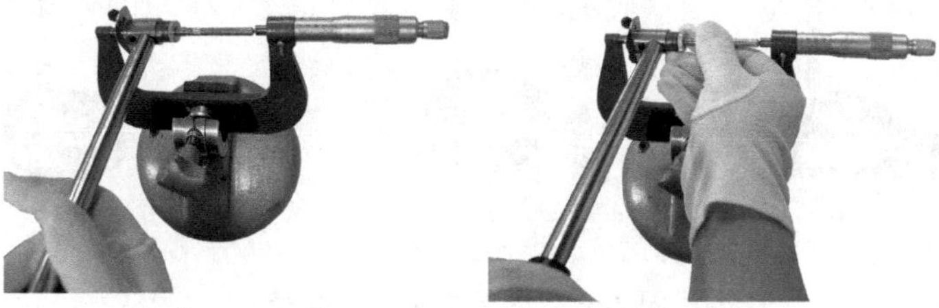

a)　b)

图2-34　内径指示表调零1

⑦ 先将内径指示表活动测头贴着外径千分尺的一个测量面并使其压缩，再放入内径指示表固定测头并松开右手手指，如图2-35 所示。

⑧ 握着内径指示表表架的手，先手腕摆动，找出指针顺时针不超过的极点后，使指针对着该极点，再左右晃动，同样找出指针顺时针不超过的极点，使指针对着此极点。

⑨ 另一只手旋动指示表刻度盘，使零刻度线对准长指针后，重复步骤⑦，直至校准内径指示表的“零”，如图2-36 所示。

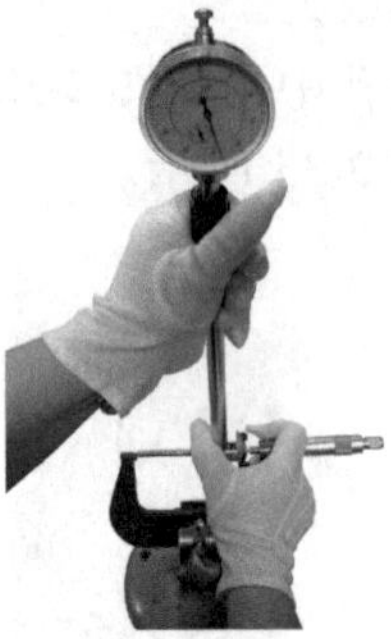

图 2-35　内径指示表调零 2

图 2-36　内径指示表调零 3

工件孔径的测量：

1）将工件放平。

2）先将内径指示表活动测头端放入工件孔中，并压缩定位护桥和活动测头，再放入内径指示表固定测头端。

3）左右摆动内径指示表，找出指针顺时针不超过的极点并读数，如图 2-37 所示。数出指针到零刻度线之间有多少格（不足 1 格的应估读），然后将数出的格数乘以分度值 0. 01mm，得出读数值的大小；若指针顺时针不超过的极点在零刻度线的顺时针方向，该读数值前应加“ - ”号；若指针顺时针不超过的极点在零刻度线的逆时针方向，该读数值前应加“ + ”号。

a)　　b)　　c)

图 2-37　内径指示表测孔径

4）在整个圆柱面上找多个圆截面，每个圆截面内相互垂直的位置各测量一次，记下每次测量时的读数值。

4. 半径样板

半径样板也称 R 规，如图 2-38 所示。半径样板是一种测量半径小于 25mm 的零件圆弧的量具，将零件被测圆弧半径与半径样板进行比较，以确定一般精度被测零件圆弧半径值。半径样板的技术数据见表 2-7。

图 2-38　半径规外观

表 2-7　半径样板的技术数据

组　别	半径尺寸范围	半径尺寸系列	样板宽度	样板厚度	样板数	
	mm				凸形	凹形
1	1～6.5	1，1.25，1.5，1.75	13.5	0.5	16	16
		2，2.25，2.5，2.75				
		3，3.5，4，4.5				
		5，5.5，6，6.5				
2	7～14.5	7，7.5，8，8.5，9，9.5	20.5			
		10，10.5，11，11.5				
		12，12.5，13，13.5				
		14，14.5				
3	15～25	15，15.5，16，16.5				
		17，17.5，18，18.5				
		19，19.5，20，21，22				
		23，24，25				

半径样板的使用方法：根据初估被测圆弧半径大小，将半径样板上标有相应半径值的样板与被测圆弧采用光隙法（光隙法是通过眼睛观察透光间隙的大小来确定工件的偏差）进行比较。当被测半径与半径样板轮廓不能很好地贴合、透光不均匀时，则表示半径值不相符。只有当被测半径与半径样板轮廓能很好地贴合，透光均匀时，才表示被测半径值即为半径样板上所标明的值。

5. *游标万能角度尺*

（1）游标万能角度尺的外观结构　如图 2-39 所示。

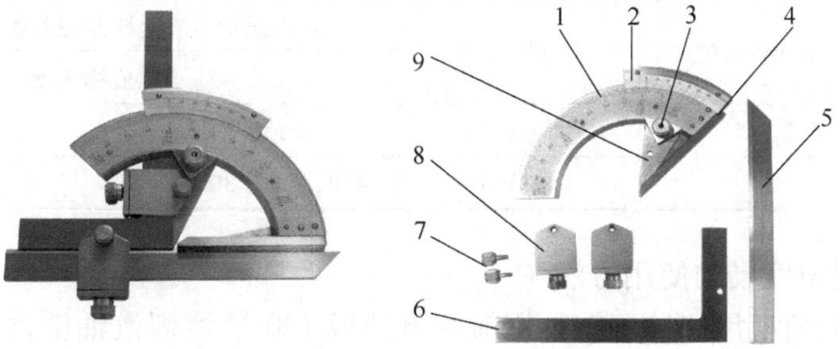

a)　　b)

图 2-39　游标万能角度尺外观

a）整体装配图　b）部件分体图

1—尺身　2—游标　3—制动器　4—基尺　5—直尺　6—直角尺　7—卡块紧固螺钉　8—卡块　9—扇形板

（2）游标万能角度尺的工作原理　游标万能角度尺是采用游标原理直接测量角度的计量器具。图 2-39 所示为常见的型式，这种游标万能角度尺的尺身分度值为 1°，游标上 30 个标尺间隔与尺身上 29 个标尺间隔具有相等的弧长，因此根据游标原理，可得

$$\text{游标分度值} = 1° - \frac{29°}{30} = 60' - 58' = 2'$$

实际测量角度时，利用游标万能角度尺的尺身、直尺、直角尺的 4 种不同的组合方式，可实现 0°～360°的角度测量。0°～320°的组合如图 2-40 所示。

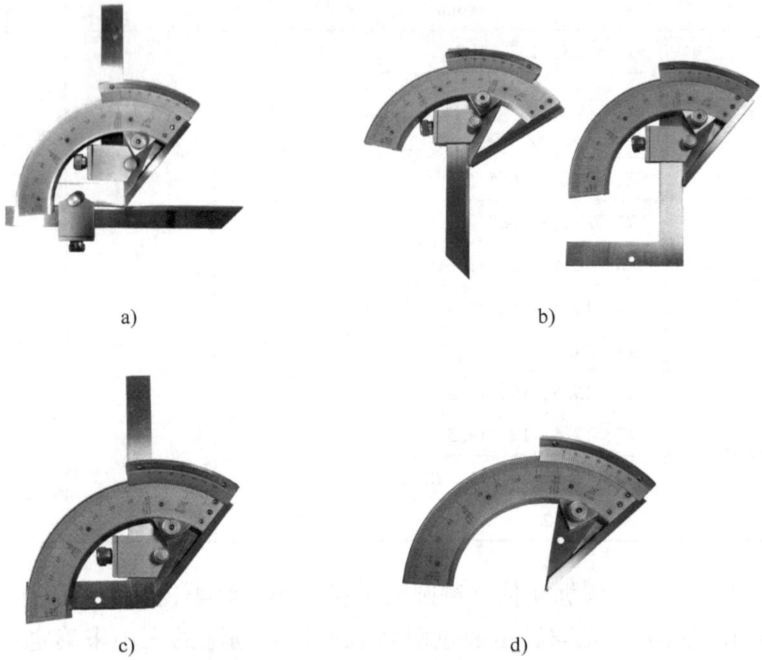

图 2-40　游标万能角度尺的不同组合

a）0°～50°组合　b）50°～140°组合　c）140°～230°组合　d）230°～320°组合

（3）游标万能角度尺的规格及主要度量指标　见表 2-8。

表 2-8　游标万能角度尺的规格及主要度量指标（GB/T 6315—2008）

型　式	游标读数值	测量范围	直尺测量面	附加直尺测量面	其他测量面
			公称长度/mm		
Ⅰ型	2′，5′	0°～320°	≥150	—	≥50
Ⅱ型	5′	0°～360°	150，200，300	—	

（4）游标万能角度尺的使用方法

1）将游标万能角度尺和被测工件用航空汽油或 120 号溶剂汽油清洗，并用软绸布擦拭干净。

2）按所需测量的角度组合游标万能角度尺。

3）将工件被测角度的两边与游标万能角度尺的基面和直尺（或直角尺）工作面贴合，迎着光看是否漏光，若已贴合好或漏光均匀，此时便可读数。

4）注意各组合的起始读数刻度及其所在位置，否则会产生较大误差，得出完全无用的测量结果。

（5）操作步骤

1）测量前的准备工作。将游标万能角度尺和被测量的样板用航空汽油或 120 号溶剂汽油清洗，并用软绸布擦净。

2）仪器校零。

① 将游标万能角度尺按照图2-41组合。

② 旋动扇形板后面的手轮，将尺身上基尺的工作面与直尺的工作面贴合，如图2-41所示。

③ 检查尺身上的“0”刻度线与游标上的“0”刻度线是否对齐，如图2-42所示。

图2-41　游标万能角度尺校零1

图2-42　游标万能角度尺校零2

④ 若是对齐，可直接进行测量读数；若没对齐，则要读出零位的差值并将其作为修正值用于测量结果的处理。

3）角度样板的测量。

① 根据角度样板的大小，组合游标万能角度尺。

② 依照游标万能角度尺的使用方法，逐一对被测角度进行测量并记录读数值。

6. 螺纹千分尺

（1）螺纹千分尺的外观结构　如图2-43所示。

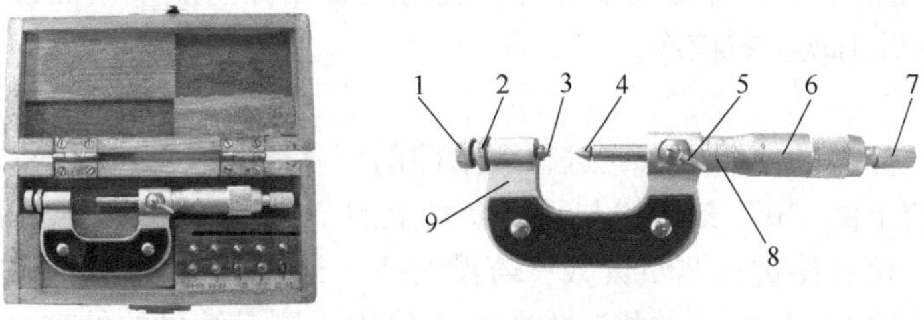

a)　b)

图2-43　螺纹千分尺

a）螺纹千分尺未装配图　b）螺纹千分尺外观图

1—V形测头调节螺钉　2—V形测头紧固螺母　3—V形测头　4—锥形测头

5—止动器　6—微分筒　7—测力装置　8—固定套管　9—尺架

（2）螺纹千分尺的工作原理　螺纹千分尺是采用螺旋传动原理制成的直接测量螺纹中径的计量器具。螺纹千分尺的读数方法与外径千分尺相同，分度值为0.01mm。

螺纹千分尺的结构基本与外径千分尺相似，不同的是螺纹千分尺的测头可更换、V形测头是可调节的。螺纹千分尺配有若干对测头，每对测头（包括V形测头和锥形测头）只能测量一定螺距范围的螺纹中径。

（3）螺纹千分尺的规格及主要度量指标　见表2-9。

表 2-9　螺纹千分尺的规格及主要度量指标（GB/T 10932—2004）　（单位：mm）

测量范围	测头对数	测头测量螺距的范围	示值误差
0～25	5	0.4～0.5；0.6～0.8；1～1.25；1.5～2；2.5～3.5	±0.004
25～50	5	0.6～0.8；1～1.25；1.5～2；2.5～3.5；4～6	±0.004
50～75；75～100	4	1～1.25；1.5～2；2.5～3.5；4～6	±0.005
100～125；125～150	3	1.5～2；2.5～3.5；4～6	±0.005

（4）螺纹千分尺的使用方法

1）根据被测螺纹中径、螺距选择螺纹千分尺及测头。

2）测量前的校零。以测量范围为 0～25mm 的螺纹千分尺为例，将 V 形测头的尾部插入固定测砧端，锥形测头插入活动测砧端。旋动测力装置使 V 形测头与锥形测头的工作面相接触，通过微分筒和测砧的调节螺母进行零位的调整。

对于测量范围大于 0～25mm 的螺纹千分尺，可用其本身所带的专用调整量具进行调整。

3）测量时，将螺纹千分尺 V 形测头的工作面卡在零件的牙顶上，同时将锥形测头的工作面放入与 V 形测头所卡零件的牙顶相对的牙槽内，如图 2-44 所示，直接读出螺纹中径的实际尺寸。

注意：测量时，螺纹千分尺应放平，使测头的中心线和螺纹零件的中心线垂直相交且在同一平面内。因为螺纹千分尺的测量误差较大，一般为 0.1mm，因此螺纹千分尺常用于一般精度外螺纹中径的测量。

图 2-44　螺纹千分尺与零件的位置关系

（5）操作步骤

1）测量前的准备工作。将螺纹千分尺和被测螺纹零件用航空汽油或 120 号溶剂汽油认真、仔细清洗，然后用软绸布擦净。

2）仪器校零。

① 依照螺纹千分尺的使用方法，进行测量前的校零。

② 检查微分筒上的“0”刻度线与固定套管上的“0”刻度线是否对齐。

③ 若已对齐，可直接进行测量读数；若没对齐，通过调节 V 形测头左端的调节螺母进行零位的调节或记下零位的差值并将其作为修正值用于测量结果的处理。

3）螺纹中径的测量。

① 根据被测量零件的螺纹中径、螺距的大小（可用螺距规测量，如图 2-45 所示），选择合适的测头对并装入螺纹千分尺相应孔内，如图 2-46 所示。

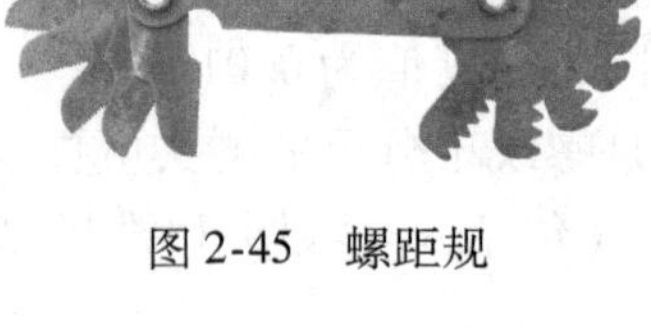

图 2-45　螺距规

图 2-46　装入测头后的螺纹千分尺

② 依照螺纹千分尺的使用方法，沿零件轴线上均匀分布的若干圆截面内相垂直的两个方向逐一进行测量。

上述介绍了最常用的六种测量器具。对于操作较复杂的内径指示表和螺纹千分尺，用文字和图片相结合的方法做了较为详细的介绍，需要在实际操作中逐步达到熟练程度。

2.4 测量误差

测量误差是在测量过程中产生的，由于存在器具误差、调整误差、观测误差和环境条件引起的误差等，使得每一个实际测得值是含有测量误差的一个近似数；若所含测量误差过大，则会对生产造成很大影响。测量误差越大，其测量精度越低，因此了解测量误差的基本概念、产生原因，分析其性质，总结其规律，并采取相应措施加以处理，提高测量精度显得非常重要。

2.4.1 测量误差的基本概念

测量误差是指实际测得值与被测量真值的偏移量，用绝对误差和相对误差表示。

1. 绝对误差

绝对误差 δ 是指测得值 x 与其真值 x_0 之差，即 $\delta = x - x_0$。

测得值 x 可能大于或小于真值 x_0，故绝对误差 δ 可能是正值或负值。

真值是一个理想的概念，一般真值很难得到。为了满足使用上的需要，常用被测量的实际值代替真值。在检定工作中，把高一等级精度的标准所测得的量值称为实际值。

绝对误差只能反映相同的被测量，对于不同被测量或不同的物理量进行比较时，需用相对误差来评定较为确切。

2. 相对误差

相对误差 f 是指绝对误差 δ 与被测量真值 x_0 之比。因实际测量中，真值难以得到，而测量值与真值接近，所以相对误差可近似用绝对误差 δ 与测得值 x 之比表示，即相对误差主要用于相对比较，通常用百分比表示（无量纲）。

【实例 2-2】 用两种方法测量 $L_1 = 100\text{mm}$ 的尺寸，其测量误差分别为 $\delta_1 = \pm 10\mu\text{m}$ 和 $\delta_2 = \pm 8\mu\text{m}$，比较两种测量方法的绝对误差大小。用第三种方法测量 $L_2 = 80\text{mm}$ 的尺寸，其测量误差 $\delta_3 = \pm 7\mu\text{m}$，比较上述三种测量方法的测量误差大小。

1）比较前两种测量方法的绝对误差：$\delta_2(\pm 8\mu\text{m}) < \delta_1(\pm 10\mu\text{m})$，方法一的绝对误差大，即方法二的测量精度高于方法一。

2）三种测量方法的相对误差的比较：

① $f_1 = \dfrac{\delta_1}{L_1} = \pm \dfrac{10\mu\text{m}}{100\text{mm}} = \pm \dfrac{10}{100000} = \pm 0.01\%$

② $f_2 = \dfrac{\delta_2}{L_2} = \pm \dfrac{8\mu\text{m}}{100\text{mm}} = \pm \dfrac{8}{100000} = \pm 0.008\%$

③ $f_3 = \dfrac{\delta_3}{L_3} = \pm \dfrac{7\mu\text{m}}{80\text{mm}} = \pm \dfrac{7}{80000} = \pm 0.009\%$

上述计算结果表明：$f_1 > f_3 > f_2$，即测量精度最高的是方法二，方法三次之，方法一最低。

2.4.2　测量误差产生的原因

由于测量误差的存在，就必须分析测量误差产生的原因，以便采取措施减少对测量结果的影响，提高测量精度。在实际测量中，测量误差主要由以下几方面因素引起。

1. 测量器具误差

即测量器具本身的误差，包括测量器具的设计、制造和使用过程中的误差，总和反映在示值误差上。

设计测量器具时，为简化结构而采取近似设计方法会产生测量误差。例如，设计游标卡尺时作为标准量的刻度尺与被测量不在同一直线上，不符合阿贝测长原则，故引起较大测量误差。

测量器具的制造误差也会产生测量误差。例如，标尺间距不准确、指示表的分度盘与指针回转轴的安装偏心、相对测量时使用标准量（量块）的制造误差等均会产生测量误差。

2. 方法误差

即由于测量方法的不完善，包括计算公式不准确，测量方法选择不当，零件安装、定位不准确等原因引起的测量误差。例如，接触测量中，由于测头测量力的影响，使被测零件和测量装置产生变形而引起的测量误差。

3. 环境误差

即测量时环境条件（温度、湿度、气压、照明、振动等）不符合标准测量条件所引起的测量误差。例如，在测量长度时规定标准温度为20℃，而被测零件和测量器具的材料不同时，各自的线膨胀系数不同，对温度的反应不同，故产生或大或小的偏差。

4. 人员误差

即由于测量者受分辨能力的限制，因工作疲劳引起的视觉器官的生理变化，或固有习惯引起的读数误差，以及精神上的因素产生一时疏忽等所引起的误差。

总之，在计算测量结果的精度时，对上述四个方面的误差来源，必须进行全面的分析，特别要注意那些对误差影响较大的因素。

2.4.3　测量误差的分类与处理方法

测量误差根据其特征可分为系统误差、随机误差和粗大误差三类。

1. 系统误差

（1）系统误差的概念　系统误差是指在相同测量条件下，多次重复测量同一量值时，误差的大小和符号保持不变，或者按某一规律变化的误差。系统误差又可分为定值系统误差和变值系统误差。

1）定值系统误差。指在测量过程中，误差的大小和符号保持不变，主要由测量器具误差引起。

2）变值系统误差。指在测量过程中，误差的大小和符号按某一确定规律变化。按其变化不同，又可细分为以下三类。图2-47a所示则可认为不存在变值系统误差。

线性系统误差——在测量过程中，随着测量时间或量程的增加，误差值成比例增、减的误差。例如，零件材料随温度高低热胀冷缩引起的线性误差，如图2-47b所示。

周期性系统误差——在测量过程中，测得值随着测量时间变化呈周期性变化的误差，如

图 2-47c 所示。

复杂系统误差——在测量过程中，测得值按复杂函数规律变化，例如，线性变化与周期性变化叠加形成的复杂函数变化的系统误差，如图 2-47d 所示。

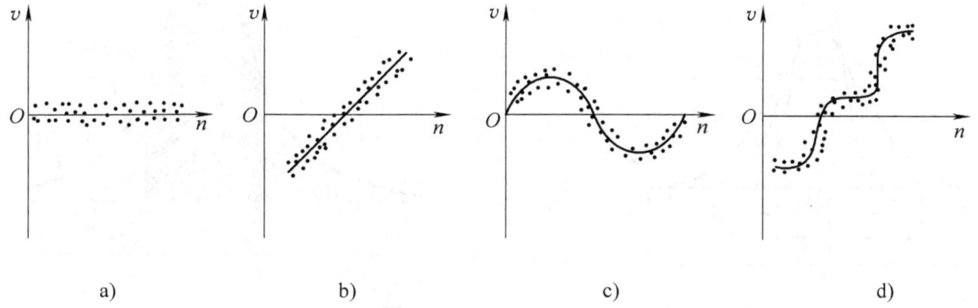

图 2-47 变值系统误差

（2）处理方法

1）首先应采用实验法或观察法等方法分析是否属于变值系统误差，然后设法消除或减少，常用的方法是残差观察法。残差观察法操作步骤如下：

① 将测量列中测得值χ_i按照测量顺序记录。

② 计算出测量列平均值$\bar{\chi}$。

③ 将测量列中所有测得值分别减去$\bar{\chi}$，得到残差 ν_i。即 $\nu_i = \chi_i - \bar{\chi}$。

④ 将残差按照测量顺序排列作图，其规律与图 2-47 相似。

2）测量结果的处理方法。

① 若是定值系统误差，可用修正值法从测量结果中消除。即预先检出测量器具的误差，将其数值取反号作为修正值，加到测量结果中。

② 若是线性变值系统误差，可用对称法消除。即随着温度均匀变化，可在等时间间隔进行测量，分别取交替时间测量值的平均值作为测量结果。

③ 若是周期性变值系统误差，可用半波法消除。即取每隔半个周期的两次测得值的平均值作为测量结果。

2. 随机误差

（1）随机误差的概念 随机误差是指在相同测量条件下，多次重复测量同一量值时，误差的大小和符号以不可预见的方式变化的测量误差。

随机误差是测量过程中许多独立的、微小的、随机的因素引起的综合结果。例如，测量器具中机构的间隙，运动件间的摩擦力变化，测量力不恒定和测量温度、湿度的波动等引起的测量误差，都属于随机误差。

（2）处理方法 随机误差通常服从正态分布规律，具有正态分布的单峰性、对称性、有界性、抵偿性等特性。因此，可以利用概率论和数理统计的一些方法来估算误差范围，对测量结果进行处理。不同的标准偏差 σ（正态分布曲线的特征参数），就会有不同形状的正态分布曲线，如图 2-48 所示。在正态分布曲线中随机误差 $\pm 3\sigma$ 的置信概率达 99.73%，如图 2-49 所示。

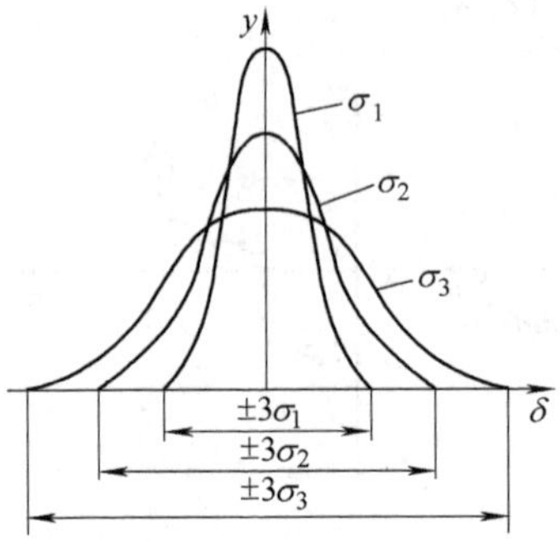

图 2-48　三种不同 σ 的正态分布曲线形状

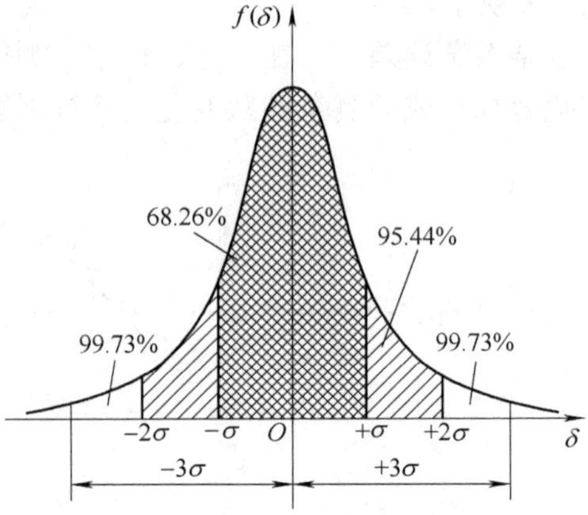

图 2-49　正态分布曲线置信概率区间

在实际测量中，为减少随机误差的影响，常采用对同一被测量连续多次重复测量的方式，得到的一组数据即测量列；然后采用合理的方法进行评定，使测量结果尽量接近真实值。只有这样才能使测量误差降到最低，取得较高的测量精度。具体计算步骤如下：

1）算术平均值 $\bar{\chi}$。测量列中 n 个测得值的算术平均值。由于实际测量中，真值难以获得，故用其平均值近似代替真值，即

$$\bar{\chi} = \frac{1}{n}\sum_{i=1}^{n}\chi_i$$

2）残余误差 ν_i。即测量列中任一测得值 χ_i 与测量列算术平均值 $\bar{\chi}$ 的代数差。由于随机误差是未知量，实际测量时常用残余误差 ν_i 代替，即

$$\nu_i = \chi_i - \bar{\chi}$$

3）测量列标准偏差 σ。表示测量列误差的分散程度和测量精度的高低。根据测量理论，由贝塞尔公式得出计算公式，即

$$\sigma = \sqrt{\frac{1}{n-1}\sum \nu_i^2} = \sqrt{\frac{1}{n-1}\sum (\chi - \bar{\chi})^2}$$

4）算术平均值的标准偏差 $\sigma_{\bar{\chi}}$。由于测量列算术平均值与真值接近，故测量列算术平均值的标准偏差更具有实际意义。根据测量理论，测量列标准偏差 σ 与测量列算术平均值的标准偏差的关系为

$$\sigma_{\bar{\chi}} = \frac{1}{\sqrt{n}}\sigma$$

5）算术平均值的极限误差值 $\delta_{\lim\bar{\chi}}$。测量次数不大于几十次时，随机误差超出 $\pm 3\sigma$ 范围的可能性几乎为零，因此将 $\pm 3\sigma_{\bar{\chi}}$ 作为测量列随机误差的极限值，即

$$\delta_{\lim\bar{\chi}} = \pm 3\sigma_{\bar{\chi}}$$

6）测量列的测量结果评价公式为

$$\chi = \bar{\chi} \pm \delta_{\lim\bar{\chi}} = \bar{\chi} \pm 3\sigma_{\bar{\chi}}$$

3. 粗大误差

粗大误差是指超出一定测量条件下预计的测量误差，它是对测量结果产生明显歪曲的测量误差。粗大误差的产生有主观原因和客观原因。例如，测量人员疏忽大意造成读数误差属

于主观原因；外界突然发生振动引起的测量误差属于客观原因。

对于粗大误差，应直接从测量结果中剔除。可采用 3σ 准则来判别粗大误差。

习　　题

2-1　解释长度量值传递的含义。

2-2　说明标尺间距和分度值的关系，以及它们与灵敏度的关系。

2-3　说明测量范围与示值范围的区别。

2-4　举例说明什么是间接测量法。

2-5　量块的“级”和“等”有何区别？说明按量块的“级”和“等”使用时，各自的测量精度如何？

2-6　试用83块一套的量块组合尺寸28.875mm。

2-7　试用46块一套的量块组合尺寸23.987mm。

知识模块3　几 何 公 差

【学习目标】

1. 能够正确识读工程图样中的几何公差要求标注
2. 能够完成工程图样的几何公差设计
3. 能够了解零件几何误差的检测方法

【实例 3-1】 识读图 3-1 中齿轮零件图上标注的几何公差含义。

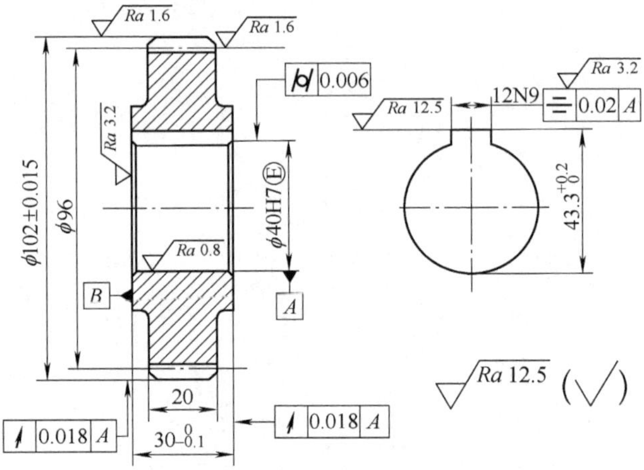

图 3-1　齿轮零件图的几何公差标注示例

【分析】 要正确识读图样中标注的几何公差，首先要了解几何公差的相关知识：

（1）几何公差项目符号含义

（2）形状公差

（3）位置公差

（4）方向公差

（5）跳动公差

【实施】

1. 认知图样中标注的各几何公差项目符号的含义

参照表 3-1，分析图 3-1 中所标注的几何公差项目符号有：圆柱度公差 ⌭；对称度公差 ⌯；圆跳动公差 ↗。

2. 识读图中标注的形状公差项目的含义

[⌭|0.006]：φ40mm 圆孔面的圆柱度公差为 0.006mm，公差带是半径差为 0.006mm 的两个同心圆柱面内的区域。

3. 识读图中标注的位置公差与跳动公差项目的含义

[⌯|0.02|A]：键槽宽为 12mm 的轮毂槽对称中心平面对 φ40mm 圆孔对称中心平面的对称

度公差为0.02mm，公差带是距离为0.02mm，且相对于基准中心平面（ϕ40mm圆孔对称中心平面）对称配置的两平行平面之间的区域。

[↗|0.018|A]：齿顶圆柱面对ϕ40mm圆孔轴线的径向圆跳动公差为0.018mm（图3-1中左边标注），公差带是在垂直于基准轴线的任一测量平面内半径差为0.018mm，且圆心在基准轴线ϕ40mm圆孔轴线上的两个同心圆之间的区域。

[↗|0.018|A]：齿轮右端面对ϕ40mm圆孔轴线的轴向圆跳动公差为0.018mm（图3-1中右边标注），公差带是在与基准同轴的任一半径位置的测量圆柱面上距离为0.018mm的圆柱面区域。

3.1　几何公差概述

零件在加工过程中会产生或大或小的形状、方向和位置误差（简称为几何误差），这些误差会影响机器、仪器仪表、刀具、量具等各种机械产品的工作精度、联接强度、运动平稳性、密封性、耐磨性和使用寿命等，甚至还与机器在工作时的噪声大小有关。因此，为了保证机械产品的质量，保证零部件的互换性，应给定几何公差加以限制。

3.1.1　几何公差的研究对象

几何公差的研究对象是构成零件几何特征的点、线、面等几何要素（简称要素），也就是构成具有一定形状和大小的形体的点要素、线要素和面要素的统称。例如，图3-2a所示零件的球面、圆锥面、圆柱面、端平面、轴线和球心，图3-2b所示零件矩形槽的中心平面。

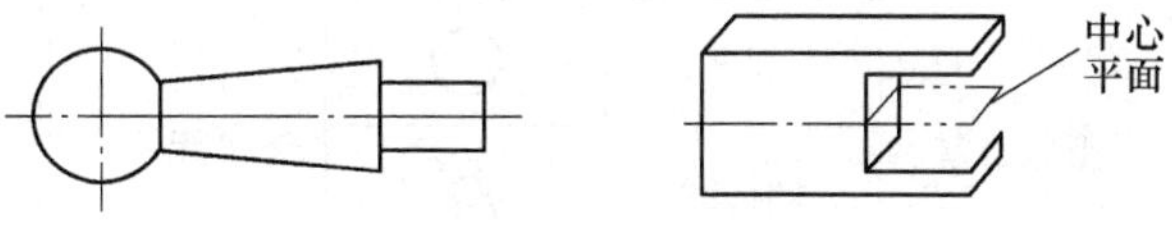

a)　　b)

图3-2　零件的几何要素

a）点、线、面　b）中心平面

几何要素可以从不同角度进行分类。

1. 按结构特征分类

1）轮廓要素：构成零件外形的点、线、面各要素，如图3-2中的球面、圆锥面、圆柱面、端平面、圆锥面和圆柱面的素线。

2）中心要素：轮廓要素对称中心所表示的点、线、面各要素，如图3-2中的轴线、球心。

2. 按存在状态分类

1）实际要素：零件上实际存在的要素，显然它们是存在误差的要素。实际要素的状态要通过测量来确定。

2）理想要素：具有几何学意义的要素，即几何的点、线、面。机械零件图样投影图表示的要素均为理想要素。

理想要素不存在任何误差。实际上它并不能得到，只是想象中存在。但理想要素的实用意义仍毋庸置疑，即可以用理想要素与实际要素做比较，以评定实际要素对理想要素的偏离量（即误差）。具体办法是用精度相对于实际零件高得多的量具、仪器的表面、导轨面等要素来代替理想要素。

3. 按所处地位分类

1）被测要素：在图样上给出了形状或（和）位置公差要求的要素，这些要素是检测的对象。

2）基准要素：用来确定被测要素方向或（和）位置的要素。基准要素分为理想基准要素和实际基准要素。实际基准要素就是零件上被指定作为基准的要素，它含有一定的形状误差。理想基准要素是与实际基准要素最大限度地接近，认为不存在形状误差，用来确定被测要素方位的基准要素。理想基准要素简称基准，它是确定要素间几何关系的依据。

4. 按功能关系分类

1）单一要素：仅对要素自身提出形状公差要求的要素。

2）关联要素：对其他要素有功能关系，即要求要素与要素间必须满足一定的方向和位置关系。例如，平行、垂直、同轴等关系。

3.1.2　几何公差的项目和含义

几何公差分为4类，共19个项目，其名称、符号见表3-1。

表3-1　几何公差特征项目的名称及符号（GB/T 1182—2008）

公　差	项　目	符　号	基准要求	公　差	项　目	符　号	基准要求
形状公差	直线度	—	无	方向公差	平行度	//	有
	平角度	▱			垂直度	⊥	
					倾斜度	∠	
	圆度	○		位置公差	对称度	⌯	
	圆柱度	⌭			同心度（用于中心点）	◎	
	线轮廓度	⌒			同轴度（用于轴线）	◎	
	面轮廓度	⌓			位置度	⌖	有或无
方向公差或位置公差	线轮廓度	⌒	有	跳动公差	圆跳动	↗	有
	面轮廓度	⌓			全跳动	⌰	

注：新旧国标对照

新国标	旧国标	
方向公差	定向公差	旧国标中统称为位置公差，相应的被测要素称为关联要素。
位置公差	定位公差	
跳动公差	跳动公差	

3.1.3　几何公差带

几何公差带是用来限制被测要素变动的区域。它是一个几何图形，只要被测要素完全落在给定的公差带内，就表示该要素的形状、方向和位置符合要求。

几何公差带具有形状、大小、方向和位置四要素。

公差带的形状由被测要素的理想形状和给定的公差特征项目所确定，常见的几何公差带的形状如图3-3所示。

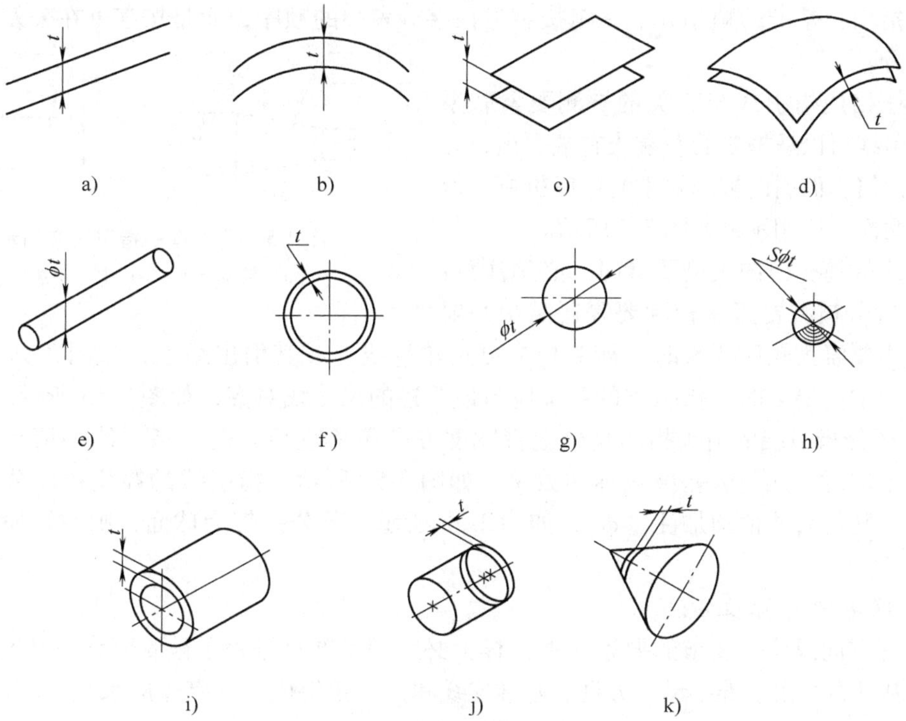

图 3-3 几何公差带的形状

a）两等距直线 b）两平行曲线 c）两等距平面 d）两等距曲面 e）圆柱面 f）两同心圆 g）一个圆 h）一个球 i）两同心圆柱面 j）一段圆柱面 k）一段圆锥面

公差带的大小由公差值 t 确定，公差带的大小指的是公差带的宽度或直径。

几何公差带的方向和位置有两种情况：公差带的方向或位置可以随实际被测要素的变动而变动，没有对其他要素保持一定几何关系的要求，这时公差带的方向或位置是浮动的；若几何公差带的方向或位置必须和基准要素保持一定的几何关系，则称为是固定的。所以，位置公差（标有基准）的公差带方向和位置一般是固定的，形状公差（未注基准）的公差带方向和位置一般是浮动的。

3.1.4 几何公差的标注方法

1. 被测要素的标注方法

对被测要素的几何精度要求，采用框格代号标注，只有在无法采用公差框格标注（例如，现在的公差项目无法表达，或者采用框格代号标注过于复杂）时，才允许用文字说明对精度的要求。

公差框格有两格、三格、四格和五格等数种形式。按规定，从框格的左边起，第一格填写公差项目符号，第二格填写公差值，从第三格起填写代表基准的字母。图 3-4a 为两格的填写方法示例，图 3-4b 为五格的填写方法示例，例中基准字母 A、B、C 依次表示第一基准、第二基准、第三基

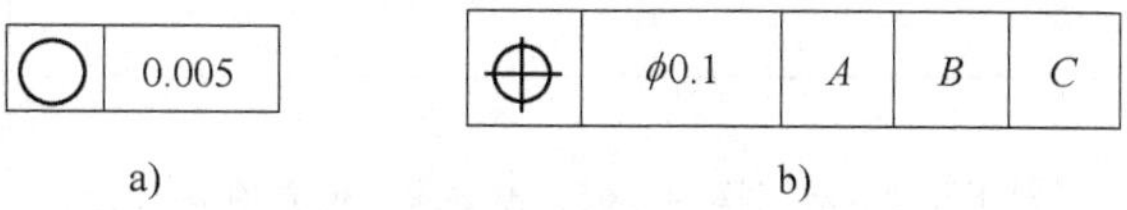

图 3-4 公差框格填写方法示例

a）两格填写方法 b）五格填写方法

准。必须指出：基准的顺序并非一定按字母在字母表中的顺序，而是按字母在公差框格中的顺序来区分。

公差框格用指引线与有关的被测要素联系起来，指引线可以从框格的左端或右端引出，必须垂直于框格，而引向被测要素时可以折弯，但不得多于两次，应用示例如图 3-5 所示。

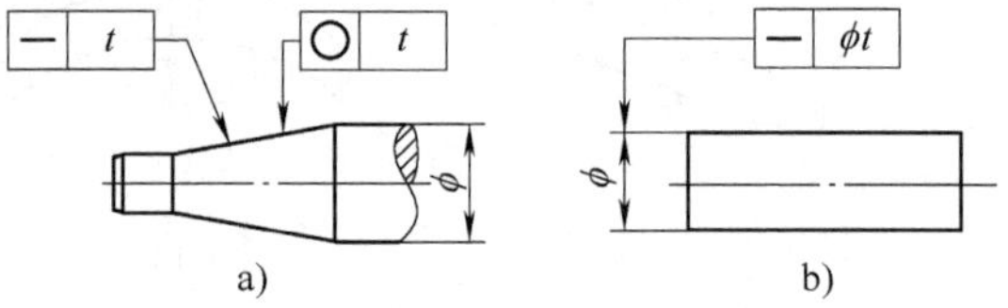

图 3-5　公差框格指引线应用示例

a）轮廓要素　b）中心要素

指引线的箭头引向被测要素时，必须注意：

（1）区分被测要素是轮廓要素还是中心要素　当被测要素为轮廓要素时，箭头指在可见轮廓线上或其引出线上，如图 3-5a 所示。当被测要素为中心要素时，指引线的箭头应与该要素的尺寸线对齐，如图 3-5b 所示。

（2）区分指引线的箭头指向是公差带宽度方向还是直径方向　指引线的箭头指向公差带的宽度方向时，几何公差值只标注数字，如图 3-5a 所示。指引线的箭头指向公差带的直径方向时，几何公差值前加注“ϕ”，如图 3-5b 所示；若公差带为球面，则在几何公差值前加注“$S\phi$”。

2. 基准要素的标注方法

对于有方向或位置要求的要素，在图样上必须用基准符号表示被测要素与基准要素之间的关系。基准符号由基准字母、方框、基准连线和黑三角组成，且字母应水平书写，如图 3-6 所示。

标注基准符号时，也应区分基准要素是轮廓要素还是中心要素。当基准要素为轮廓要素时，基准连线应垂直于基准或其延长线（与尺寸线明显错开），如图 3-6 所示。当基准要素为中心要素时，基准连线应与该要素的尺寸线对齐，如图 3-7 所示。

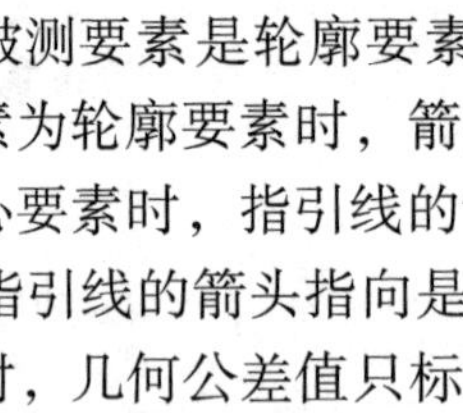

图 3-6　轮廓要素的基准符号标注

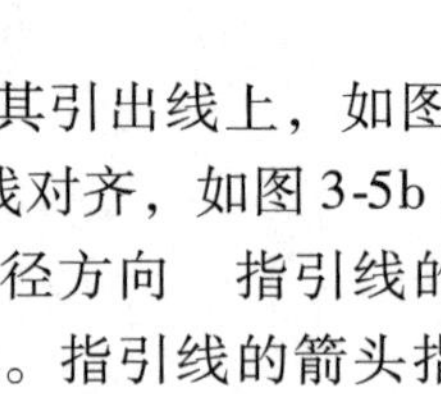

图 3-7　中心要素的基准符号标注

3. 几何公差的其他标注方法

表 3-2　几何公差的其他标注

含　义	举　例
对同一要素有一项以上的几何公差要求，其标志方法又一致时，可将框格并在一起	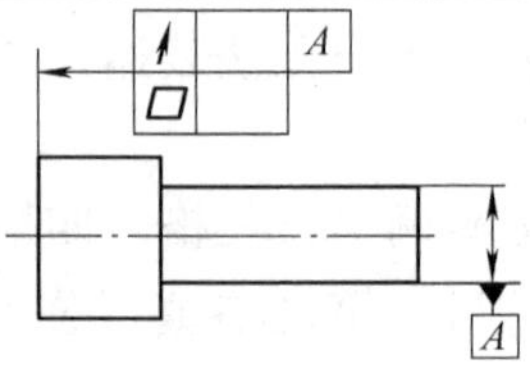
对不同要素有同样的几何公差要求，但具有各自独立的公差带	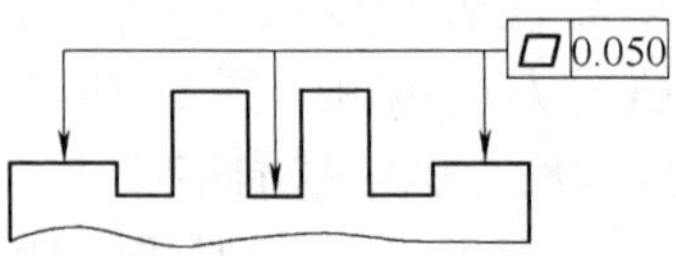

（续）

含　义	举　例
若要求各被测要素具有公共的公差带，则应在公差框格内公差值的后面加注公共公差带的符号 CZ	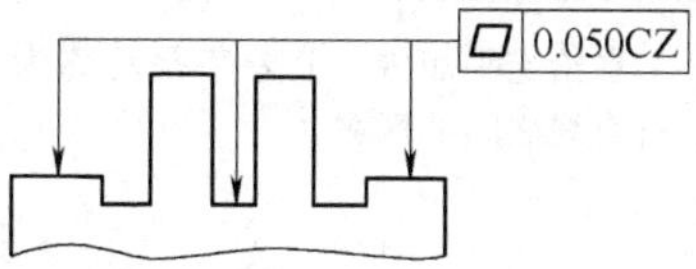
当被测要素为整个视图上的轮廓线（面）时，应在指引线的转折处加注全周符号	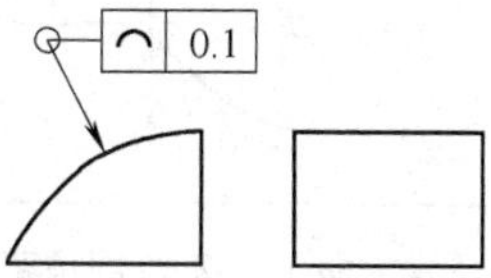
对被测要素任意局部范围内的公差要求，如右图中在任意 100mm 长度内的直线度、在任意边长为 100mm 的正方形范围内的平面度	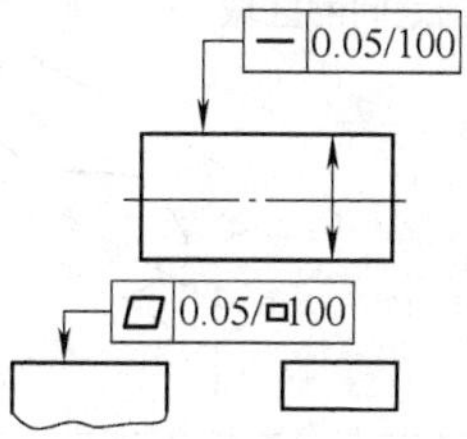
只允许从左向右减小（▷） 只允许从右向左减小（◁）	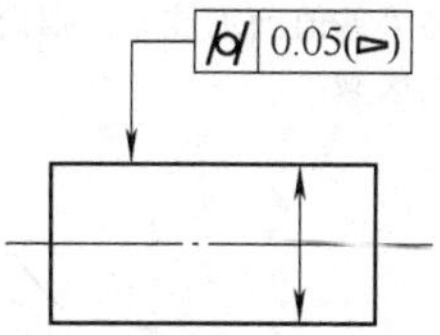
只允许中间向材料外凸起（+） 只允许中间向材料内凹下（-）	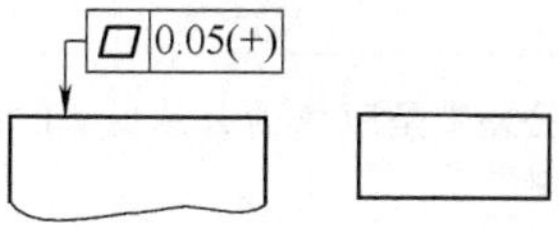
当被测要素（或基准要素）为局部表面且在视图上表现为轮廓线时，可用粗点画线表示其范围	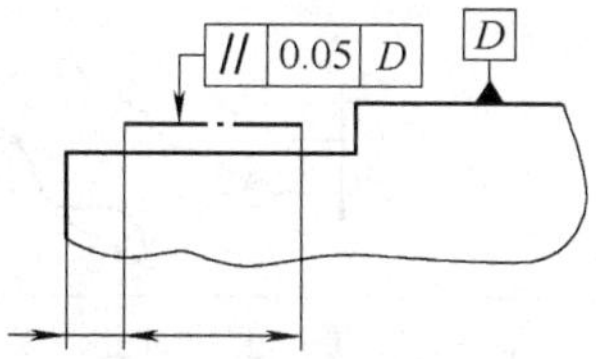
当被测要素（或基准要素）为视图上的局部表面时，箭头（或基准符号）可指向带圆点的参考线	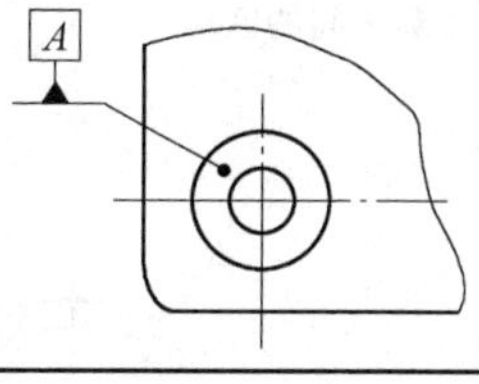

3.2　形状公差与公差带

形状公差是指单一实际要素的形状所允许的变动全量。形状公差带是限制实际被测要素变动的一个区域，它的特点是不涉及基准，其方向和位置随实际要素的不同而浮动。典型的形状公差带见表 3-3。

表 3-3　形状公差带的定义、标注和解释

特　征	公差带定义	标注和解释
直线度	在给定平面内，公差带是距离为公差值 t 的两平行直线之间的区域 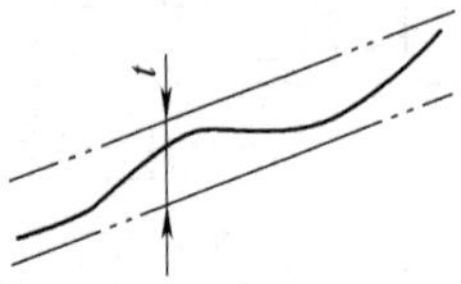	被测表面的素线必须位于平行于图样所示投影面且距离为公差值 0.1mm 的两平行直线内 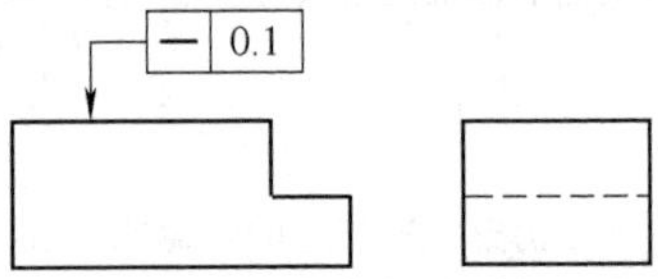
	在给定方向上，公差带是距离为公差值 t 的两平行平面之间的区域 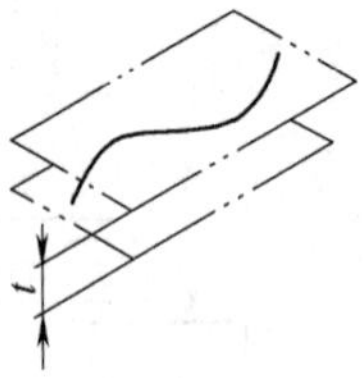	被测圆柱面的任一素线必须位于距离为公差值 0.1mm 的两平行平面之内 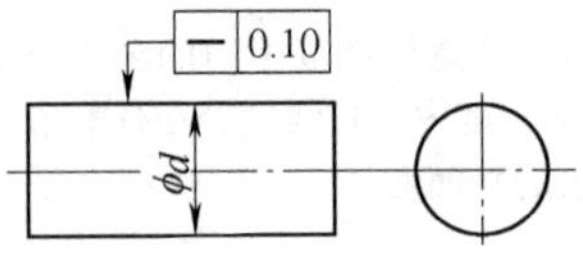
	如在公差值前加注 ϕ，则公差带是直径为 t 的圆柱面内的区域 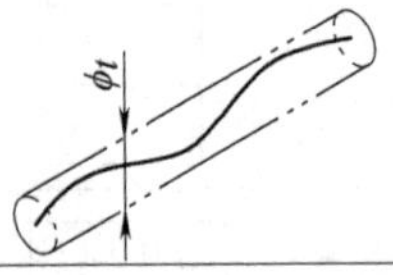	被测圆柱体的轴线必须位于直径为 0.08mm 的圆柱面内 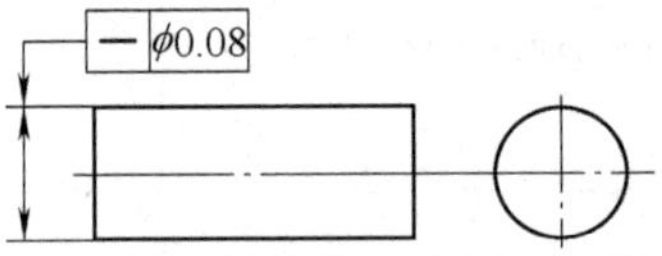
平面度	公差带是距离为公差值 t 的两平行平面之间的区域 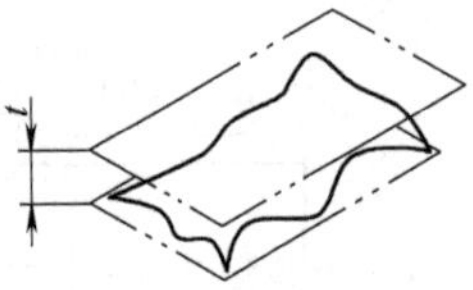	被测表面必须位于距离为公差值 0.06mm 的两平行平面内 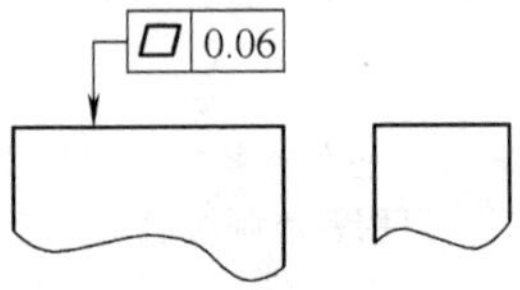
圆度	公差带是在同一正截面上，半径差为公差值 t 的两同心圆之间的区域 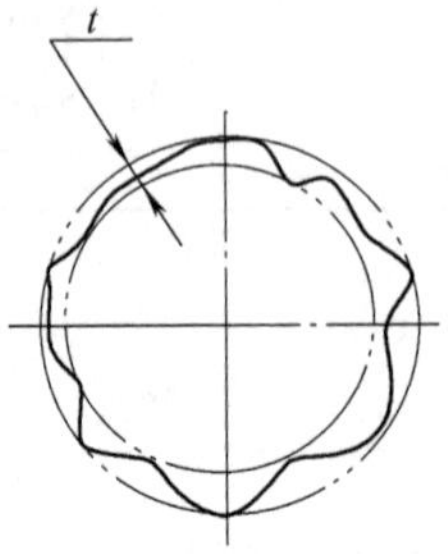	被测圆柱面任一正截面的圆周必须位于半径差为公差值 0.02mm 的两同心圆之间 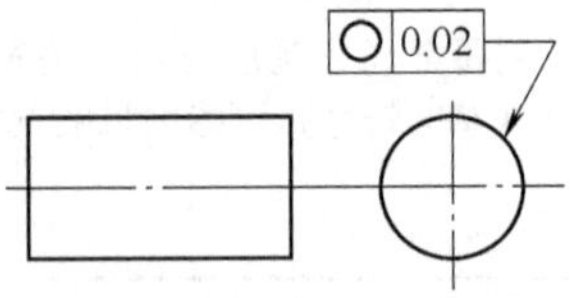 被测圆锥面任一正截面的圆周必须位于半径差为公差值 0.01mm 的两同心圆之间 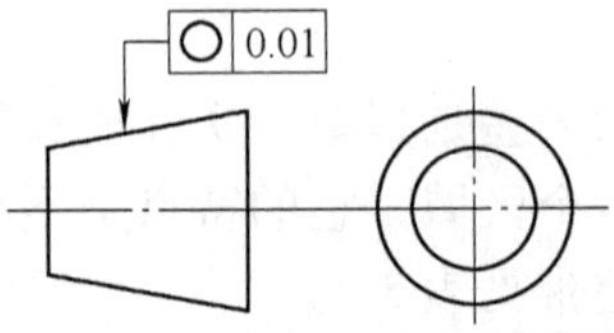

（续）

特　征	公差带定义	标注和解释
圆柱度	公差带是半径差为公差值 t 的两同轴圆柱面之间的区域 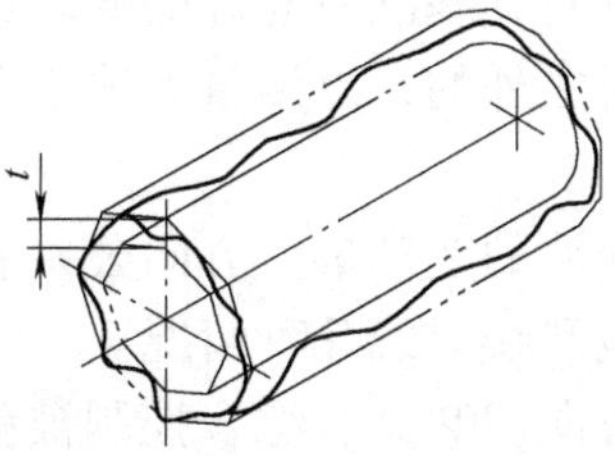	被测圆柱面必须位于半径差为公差值 0.05mm 的两同轴圆柱面之间 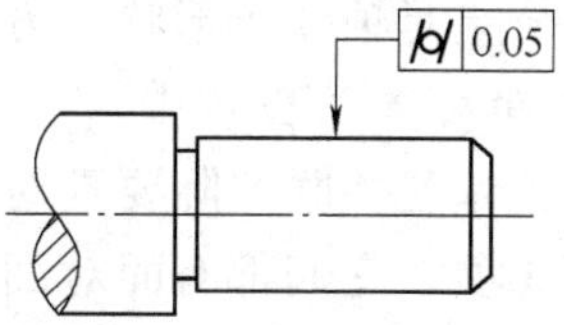
线轮廓度	公差带是包络一系列直径为公差值 t 的圆的两包络线之间的区域 诸圆的圆心位于具有理论正确几何形状的线上 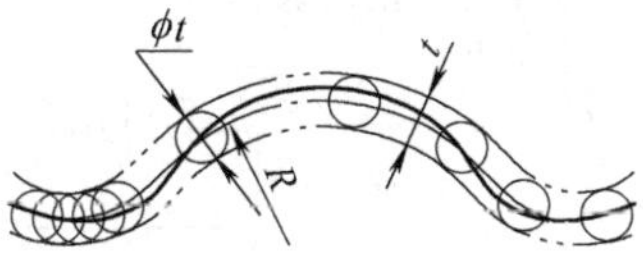	在平行于图样所示投影面的任一截面上，被测轮廓线必须位于包络一系列直径为公差值 0.04mm，且圆心位于具有理论正确几何形状的线上的两包络线之间 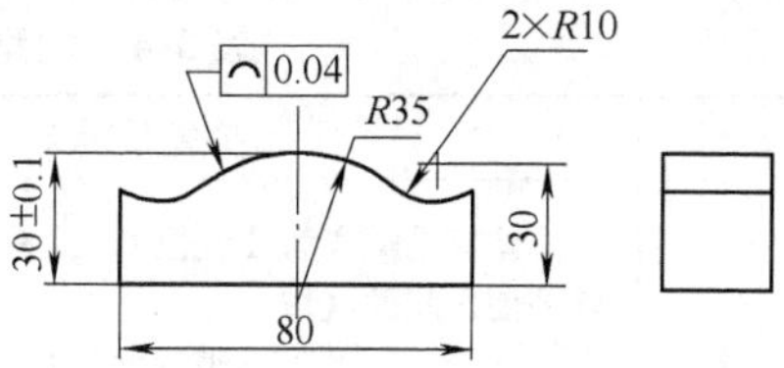 a) 无基准要求 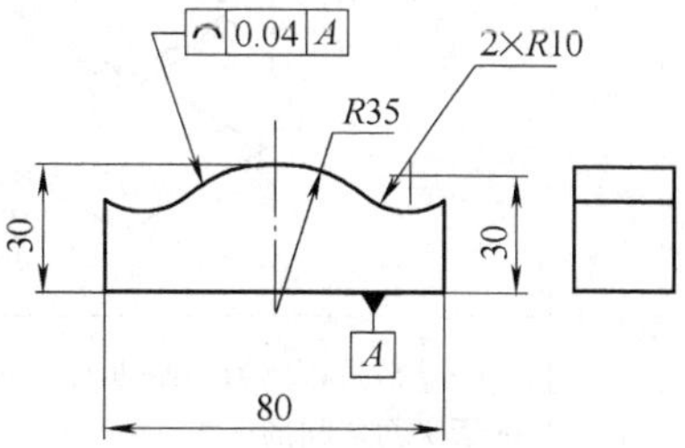 b) 有基准要求
面轮廓度	公差带是包络一系列直径为公差值 t 的球的两包络面之间的区域 诸球的球心位于具有理论正确几何形状的面上 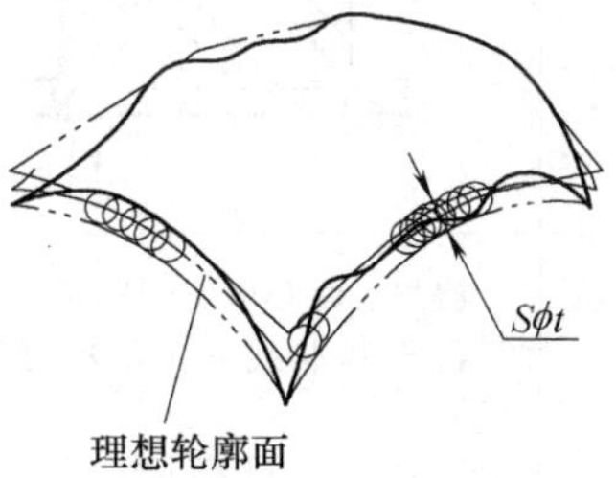	被测轮廓面必须位于包络一系列球的两包络面之间，诸球的直径为公差值 0.02mm，且球心位于具有理论正确几何形状的面上（此图为无基准要求的情况，也有有基准要求的情况） 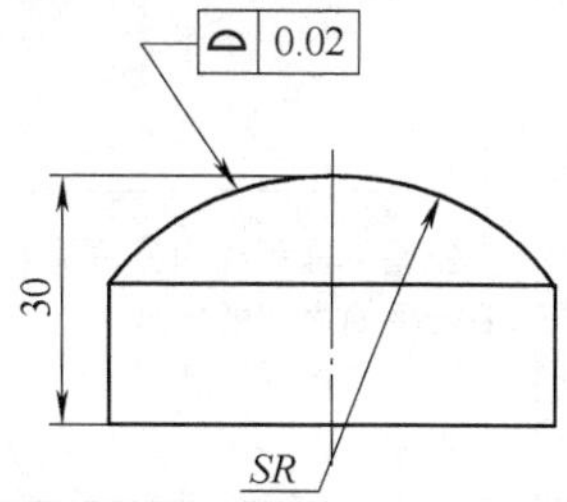

形状公差带只用于控制被测要素的形状误差，不与其他要素发生关系。形状误差的检测是确定被测实际要素偏离其理想要素的最大变动量，而理想要素的位置要按最小条件确定。形状误差值用包容实际要素的最小区域的宽度或直径来表示，确定轮廓度误差值的最小区域要以理想要素为对称中心。

3.3 方向、位置、跳动公差及公差带

方向、位置公差是关联实际要素的方向或位置对其基准所允许的变动量。

跳动公差是独立于形状、方向、位置公差项目之外的，以测量方法定义的公差项目。

1. *方向公差与公差带*

方向公差是关联实际要素对其基准在方向上允许的变动量。方向公差有平行度、垂直度和倾斜度 3 项，它们都有面对面、线对面、面对线和线对线几种情况。

方向公差带的特点是：①相对基准有确定的方向；②具有综合控制被测要素方向和形状的功能。

典型的方向公差带见表 3-4。

表 3-4　典型方向公差带的定义、标注和解释

特征		公差带定义	标注和解释
平行度	面对面	公差带是距离为公差值 t，且平行于基准面的两平行平面之间的区域 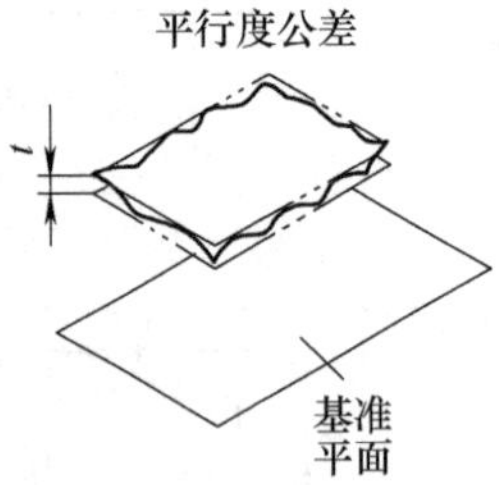 	被测表面必须位于距离为公差值 0.05mm，且平行于基准表面 A（基准平面）的两平行平面之间 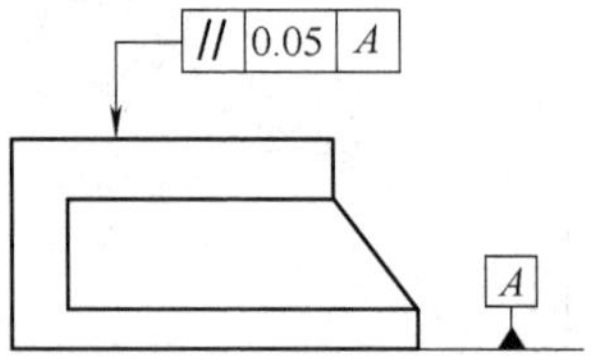
	线对面	公差带是距离为公差值 t，且平行于基准平面的两平行平面之间的区域 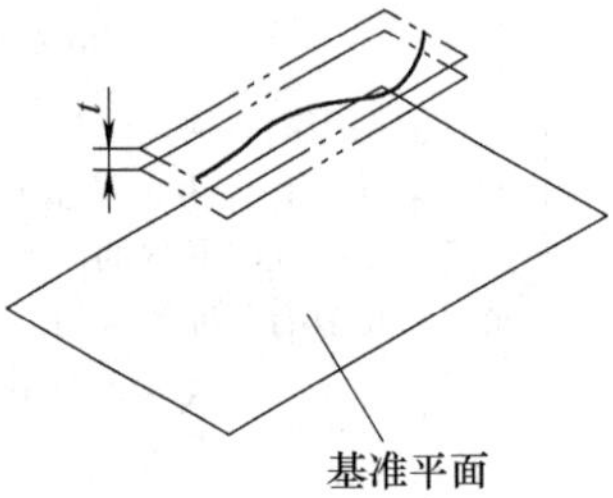 	被测轴线必须位于距离为公差值 0.03mm，且平行于基准表面 A（基准平面）的两平行平面之间 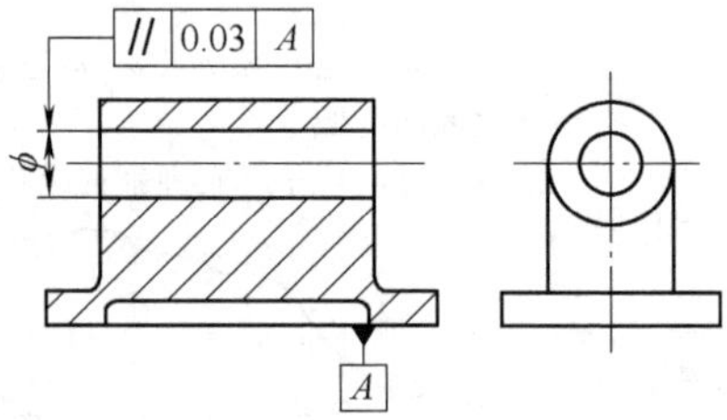
	面对线	公差带是距离为公差值 t，且平行于基准轴线的两平行平面之间的区域 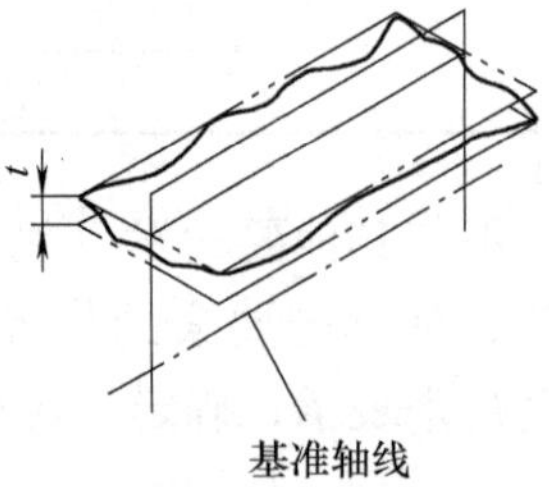 	被测表面必须位于距离为公差值 0.05mm，且平行于基准线 A（基准轴线）的两平行平面之间 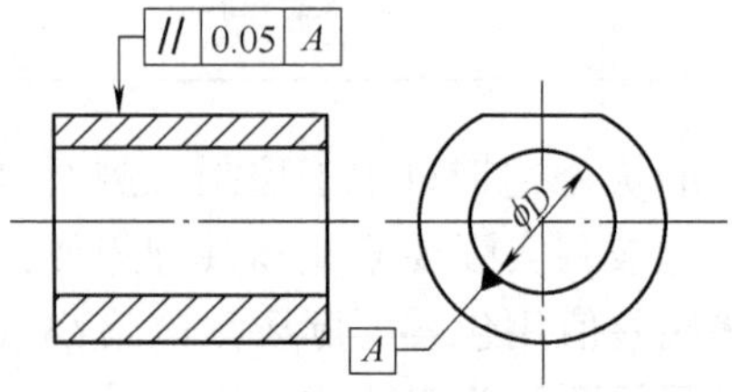

（续）

特征		公差带定义	标注和解释
平行度	线对线	公差带是距离为公差值 t，且平行于基准线，并位于给定方向上的两平行平面之间的区域 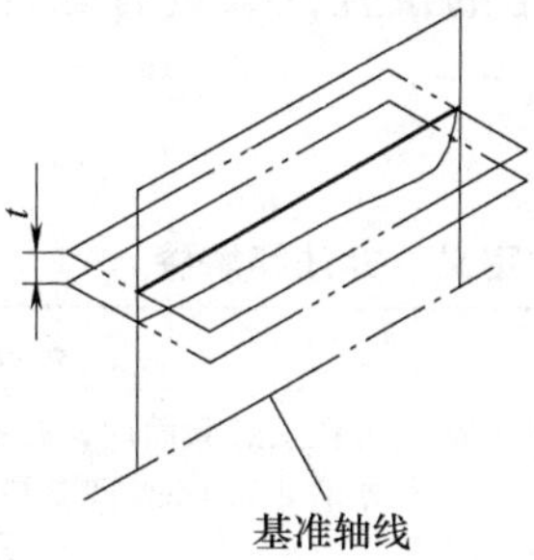 	被测轴线必须位于距离为公差值 0.1mm，且在给定方向上平行于基准轴线的两平行平面之间 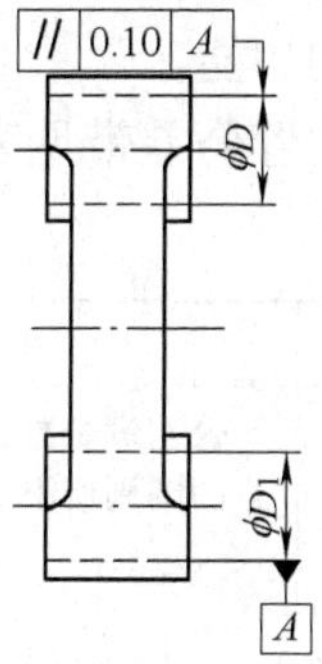
		如在公差值前加注 ϕ，公差带是直径为公差值 t，且平行于基准线的圆柱面内的区域 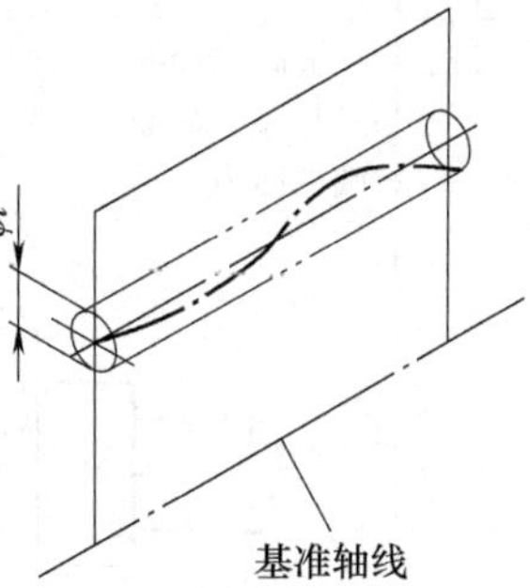 	被测轴线必须位于直径为公差值 0.1mm，且平行于基准轴线的圆柱面内 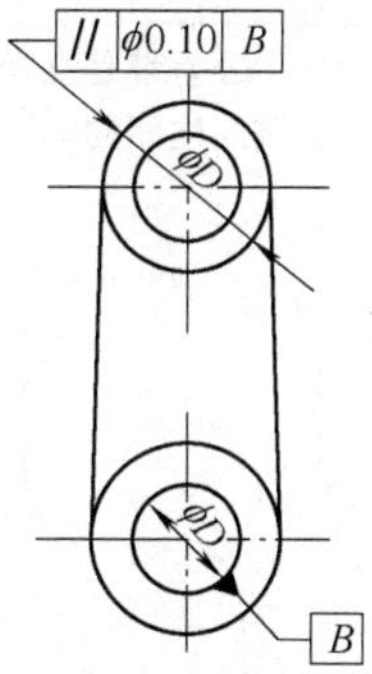
垂直度	面对面	公差带是距离为公差值 t，且垂直于基准平面的两平行平面之间的区域 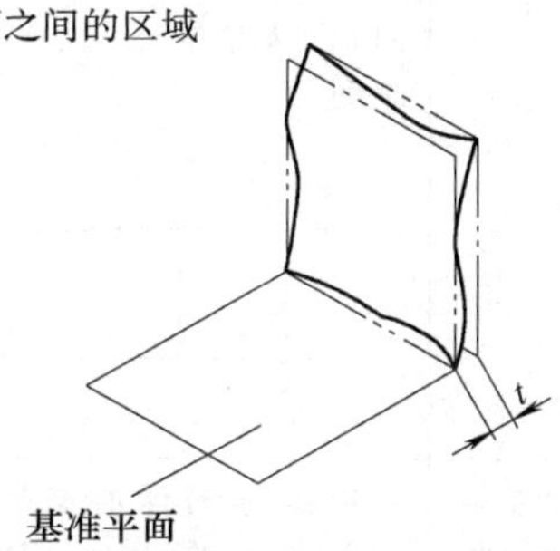 	被测面必须位于距离为公差值 0.05mm，且垂直于基准平面 C 的两平行平面之间 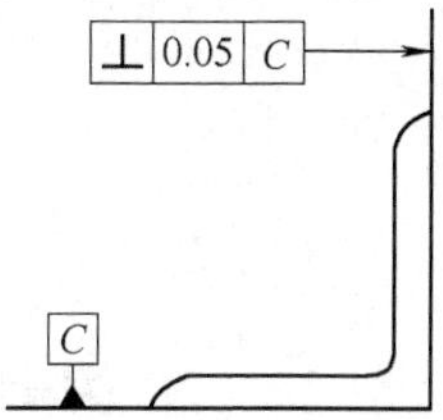
倾斜度	面对线	公差带是距离为公差值 t，且与基准线成一给定角度的两平行平面之间的区域 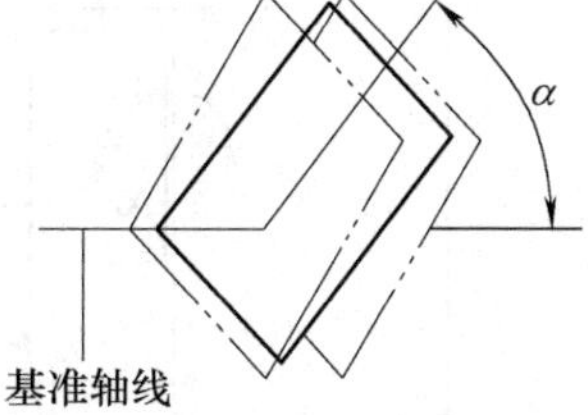 	被测表面必须位于距离为公差值 0.1mm，且与基准线 D（基准轴线）成理论正确角度 75°的两平行平面之间 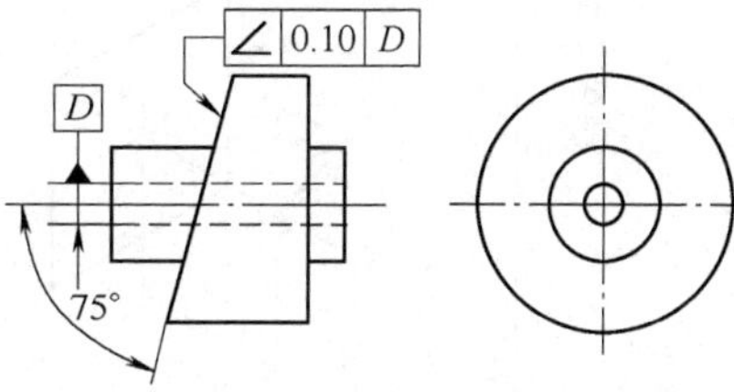

2. 位置公差及公差带

位置公差是关联实际要素对其基准在位置上允许的变动量。位置公差有同心度、同轴度、对称度和位置度 4 项。

位置公差带的特点是：①相对于基准具有确定的位置；②具有综合控制被测要素位置、方向和形状的功能。

典型的位置公差带见表 3-5。

表 3-5　典型位置公差带的定义、标注和解释

特征		公差带定义	标注和解释
同心度	圆心的同心	公差带是直径为公差值 ϕt、圆心与基准圆心重合的圆周所限定的区域 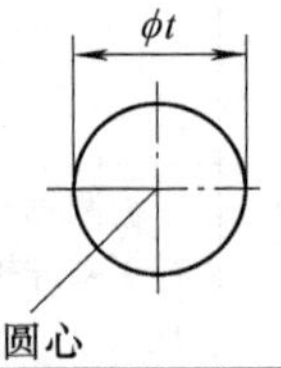	在任意截面内，孔的圆心必须位于直径为公差值 ϕ 0.1mm 且以基准点 A 为圆心的圆周内 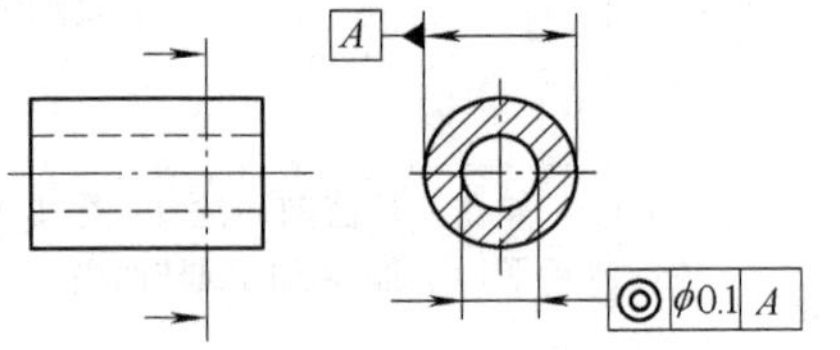
同轴度	轴线的同轴度	公差带是直径为公差值 ϕt 的圆柱面内的区域，该圆柱面的轴线与基准轴线同轴 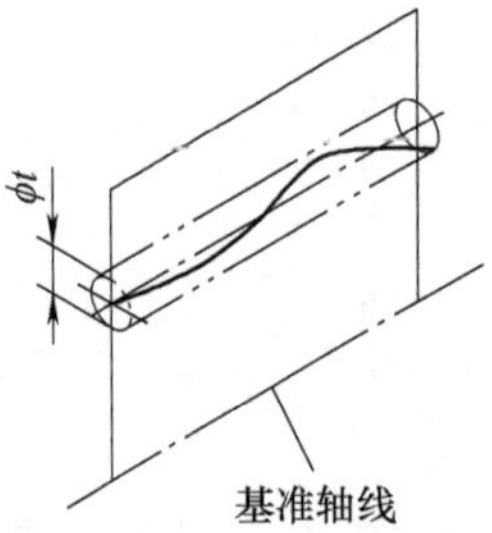	大圆的轴线必须位于直径为公差值 ϕ0. 1mm，且与公共基准 A—B（公共基准轴线）同轴的圆柱面内 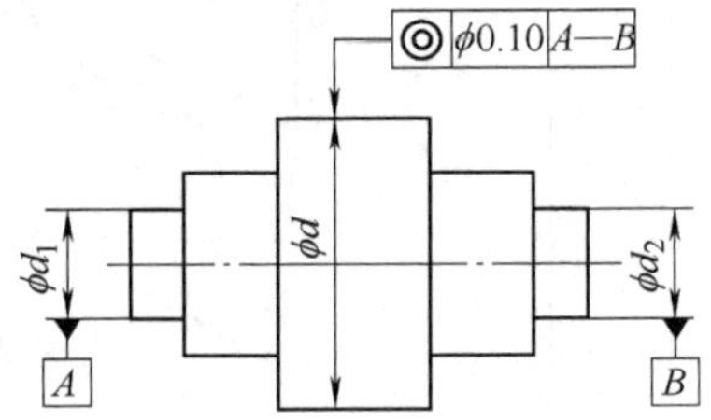
对称度	中心平面的对称度	公差带是距离为公差值 t，且相对于基准的中心平面对称配置的两平行平面之间的区域 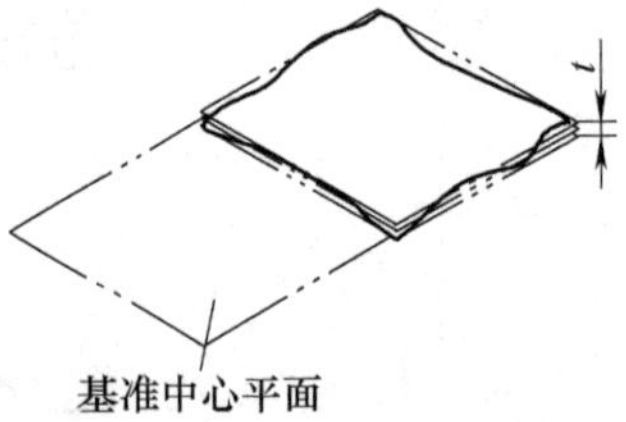	被测中心平面必须位于距离为公差值 0. 08mm，且相对基准中心平面 A 对称配置的两平行平面之间 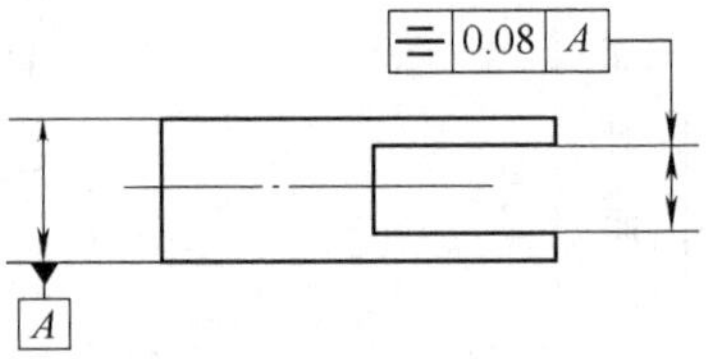
位置度	点的位置度	如公差值前加注 $S\phi$，公差带是直径为公差值 $S\phi t$ 的球内的区域，球公差带的中心点的位置由相对于基准 A 和 B 的理论正确尺寸确定 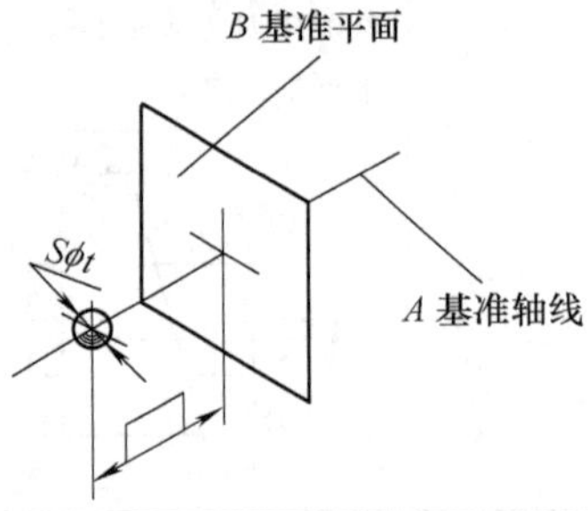	被测球的球心必须位于直径为公差值 $S\phi$0. 08mm 的球内，该球的球心位于相对基准 A 和 B 所确定的理想位置上 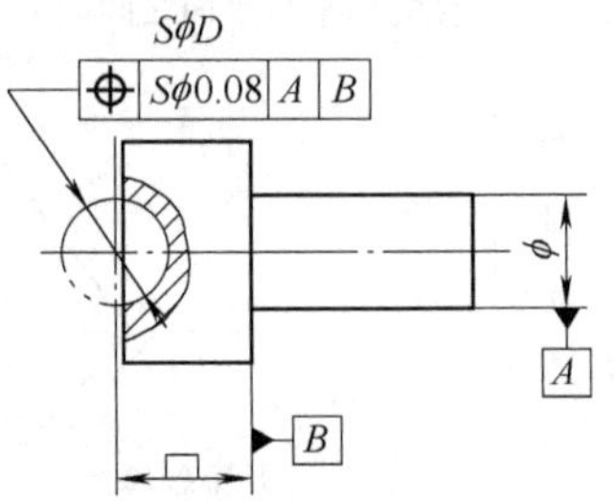

（续）

特征		公差带定义	标注和解释
位置度	线的位置度	如公差值前加注 ϕ，则公差带是直径为 ϕt 的圆柱面内的区域，公差带的轴线的位置由相对于三基面体系的理论正确尺寸确定 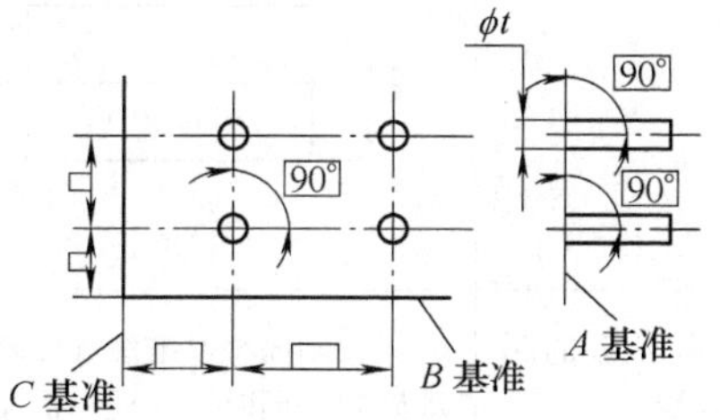	每个被测轴线必须位于直径为公差值 ϕ0.1mm，且以相对于 A、B、C 基准表面（基准平面）所确定的理想位置为轴线的圆柱内 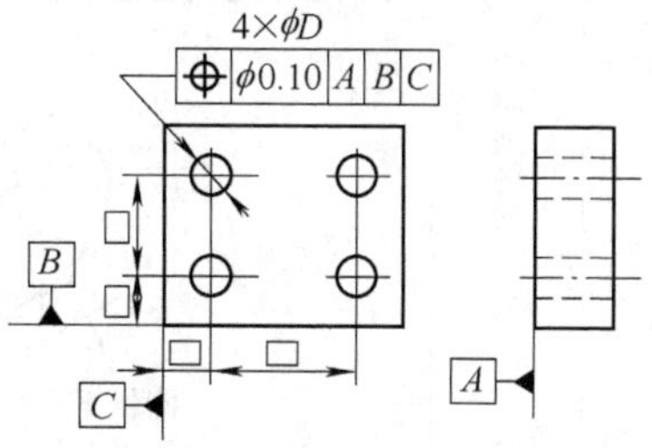 每个被测轴线必须位于直径为公差值 ϕ0.1mm，且以理想位置为轴线的圆柱内 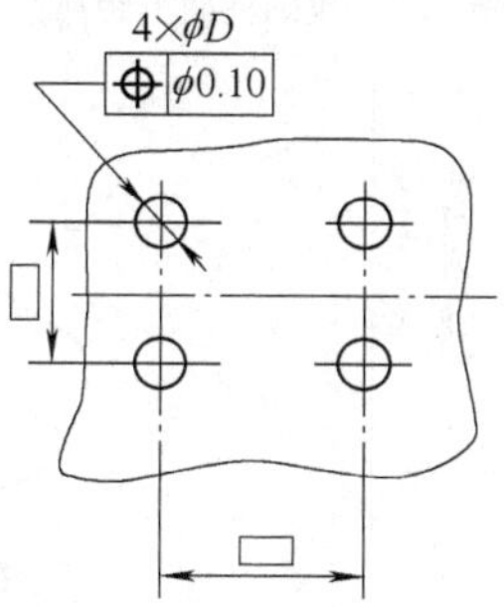
	面的位置度	公差带是距离为公差值 t，中心平面在面的理想位置的两平行平面之间的区域 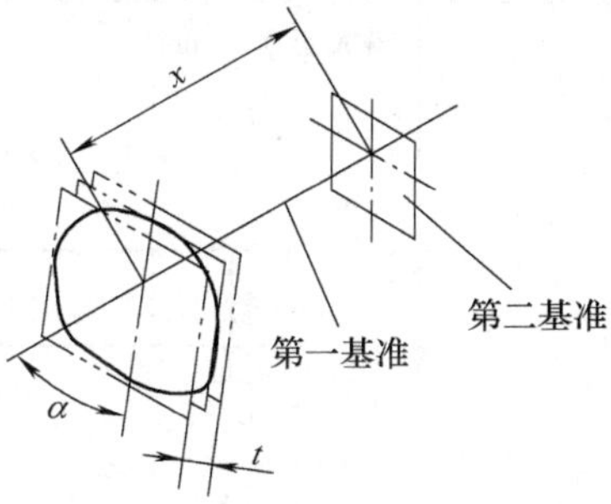	被测平面必须位于距离为公差值 0.05mm，与基准轴线 A 成 60°，中心平面距基准平面 B 为 50mm 的两平行平面内 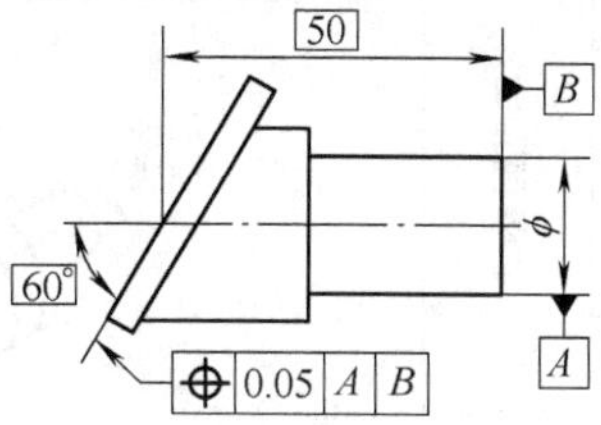

3. 跳动公差与公差带

跳动公差是独立于形状公差、方向公差、位置公差项目之外的，以测量方法定义的公差项目。

跳动公差是关联实际要素绕基准轴线回转一周或连续回转时所允许的最大跳动量。跳动公差按被测要素旋转的情况，可分为圆跳动公差和全跳动公差。

圆跳动公差是按控制被测要素在某个测量截面内相对于基准轴线的跳动量。圆跳动分为径向圆跳动、轴向圆跳动和斜向圆跳动。

全跳动公差是控制整个被测要素在连续测量时，相对于基准轴线的跳动量。全跳动分为径向全跳动和轴向全跳动。典型的跳动公差带见表 3-6。

表 3-6　典型跳动公差带的定义、标注和解释

特　征		公差带定义	标注和解释
圆跳动	径向圆跳动	公差带是在垂直于基准轴线的任一测量平面内半径差为公差值 t，且圆心在基准轴线上的两个同心圆之间的区域 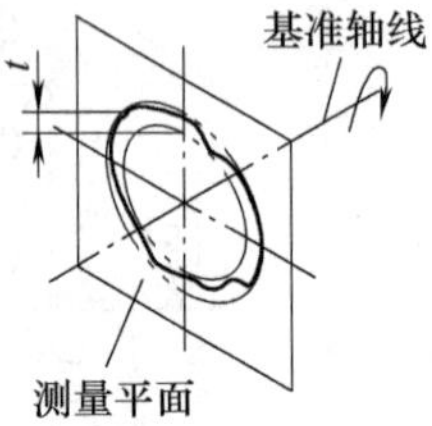	当被测要素围绕基准线 A（基准轴线）做无轴向移动旋转一周时，在任一测量平面内的径向圆跳动量均不大于 0.05mm 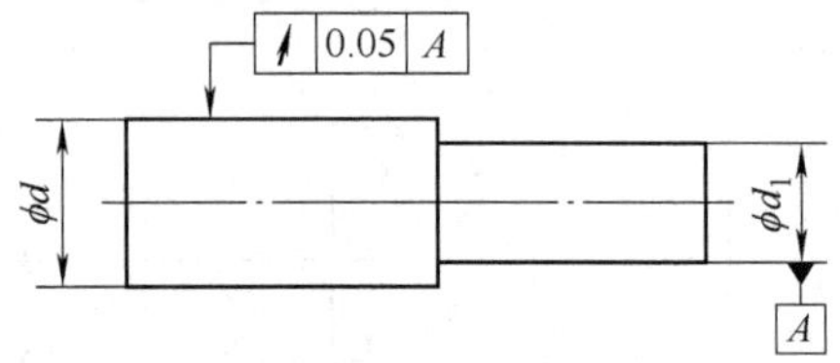
	轴向圆跳动	公差带是在与基准同轴的任一半径位置的测量圆柱面上距离为 t 的两圆之间的区域 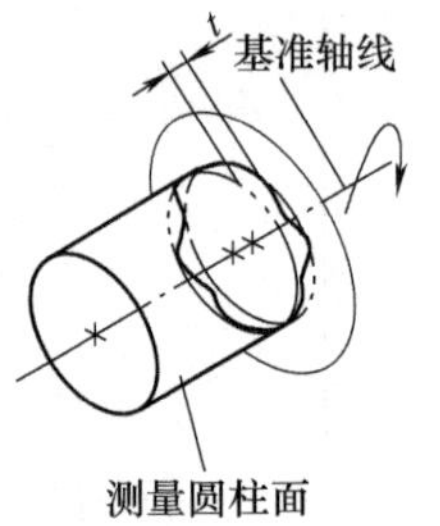	当被测面绕基准线 A（基准轴线）做无轴向移动旋转一周时，在任一测量圆柱面内的轴向跳动量均不得大于 0.06mm 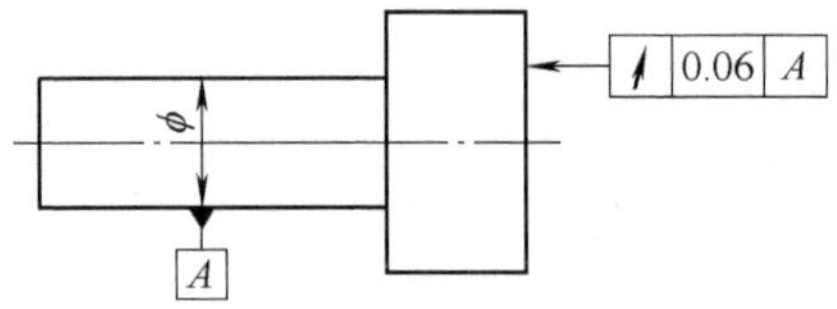
	斜向圆跳动	公差带是在与基准轴线同轴的任一测量圆锥面上距离为 t 的两圆之间的区域，除另有规定，其测量方向应与被测面垂直 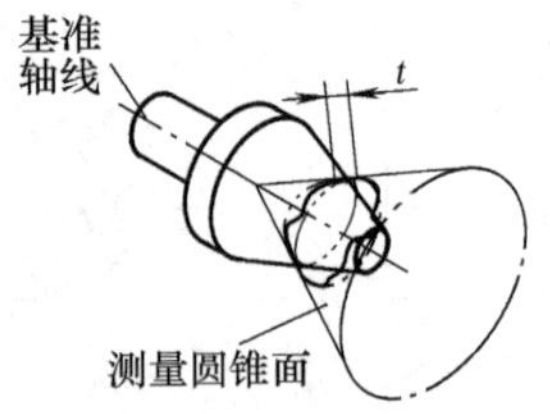	被测面绕基准线 A（基准轴线）做无轴向移动旋转一周时，在任一测量圆锥面上的跳动量均不得大于 0.05mm 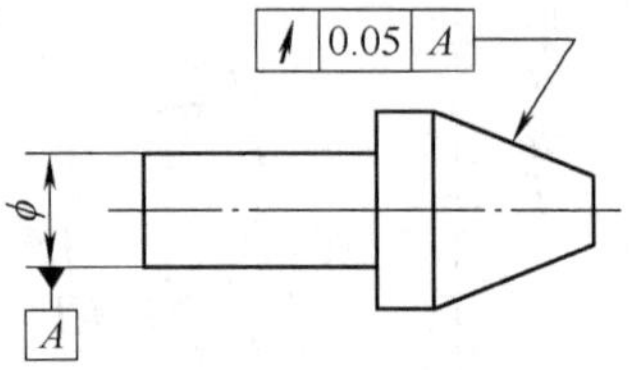
全跳动	径向全跳动	公差带是半径差为公差值 t，且与基准同轴的两圆柱面之间的区域 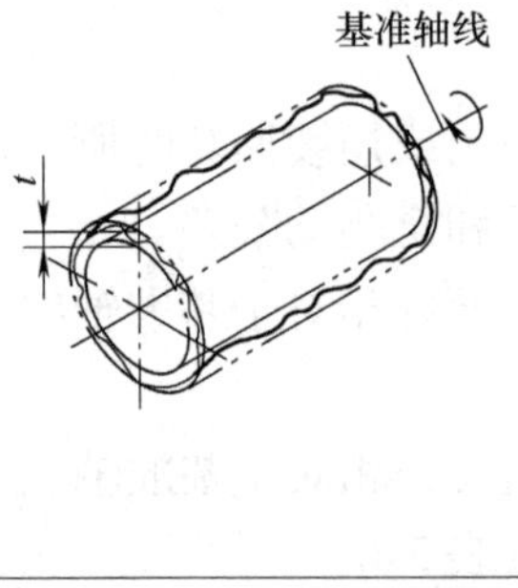	被测要素围绕基准线 $A—B$ 做若干次旋转，并在测量仪器与工件间同时做轴向移动，此时，在被测要素上各点间的示值差均不得大于 0.2mm，测量仪器或工件必须沿着基准轴线方向并相对于公共基准轴线 $A—B$ 移动 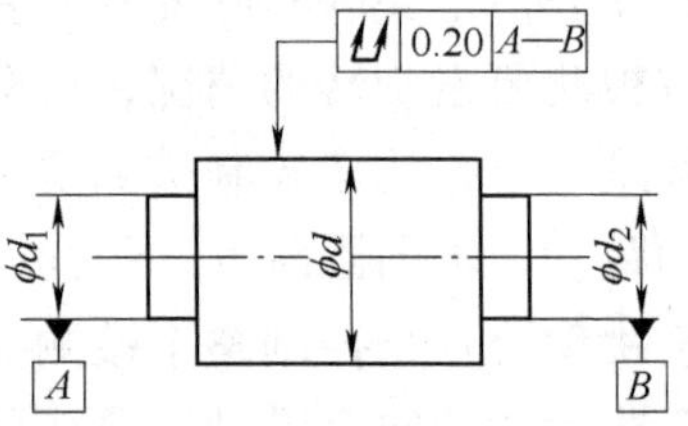

（续）

特　　征		公差带定义	标注和解释
全跳动	轴向全跳动	公差带是距离为公差值 t，且与基准垂直的两平行平面之间的区域 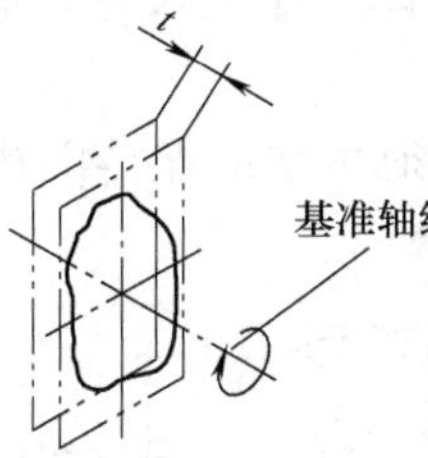	被测要素围绕基准线 A 做若干次旋转，并在测量仪器与工件间做径向移动。此时，在被测要素上各点间的示值差均不得大于 0.05mm，测量仪器或工件必须沿着轮廓具有理想正确形状的线和相对于基准轴线 A 的正确方向移动 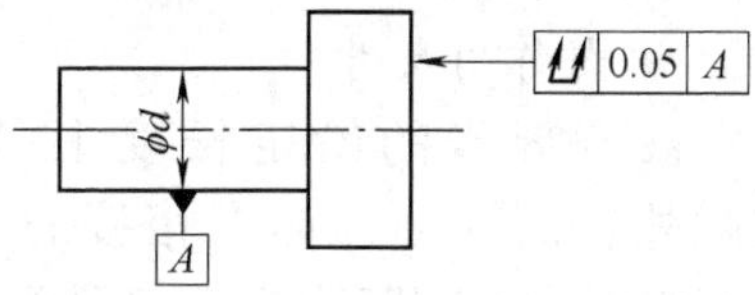

【实例 3-2】识读图 3-8 中齿轮零件图上标注的公差原则含义。

【分析】要正确识读图中标注的几何公差，首先要了解公差原则的相关知识：

（1）独立原则

（2）相关要求

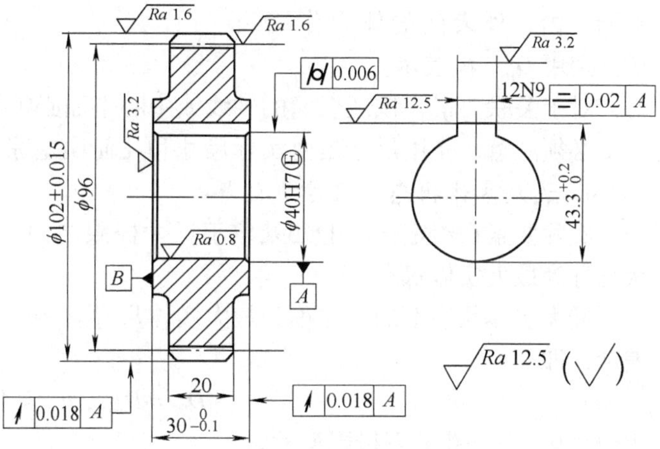

图 3-8　齿轮零件图的几何公差标注示例

【实施】

1. 遵守公差原则

图 3-8 中齿轮零件图上 ϕ40mm 孔标注为 ϕ40H7Ⓔ，表示对该孔提出了包容要求的公差原则。查表 1-1 计算可得，ϕ40mm 圆孔的最大实体尺寸 $D_M=\phi40$mm，最小实体尺寸 $D_L=\phi40.025$mm。

2. 遵守理想边界

根据包容要求，ϕ40mm 圆孔面遵守的理想边界是最大实体边界 ϕ40mm。ϕ40mm 圆孔面合格的条件是 $D_{fe}\geqslant D_M=\phi40$mm，$D_a\leqslant D_L=\phi40.025$mm。

3. 尺寸公差与几何公差的关系

当 ϕ40mm 圆孔面的实际状态为最大实体状态时，其几何公差值为 0mm；当 ϕ40mm 圆孔面的实际尺寸偏离最大实体尺寸时，尺寸偏离量可以补偿给几何公差。

3.4　几何公差与尺寸

同一被测要素上既有尺寸公差又有几何公差时，确定尺寸公差与几何公差之间的相互关系的原则称为公差原则，它分为独立原则和相关要求两大类。

3.4.1　有关术语及定义

1. 局部实际尺寸（简称实际尺寸）

在实际要素的任意正截面上，两对应点之间测得的距离称为局部实际尺寸，简称实际尺寸。内、外表面的实际尺寸分别用 D_a、d_a 表示，要素各处的实际尺寸往往是不同的（图3-8）。

2. 体外作用尺寸

在被测要素的给定长度上，与实际外表面（轴）体外相接的最小理想面或与实际内表面（孔）体外相接的最大理想面的直径或宽度称为体外作用尺寸，如图3-9所示。内、外表面的体外作用尺寸分别用 D_{fe}、d_{fe}表示。

对于关联要素，该理想面的轴线或中心平面必须与基准保持图样给定的几何关系。

3. 体内作用尺寸

在被测要素的给定长度上，与实际外表面（轴）体内相接的最大理想面或与实际内表面（孔）体内相接的最小理想面的直径或宽度称为体内作用尺寸，如图3-9所示。内、外表面的体内作用尺寸分别用 D_{fi}、d_{fi}表示。

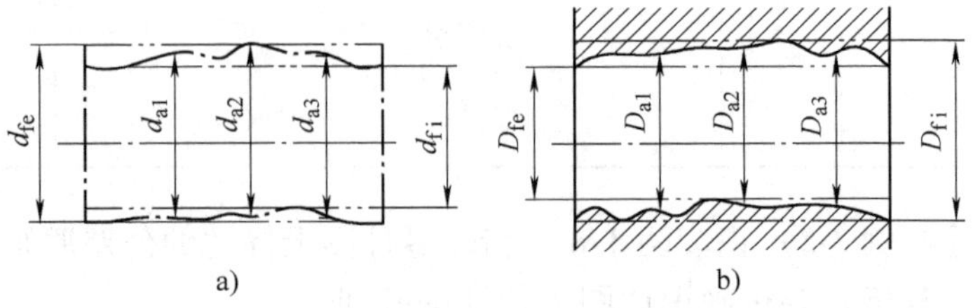

图3-9　实际尺寸和作用尺寸

对于关联要素，该理想面的轴线或中心平面必须与基准保持图样给定的几何关系。

必须注意，作用尺寸是由实际尺寸和几何误差综合形成的，对每个零件不尽相同。

4. 最大实体状态、尺寸、边界

实际要素在给定长度上处处位于尺寸极限之内，并具有实体最大（即材料最多）时的状态称为最大实体状态。

最大实体状态下的尺寸称为最大实体尺寸。内、外表面的最大实体尺寸分别用 D_M、d_M 表示，即

$$D_M = D_{min},\ d_M = d_{max}$$

式中　D_{min}——孔的下极限尺寸；

　　d_{max}——轴的上极限尺寸。

由设计给定的具有理想形状的极限包容面称为边界。这里包容面的定义是广义的，它既包括内表面（孔），又包括外表面（轴），边界的尺寸为极限包容面的直径或距离。

尺寸为最大实体尺寸的边界称为最大实体边界，用MMB表示。

例如，图3-10a所示的圆柱形外表面，其最大实体尺寸 $d_M = \phi 30$mm，其最大实体边界为直径等于 $\phi 30$mm的理想圆柱面，如图3-10b所示。

关联要素的最大实体边界的中心要素还必须与基准保持图样上给定的几何关系，如图3-11所示。

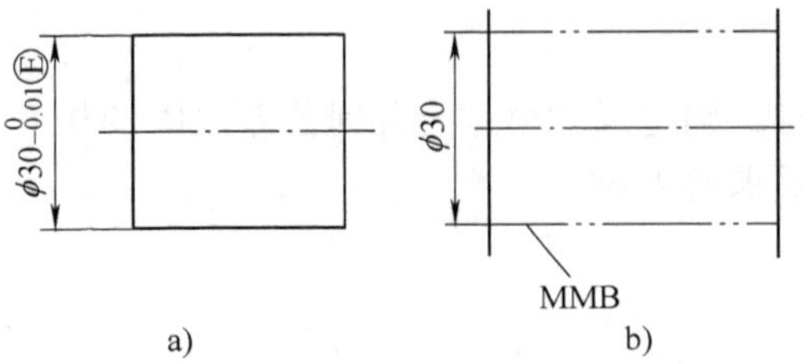

图3-10　单一要素的最大实体边界

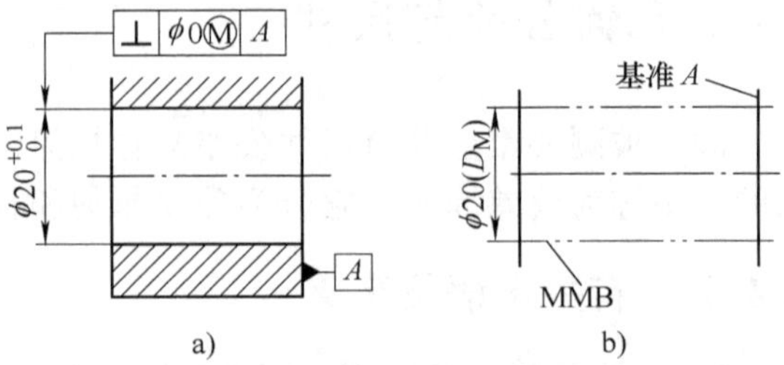

图3-11　关联要素的最大实体边界

5. 最小实体状态、尺寸、边界

实际要素在给定长度上处处位于尺寸极限之内，并具有实体最小（即材料最少）时的状态称为最小实体状态。

最小实体状态下的尺寸称为最小实体尺寸。对于内表面，它为上极限尺寸，用 D_L 表示；对于外表面，它为下极限尺寸，用 d_L 表示，即

$$D_L = D_{max}, d_L = d_{min}$$

尺寸为最小实体尺寸的边界称为最小实体边界，用 LMB 表示。

单一要素的最小实体边界如图 3-12 所示。

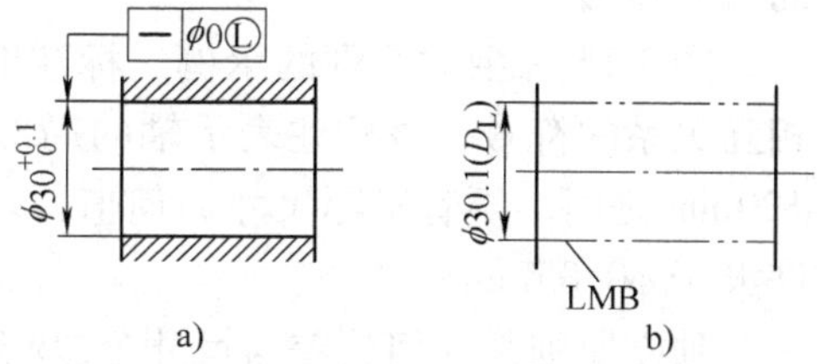

图 3-12　单一要素的最小实体边界

6. 最大实体实效状态、尺寸、边界

在给定长度上，实际要素处于最大实体状态，且中心要素的形状误差或位置误差等于给出的公差值时的综合极限状态称为最大实体实效状态。

最大实体状态下的体外作用尺寸称为最大实体实效尺寸。对于内表面，它等于最大实体尺寸减去其中心要素的几何公差值 t，用 D_{MV} 表示；对于外表面，它等于最大实体尺寸加上其中心要素的几何公差值 t，用 d_{MV} 表示，即

$$D_{MV} = D_{min} - t,\ d_{MV} = d_{max} + t$$

尺寸为最大实体实效尺寸的边界称为最大实体实效边界，用 MMVB 表示。

图 3-13 为单一要素的最大实体实效边界的示例。

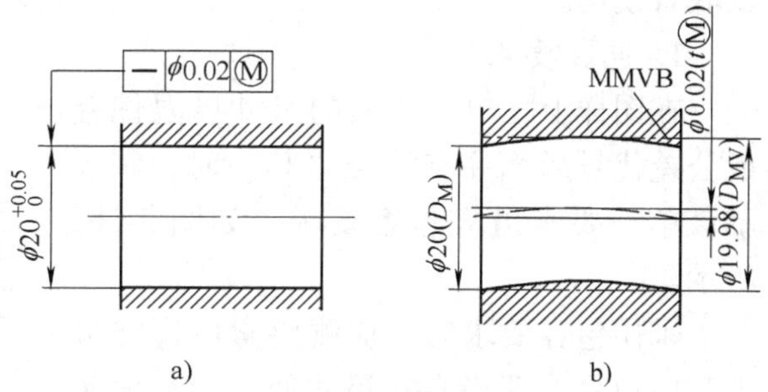

图 3-13　单一要素的最大实体实效边界

同理，对于关联要素，最大实体实效边界的中心要素必须与基准保持图样上给定的几何关系。

7. 最小实体实效状态、尺寸、边界

在给定长度上，实际要素处于最小实体状态，且其中心要素的形状或位置误差等于给出的公差值时的综合极限状态称为最小实体实效状态。

最小实体实效状态下的体内作用尺寸称为最小实体实效尺寸。对于内表面，它等于上极限尺寸加上其中心要素的几何公差值 t，用 D_{LV} 表示；对于外表面，它等于下极限尺寸减去其中心要素的几何公差值 t，用 d_{LV} 表示，即

$$D_{LV} = D_{max} + t,\ d_{LV} = d_{min} - t$$

尺寸为最小实体实效尺寸的边界称为最小实体实效边界，用 LMVB 表示。

图 3-14 为单一要素的最小实体实效边界的示例。

同样，对于关联要素，其最小实体实效边界的中心要素必须与基准保持图样上给定的几何关系。

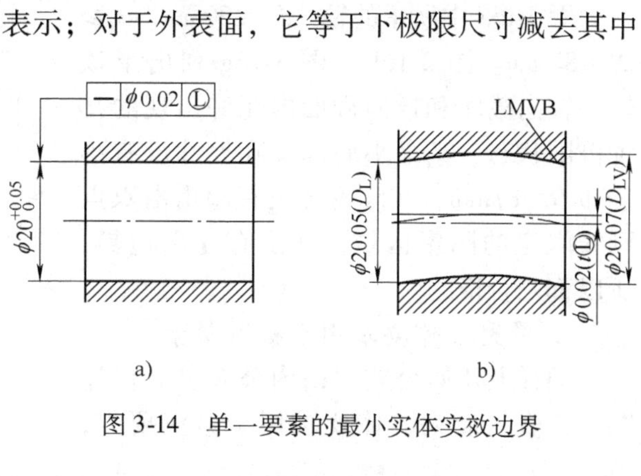

图 3-14　单一要素的最小实体实效边界

3.4.2　独立原则

独立原则是指被测要素在图样上给出的尺寸公差与几何公差各自独立，应分别满足要求的公差原则。

图 3-15 为独立原则的示例，标注时，不需要附加任何表示相互关系的符号。该标注表示轴的局部实际尺寸应在 ϕ19.97 ~ ϕ20mm 之间，不管实际尺寸为何值，轴线的直线度误差都不允许大于 ϕ0.05mm。

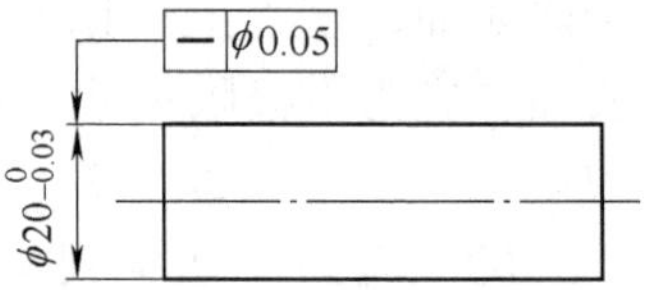

图 3-15　独立原则标注示例

独立原则是几何公差与尺寸公差相互关系的基本原则。

3.4.3　相关要求

相关要求是指图样上给出的尺寸公差与几何公差相互有关的设计要求。它分为包容要求、最大实体要求、最小实体要求及联合使用。

1. 包容要求

在图样上，单一要素的尺寸极限偏差或公差代号后面注有符号“Ⓔ”时，则表示该单一要素遵守包容要求，如图 3-16a 所示。

采用包容要求时，被测要素应遵守最大实体边界。即当实际尺寸处处为最大实体尺寸时，其形状公差为零，当实际尺寸偏离最大实体尺寸时，允许形状误差可以相应增大，但其体外作用尺寸不得超过其最大实体尺寸，且局部实际尺寸不得超过其最小实体尺寸，即

对于外表面 $d_{fe} \leqslant d_M(d_{max})$　$d_a \geqslant d_L(d_{min})$

对于内表面 $D_{fe} \geqslant D_M(D_{min})$　$D_a \leqslant D_L(D_{max})$

图 3-16a 中所示的轴，$d_{fe} \leqslant 30$mm，$d_a \geqslant$ 29.987mm。图 3-16b ~ 图 3-16g 列出了该轴在轴向截面和横向截面内允许出现的几种极限状态，其最小局部实际尺寸没有小于 ϕ29.987mm，实际轮廓没有超出由双点画线限定的阴影区域，即没有超出边界，所以都是合格的。

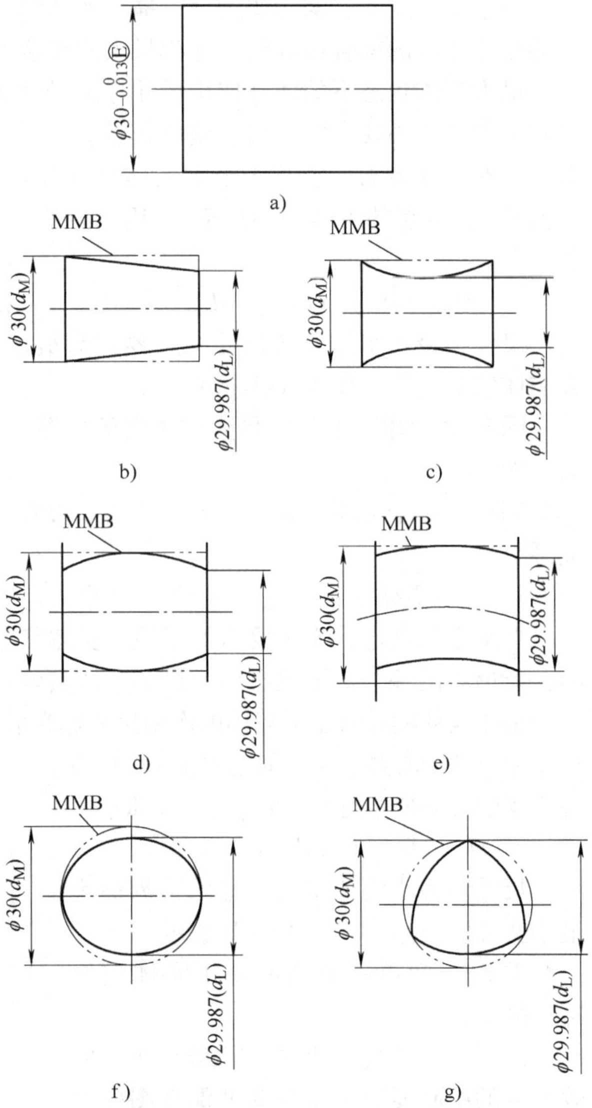

图 3-16　包容要求应用示例

2. 最大实体要求用于被测要素

图样上几何公差框格内公差值后标注“Ⓜ”，表示最大实体要求用于被测要素，

如图 3-17a 所示。

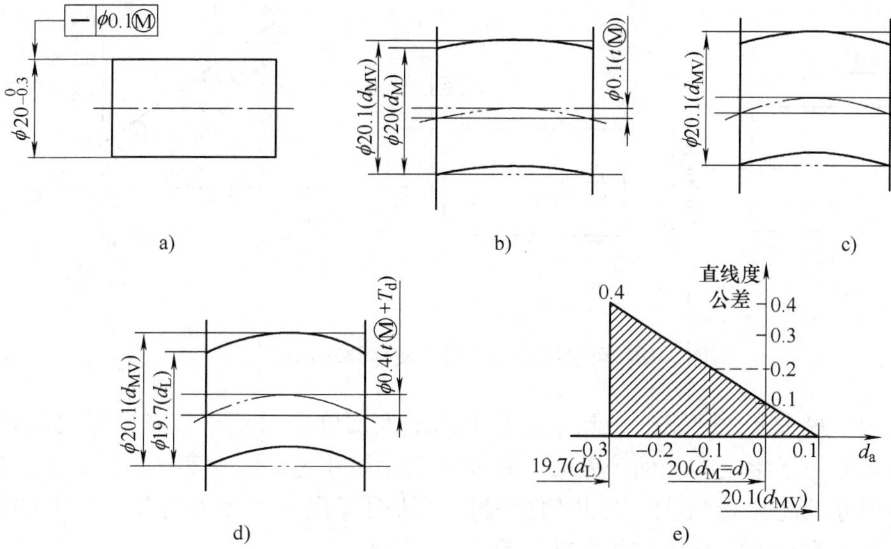

图 3-17　最大实体要求用于被测要素示例

最大实体要求用于被测要素时，被测要素的几何公差值是在该要素处于最大实体状态时给定的。当被测要素的实际轮廓偏离最大实体状态，即其实际尺寸偏离最大实体尺寸时，允许的几何误差值可以增加，增加的量可等于实际尺寸对最大实体尺寸的偏移量，其最大增加量等于被测要素的尺寸公差。

最大实体要求用于被测要素时，被测要素应遵守最大实体实效边界，即其外作用尺寸不得不超过其最大实体实效尺寸，且局部实际尺寸在最大与最小实体尺寸之间。即

对于外表面

$$d_{fe} \leqslant d_{MV} = d_{max} + t$$

$$d_{max} \geqslant d_a \geqslant d_{min}$$

对于内表面

$$D_{fe} \geqslant D_{MV} = D_{min} - t$$

$$D_{max} \geqslant D_a \geqslant D_{min}$$

图 3-17a 所标注的轴，当轴处于最大实体状态（实际尺寸为 ϕ20mm）时，其轴线的直线度公差为 ϕ0.1mm，如图 3-17b 所示。当轴的实际尺寸小于 ϕ20mm，如为 ϕ19.9mm 时，其轴线的直线度公差为（0.1 +0.1）mm =0.2mm，如图 3-17c 所示。当轴的实际尺寸为最小实体尺寸 ϕ19.7mm 时，其轴线的直线度可达最大值，且等于给出的直线度公差与尺寸公差之和，为（0.1 +0.3）mm =0.4mm，如图 3-17d 所示。以上三种情况，轴的体外作用尺寸都没有超过最大实体实效边界（ϕ20.1mm 的圆柱面），实际尺寸均未超过上、下极限尺寸，所以是合格的。图 3-17e 称为动态公差图，即以实际尺寸为横坐标，以轴线直线度公差为纵坐标画出一条与横坐标夹角为 45°的粗直线，点落在图中阴影线区域之内时，该轴的尺寸与轴线直线度误差均是合格的。图 3-17e 中的虚线代表图 3-17c 所示的情况。

3. *可逆要求用于最大实体要求*

图样上的几何公差框格中，在被测要素几何公差值后面的符号Ⓜ之后标注“Ⓡ”时，则表示被测要素遵守最大实体要求的同时遵守可逆要求，如图 3-18a 所示。

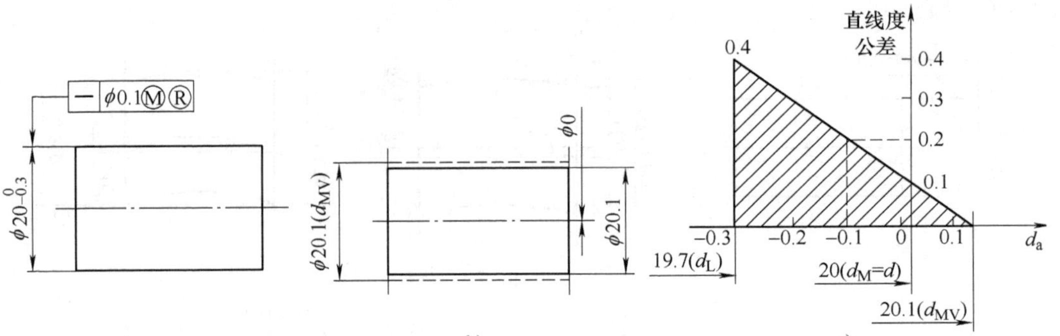

图 3-18　可逆要求用于最大实体要求示例

可逆要求用于最大实体要求时，除了具有上述最大实体要求用于被测要素时的含义外，还表示当几何公差小于给定的几何公差时，也允许实际尺寸超出最大实体尺寸；当几何误差为零时，允许尺寸的超出量最大，为几何公差值，从而实现尺寸公差与几何公差的相互转换。此时，被测要素仍遵守最大实体实效边界。

图 3-18a 中标注的轴，当轴的实际尺寸偏离最大实体尺寸 ϕ20mm 时，允许轴线直线度误差增大；同时，当轴的轴线直线度误差小于 0. 1mm 时，也允许轴的直径增大；当轴线直线度误差为零时，轴的实际尺寸可增到 ϕ20. 1mm，如图 3-18b 所示。图 3-18c 为该轴的动态公差图。

4. 最大实体要求用于基准要素

图样上公差框格中基准字母后面标注符号“Ⓜ”时，表示最大实体要求用于基准要素，如图 3-19 所示。此时，基准应遵守相应的边界。若基准的实际轮廓偏离相应的边界，即其体外作用尺寸偏离边界尺寸，则允许基准要素在一定范围内浮动，其浮动范围等于基准要素的体外作用尺寸与其相应边界尺寸之差。

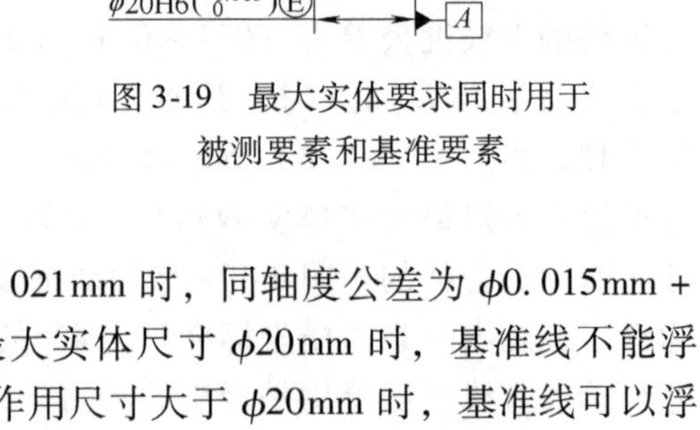

图 3-19　最大实体要求同时用于被测要素和基准要素

基准要素应遵守的边界有两种情况：当基准要素本身采用最大实体要求时，其相应的边界为最大实体实效边界；基准要素本身不采用最大实体要求时，其相应的边界为最大实体边界。

图 3-19 表示最大实体要求同时用于被测要素和基准要素，基准本身采用包容要求。当被测要素处于最大实体状态（实际尺寸为 ϕ30mm）时，同轴度公差为 ϕ0. 015mm；当被测要素尺寸增大，允许的同轴度误差也可增大，当其实际尺寸为 ϕ30. 021mm 时，同轴度公差为 ϕ0. 015mm + ϕ0. 021mm = ϕ0. 036mm。当基准的实际轮廓处于最大实体尺寸 ϕ20mm 时，基准线不能浮动；当基准的实际轮廓偏离最大实体边界，即体外作用尺寸大于 ϕ20mm 时，基准线可以浮动；当基准的体外作用尺寸等于最小实体尺寸 ϕ20. 013mm 时，其浮动范围达到最大值 ϕ0. 013mm。基准浮动可以理解为被测要素的边界可相对于基准在一定范围内浮动，因此使被测要素更容易达到合格要求。

5. 最小实体要求

图样上几何公差框格内公差值后面标注符号“Ⓛ”时，表示最小实体要求用于被测要素，如图 3-20a 所示。

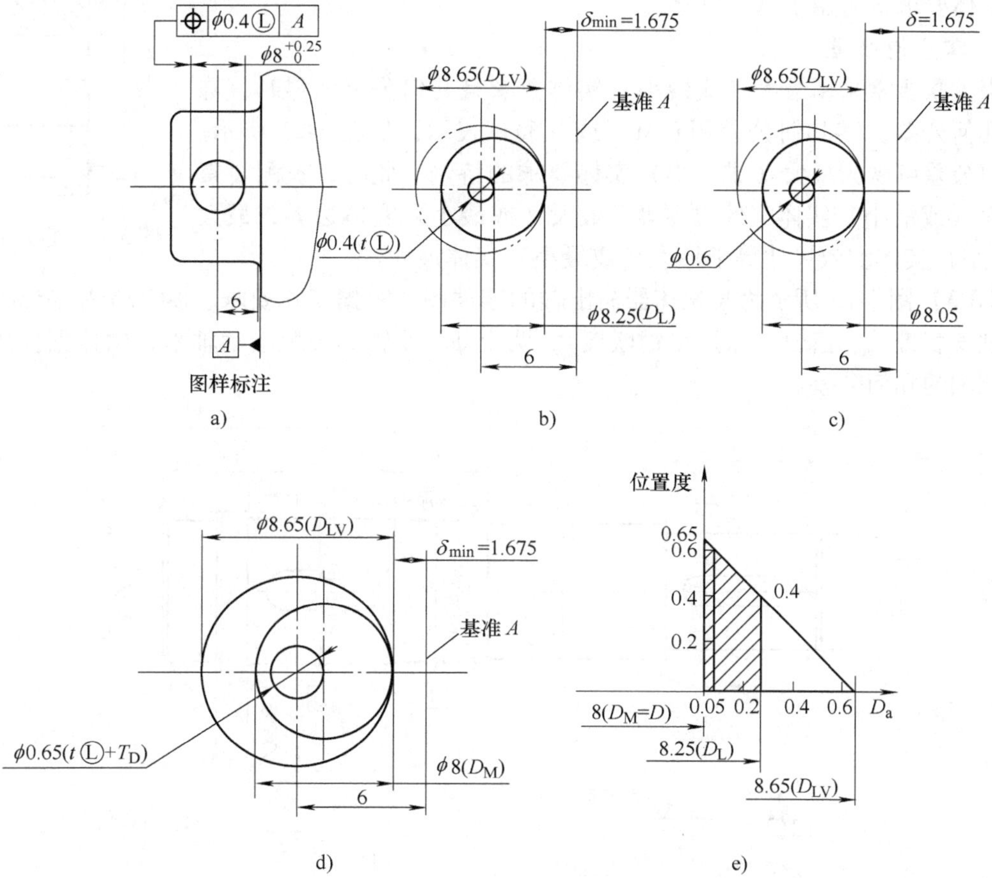

图 3-20　最小实体要求应用示例

最小实体要求用于被测要素时，被测要素的几何公差是在该要素处于最小实体状态下给定的。当被测要素的实际轮廓偏离其最小实体状态时，允许几何公差值增大，偏离多少，就增加多少，其最大增加量等于被测要素的尺寸公差值。

最小实体要求用于被测要素时，被测要素应遵守最小实体实效边界，即其体内作用尺寸不应超出最小实体实效尺寸，且其局部实际尺寸在最大与最小实体尺寸之间，即

对于外表面　$d_{fi} \geqslant d_{LV} = d_{min} - t$

$d_{max} \geqslant d_a \geqslant d_{min}$

对于内表面　$D_{fi} \leqslant D_{LV} = D_{max} + t$

$D_{max} \geqslant D_a \geqslant D_{min}$

图 3-20a 所示的孔的轴线的位置度采用最小实体要求，当该孔的实际尺寸为最小实体尺寸 $\phi 8.25$mm 时，轴线的位置度公差为 $\phi 0.4$mm，如图 3-20b 所示。若孔的实际尺寸为 $\phi 8.05$mm，孔的轴线的位置度公差为 $\phi 0.4\text{mm} + \phi 0.2\text{mm} = \phi 0.6$mm，如图 3-20c 所示。当孔的实际尺寸为 $\phi 8$mm 时，其轴线位置度公差最大，为 $\phi 0.4\text{mm} + \phi 0.25\text{mm} = \phi 0.65$mm，如图

3-20d 所示。孔的实际轮廓不应超出尺寸为 ϕ8. 65mm 的边界。该孔的实际尺寸和其轴线的位置度公差的关系如图 3-20e 所示。

和最大实体要求类似，最小实体要求也可和可逆要求同时使用；最小实体要求也可用于基准要素。

6. 零几何公差

当关联要素采用最大（或最小）实体要求且几何公差为零时，称为零几何公差，零几何公差用 0 Ⓜ（或 0 Ⓛ）表示，如图 3-21 所示。零几何公差可视为最大（或最小）实体要求的特例。此时，被测要素的最大（或最小）实体实效边界等于最大（或最小）实体边界，最大（或最小）实体实效尺寸等于最大（或最小）实体尺寸。

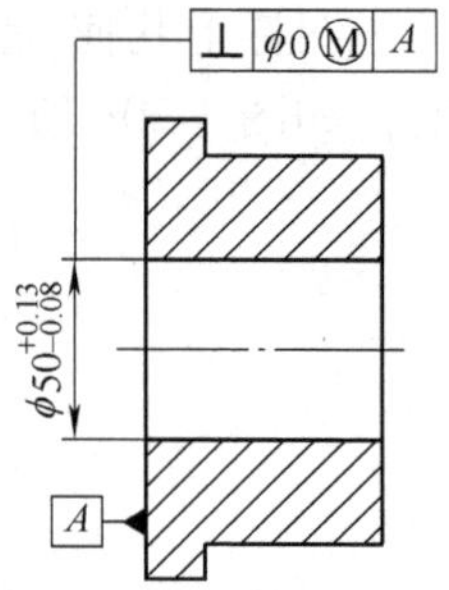

图 3-21　零几何公差

【实例 3-3】 图 3-22 所示为某减速器输出轴的零件图，根据工作要求，ϕ45m6 和 ϕ56r6 轴颈上分别安装带轮和齿轮（采用平键联接），两个 ϕ55j6 轴颈安装滚动轴承，试根据使用要求设计此轴的几何公差。

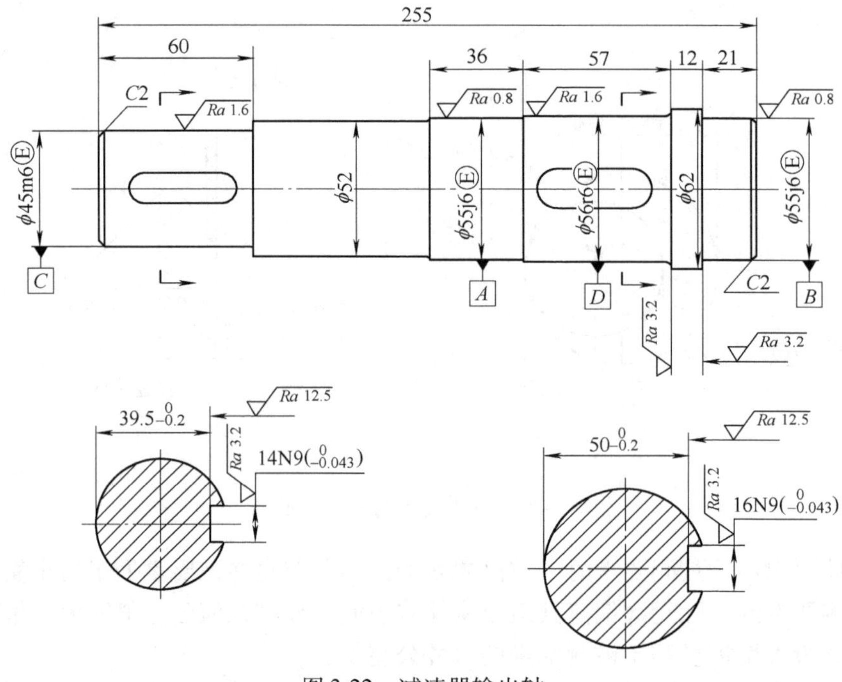

图 3-22　减速器输出轴

【分析】 零件的几何公差设计主要包括以下四个方面的内容：

（1）选择几何公差项目

（2）选择基准

（3）选择几何公差原则

（4）选择几何公差等级和数值

【实施】

1. ϕ55j6 圆柱面

从使用要求考虑，两个 ϕ55j6 轴颈要安装滚动轴承，因此该轴安装时应以两 ϕ55j6 圆柱面的公共轴线作为基准。为保证运转灵活，两个 ϕ55j6 圆柱面轴线之间应有同轴度要求。但从检测的可能性和经济性考虑，可用径向圆跳动公差代替同轴度公差，参照表3-15确定公差等级为IT7，查表3-10得其公差值为0.025mm。两个ϕ55j6圆柱面是与滚动轴承内圈配合的重要表面，为保证配合性质和装配精度，提出采用包容要求Ⓔ，且进一步提出圆柱度公差的要求。查表3-13确定圆柱度公差等级为IT6，查表3-8得公差值为0.005mm。

2. ϕ56r6和ϕ45m6圆柱面

ϕ56r6和ϕ45m6圆柱面分别用于安装齿轮和带轮，为保证配合性质，均采用了包容要求。为保证齿轮和带轮的正确啮合和平稳传动，ϕ56r6和ϕ45m6两圆柱面的轴线均规定对两个ϕ55j6圆柱面公共轴线的径向圆跳动公差，公差等级为IT7，查表3-10得公差数值分别为0.025mm和0.020mm。

3. 两处键槽

在平键联接中，为保证平键侧面与键槽侧面之间有足够的接触面积，避免装配困难，需规定键槽两侧面的对称中心平面对轴的基准轴线的对称度公差要求。通常对称度公差等级取IT7～IT9，此处键槽14N9和键槽16N9的对称度公差等级均按IT8给出，查表3-10得其公差值为0.02mm。

4. 轴肩

ϕ62mm轴颈的两轴肩分别要对齿轮和轴承进行轴向定位，因此提出轴向圆跳动公差要求，公差等级取为IT6，查表3-10得公差值为0.015mm。为了便于检测，采用了统一的基准，即两个ϕ55j6圆柱面的公共轴线。

5. 其他要素

图样上没有具体注明几何公差的要素，一律按未注几何公差要求处理。

6. 标注

将上述几何公差要求标注在图样上，如图3-23所示。

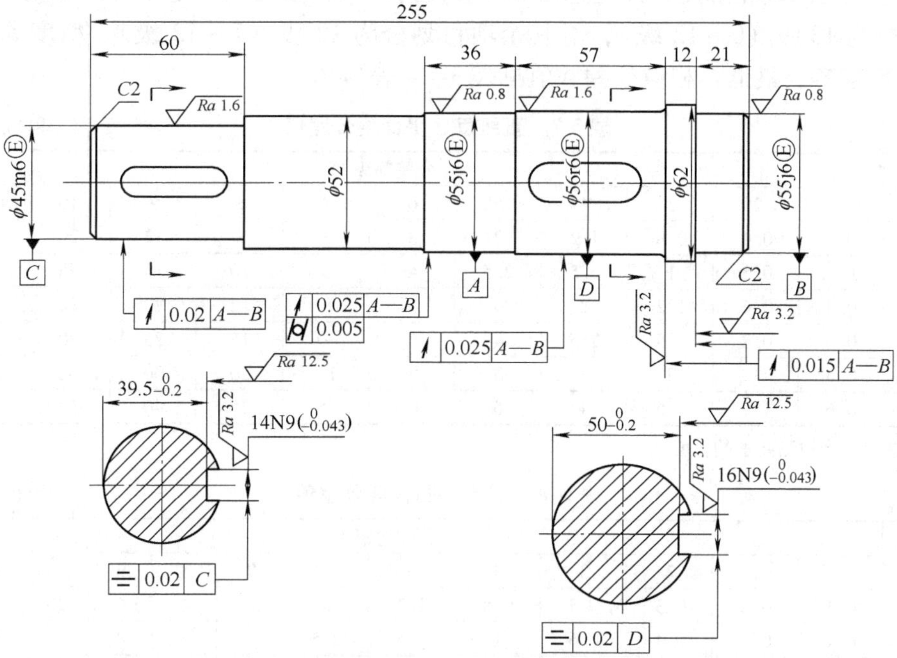

图3-23 减速器输出轴几何公差标注示例

3.5 几何公差的选择

3.5.1 几何公差特征项目的选择

几何公差特征项目的选择可以从以下几个方面考虑：

（1）零件的几何特征　零件几何特征不同，会产生不同的几何误差。例如，对圆柱形零件，可选择圆度、圆柱度、轴线直线度及素线直线度等；平面零件可选择平面度；窄长平面可选直线度；槽类零件可选对称度；阶梯轴、孔可选同轴度等。

（2）零件的功能要求　根据零件不同的功能要求，给出不同的几何公差项目。例如，圆柱形零件，当仅需要顺利装配时，可选轴线的直线度；如果孔、轴之间有相对运动，应均匀接触，或为保证密封性，应标注圆柱度公差以综合控制圆度、素线直线度和轴线直线度（如柱塞与柱塞套、阀芯与阀体等）。又如，为保证机床工作台或刀架运动轨迹的精度，需要对导轨提出直线度要求；对安装齿轮轴的箱体孔，为保证齿轮的正确啮合，需要提出孔的中心线的平行度要求；为使箱体、端盖等零件上的螺栓孔能顺利装配，应规定孔组的位置度公差等。

（3）检测的方便性　确定几何公差特征项目时，要考虑到检测的方便性与经济性。例如，对于轴类零件，可用径向全跳动综合控制圆柱度、同轴度；用轴向全跳动代替端面对轴线的垂直度，因为跳动误差检测方便，又能较好地控制相应的几何误差。

（4）其他　对一般机床加工就能保证的几何精度，就不必在图样上注出几何公差。在满足功能要求的前提下，尽量减少项目，以获得较好的经济效益。

3.5.2 几何公差值（或公差等级）的选择

国家标准对除线轮廓度、面轮廓度和位置度外的其他项目均规定了公差等级。对圆度和圆柱度划分为 13 级（0 ~ 12 级），对其余项目划分为 12 级（1 ~ 12 级）。精度等级依次降低，12 级精度等级最低，相应公差数值见表 3-7 ~ 表 3-10。

表 3-7　直线度、平面度公差值　（单位：μm）

主参数 L/mm	公差等级 IT											
	1	2	3	4	5	6	7	8	9	10	11	12
≤10	0.2	0.4	0.8	1.2	2	3	5	8	12	20	30	60
>10 ~ 16	0.25	0.5	1	1.5	2.5	4	6	10	15	25	40	80
>16 ~ 25	0.3	0.6	1.2	2	3	5	8	12	20	30	50	100
>25 ~ 40	0.4	0.8	1.5	2.5	4	6	10	15	25	40	60	120
>40 ~ 63	0.5	1	2	3	5	8	12	20	30	50	80	150
>63 ~ 100	0.6	1.2	2.5	4	6	10	15	25	40	60	100	200

注：主参数 L 为被测要素的长度。

表 3-8　圆度、圆柱度公差值　（单位：μm）

主参数 $d(D)$/mm	公差等级 IT												
	0	1	2	3	4	5	6	7	8	9	10	11	12
≤3	0.1	0.2	0.3	0.5	0.8	1.2	2	3	4	6	10	14	25
>3 ~ 6	0.1	0.2	0.4	0.6	1	1.5	2.5	4	5	8	12	18	30
>6 ~ 10	0.12	0.25	0.4	0.6	1	1.5	2.5	4	6	9	15	22	36

（续）

主参数 $d(D)$/mm	公差等级 IT											
	0	1	2	3	4	5	6	7	8	9	10	11	12
>10~18	0.15	0.25	0.5	0.8	1.2	2	3	5	8	11	18	27	43
>18~30	0.2	0.3	0.6	1	1.5	2.5	4	6	9	13	21	33	52
>30~50	0.25	0.4	0.6	1	1.5	2.5	4	7	11	16	25	39	62
>50~80	0.3	0.5	0.8	1.2	2	3	5	8	13	19	30	46	74

注：主参数 $d(D)$ 为被测要素的直径。

表 3-9 平行度、垂直度、倾斜度公差值 （单位：μm）

主参数 L、$d(D)$/mm	公差等级 IT											
	1	2	3	4	5	6	7	8	9	10	11	12
≤10	0.4	0.8	1.5	3	5	8	12	20	30	50	80	120
>10~16	0.5	1	2	4	6	10	15	25	40	60	100	150
>16~25	0.6	1.2	2.5	5	8	12	20	30	50	80	120	200
>25~40	0.8	1.5	3	6	10	15	25	40	60	100	150	250
>40~63	1	2	4	8	12	20	30	50	80	120	200	300
>63~100	1.2	2.5	5	10	15	25	40	60	100	150	250	400

注：1. 主参数 L 为给定平行度时轴线或平面的长度，或给定垂直度、倾斜度时被测要素的长度。
2. 主参数 $d(D)$ 为给定对线垂直度时，被测要素的轴（孔）直径。

表 3-10 同轴度、对称度、圆跳动和全跳动公差值 （单位：μm）

主参数 $d(D)$、B/mm	公差等级 IT											
	1	2	3	4	5	6	7	8	9	10	11	12
≤1	0.4	0.6	1.0	1.5	2.5	4	6	10	15	25	40	60
>1~3	0.4	0.6	1.0	1.5	2.5	4	6	10	20	40	60	120
>3~6	0.5	0.8	1.2	2	3	5	8	12	25	50	80	150
>6~10	0.6	1	1.5	2.5	4	6	10	15	30	60	100	200
>10~18	0.8	1.2	2	3	5	8	12	20	40	80	120	250
>18~30	1	1.5	2.5	4	6	10	15	25	50	100	150	300
>30~50	1.2	2	3	5	8	12	20	30	60	120	200	400
>50~120	1.5	2.5	4	6	10	15	25	40	80	150	250	500

注：主参数 $d(D)$、B 分别为被测要素的直径、宽度。

对于位置度，由于被测要素类型繁多，国家标准只规定了公差值数系，而未规定公差等级，见表 3-11。

表 3-11 位置度公差值数系表 （单位：μm）

1	1.2	1.5	2	2.5	3	4	5	6	8
1×10^n	1.2×10^n	1.5×10^n	2×10^n	2.5×10^n	3×10^n	4×10^n	5×10^n	6×10^n	8×10^n

注：n 为正整数。

几何公差值（公差等级）常用类比法确定。主要考虑零件的使用性能、加工的可能性和经济性等因素，表 3-12 ~ 表 3-15 可供类比时参考。

表 3-12　直线度、平面度公差等级应用

公差等级	应用举例
IT5	1 级平板，2 级宽平尺，平面磨床的纵导轨、垂直导轨、立柱导轨及工作台，液压龙门刨床和转塔车床床身导轨，柴油机进气、排气阀门导杆
IT6	普通机床导轨面，如卧式车床、龙门刨床、滚齿机、自动车床等的床身导轨、立柱导轨，柴油机壳体
IT7	2 级平板，机床主轴箱，摇臂钻床底座和工作台，镗床工作台，液压泵盖，减速器壳体结合面
IT8	机床传动箱体，交换齿轮箱体，车床溜板箱体，柴油机气缸体，连杆分离面，缸盖结合面，汽车发动机缸盖，曲轴箱结合面，液压管件和端盖连接面
IT9	3 级平板，自动车床床身底面，摩托车曲轴箱体，汽车变速器壳体，手动机械的支承面

表 3-13　圆度、圆柱度公差等级应用

公差等级	应用举例
IT5	一般计量仪器主轴，测量杆外圆柱面，陀螺仪轴颈，一般机床主轴轴颈及主轴轴承孔，柴油机、汽油机活塞、活塞销，与 E 级滚动轴承配合的轴颈
IT6	仪表端盖外圆柱面，一般机床主轴及前轴承孔，泵、压缩机的活塞，气缸，汽油发动机凸轮轴，纺机锭子，减速传动轴轴颈，高速船用柴油机、拖拉机曲轴主轴颈，与 E 级滚动轴承配合的外壳孔，与 G 级滚动轴承配合的轴颈
IT7	大功率低速柴油机曲轴轴颈、活塞、活塞销、连杆、气缸，高速柴油机箱体轴承孔，千斤顶或压力油缸活塞，机车传动轴，水泵及通用减速器转轴轴颈，与 G 级滚动轴承配合的外壳孔
IT8	低速发动机、大功率曲柄轴轴颈，压气机连杆盖、体，拖拉机气缸、活塞，炼胶机冷铸轴辊，印刷机传墨辊，内燃机曲轴轴颈，柴油机凸轮轴承孔、凸轮轴，拖拉机、小型船用柴油机气缸套
IT9	空气压缩机缸体，液压传动筒，通用机械杠杆与拉杆用套筒销子，拖拉机活塞环、套筒孔

表 3-14　平行度、垂直度、倾斜度公差等级应用

公差等级	应用举例
IT4，IT5	卧式车床导轨，重要支承面，机床主轴孔对基准的平行度，精密机床重要零件，计量仪器、量具、模具的基准面和工作面，主轴箱体重要孔，通用减速器壳体孔，齿轮泵的油孔端面，发动机轴和离合器的凸缘，气缸支承端面，安装精密滚动轴承的壳体孔的凸肩
IT6，IT7，IT8	一般机床的基准面和工作面，压力机和锻锤的工作面，中等精度钻模的工作面，机床一般轴承孔对基准面的平行度，变速器箱体孔，主轴花键对定心直径部位轴线的平行度，重型机械轴承盖端面，卷扬机、手动传动装置中的传动轴，一般导轨，主轴箱体孔，刀架，砂轮架，气缸配合面对基准轴线，活塞销孔对活塞中心线的垂直度，滚动轴承内、外圈端面对轴线的垂直度
IT9，IT10	低精度零件，重型机械滚动轴承端面，柴油机、煤气发动机箱体曲轴孔、曲轴颈、花键轴和轴肩端面，传动带运输机端盖等端面对轴线的垂直度，手动卷扬机及传动装置中的轴承端面，减速器壳体平面

表 3-15　同轴度、对称度、跳动公差等级应用

公差等级	应用举例
IT5，IT6，IT7	这是应用范围较广的公差等级，用于几何精度要求较高、尺寸公差等级为 IT8 及高于 IT8 的零件。IT5 常用于机床轴颈，计量仪器的测量杆，气缸机主轴，柱塞油泵转子，高精度滚动轴承外圈，一般精度滚动轴承内圈，回转工作台轴向圆跳动；IT7 用于内燃机曲轴、凸轮轴、齿轮轴，水泵轴，汽车后轮输出轴，电动机转子，印刷机传墨辊的轴颈，键槽
IT8，IT9	常用于几何精度要求一般，尺寸公差等级为 IT9 ~ IT11 的零件。IT8 用于拖拉机发动机分配轴轴颈，与 IT9 以下与齿轮相配的轴，水泵叶轮，离心泵体，棉花精梳机前后滚子，键槽等，IT9 用于内燃机气缸套配合面，自行车中轴

对未注直线度、平面度、垂直度、对称度和圆跳动各规定了H、K、L三个公差等级，未注公差值分别见表3-16～表3-19。采用规定的未注公差值时，应在技术要求中注出标准号和公差等级代号，如GB/T 1184—K。

表3-16　直线度、平面度未注公差值　（单位：mm）

公差等级	基本长度范围					
	≤10	>10～30	>30～100	>100～300	>300～1000	>1000～3000
H	0.02	0.05	0.1	0.2	0.3	0.4
K	0.05	0.1	0.2	0.4	0.6	0.8
L	0.1	0.2	0.4	0.8	1.2	1.6

表3-17　垂直度未注公差值　（单位：mm）

公差等级	基本长度范围			
	≤100	>100～300	>300～1000	>1000～3000
H	0.2	0.3	0.4	0.5
K	0.4	0.6	0.8	1
L	0.6	1	1.5	2

表3-18　对称度未注公差值　（单位：mm）

公差等级	基本长度范围			
	≤100	>100～300	>300～1000	>1000～3000
H	0.5			
K	0.6		0.8	1
L	0.6	1	1.5	2

表3-19　圆跳动未注公差值　（单位：mm）

公差等级	圆跳动公差值	公差等级	圆跳动公差值
H	0.1	K	0.2
L	0.5		

1）未注圆度公差值等于直径公差值，但不能大于表3-19中的径向圆跳动的未注公差值。

2）未注圆柱度公差值未做规定，其实际误差由要素的圆度公差、素线直线度和相对素线平行度的注出或未注公差控制。

3）未注平行度公差值等于被测要素和基准要素的尺寸公差和被测要素的形状公差（直线度或平面度）的未注公差值中的较大者，并取两要素中较长者作为基准。

4）未注同轴度公差值未做规定。必要时，可取同轴度的未注公差值等于圆跳动的未注公差值（表3-19）。

5）未注线轮廓度、面轮廓度、倾斜度、位置度的公差值均由各要素的注出或未注线性尺寸公差或角度公差控制。

6）未注全跳动公差值未做规定。轴向全跳动未注公差值等于端面对轴线的垂直度未注公差值；径向全跳动可由径向圆跳动和相对素线的平行度控制。

在确定几何公差值（公差等级）时，还应注意下列情况：

1）在同一要素上给出的形状公差值应小于位置公差值。如要求平行的两个平面，其平面度公差值应小于平行度公差值。

2）圆柱度零件的形状公差（轴线直线度除外），一般应小于其尺寸公差值。

3）平行度公差值应小于其相应的距离公差值。

4）对于下列情况，考虑到加工的难易程度和除主参数外其他因素的影响，在满足功能要求的情况下，可适当降低1～2级选用：①孔相对于轴；②细长的孔或轴；③距离较大的孔或轴；④宽度较大（一般大于1/2长度）的零件表面；⑤线对线、线对面相对于面对面的平行度、垂直度。

5）凡有关标准已对几何公差做出规定的，如与滚动轴承相配合的轴和壳体孔的圆柱度公差、机床导轨的直线度公差等，都应按相应的标准确定。

3.5.3　几何公差基准要素的选择

基准是确定关联要素间方向或位置的依据。在考虑选择方向、位置公差项目的同时必然要考虑采用的基准，如选用单一基准、组合基准还是选用多基准。

单一要素由一个要素作为基准使用，如平面、圆柱面的轴线，可建立基准平面、基准轴线。组合基准是由两个或两个以上要素构成的，作为单一基准使用。选择基准时，一般应从下列几方面考虑：

1）根据要素的功能及与被测要素间的几何关系来选择基准。如轴类零件，通常以两个轴承为支承运转，其运转轴线是安装轴承的两轴颈的公共轴线。因此，从功能要求和控制其他要素的位置精度来看，应选择这两个轴颈的公共轴线为基准。

2）根据装配关系，应选择零件相互配合、相互接触的表面作为各自的基准，以保证装配要求。

3）从加工、检验角度考虑，应选择在夹具、检具中定位的相应要素为基准。这样能使所选基准与定位基准、检测基准、装配基准重合，以消除因基准不重合引起的误差。

4）从零件的结构考虑，应选较大的表面、较长的要素（如轴线）作为基准，以便定位稳固、准确；对于结构复杂的零件，一般应选三个基准，建立三基面体系，以确定被测要素在空间的方向和位置。

通常定向公差项目选用单一基准。位置公差项目中的同轴度、对称度，其基准可以是单一基准，也可以是组合基准；对于位置度公差，一般采用三基面。

图3-24所示为减速器的输出轴，根据对该轴的功能要求，给出了有关几何公差。

1）两个ϕ55j6轴颈，与P0级滚动轴承内圈配合，为了保证配合性质，故采用包容要求；按GB/T 275—1993《滚动轴承与轴和外壳孔的配合》的规定，与P0级轴承配合的轴颈，为保证轴承套圈的几何精度，在遵守包容要求的情况下，进一步提出圆柱度公差为0.005mm的要求。该两轴颈安装上滚动轴承后，将分别与减速箱体的两孔配合，需限制两轴颈的同轴度误差，以免影响轴承外圈和箱体孔的配合，故又提出了两轴颈径向圆跳动公差为0.025mm（相当于IT7）。

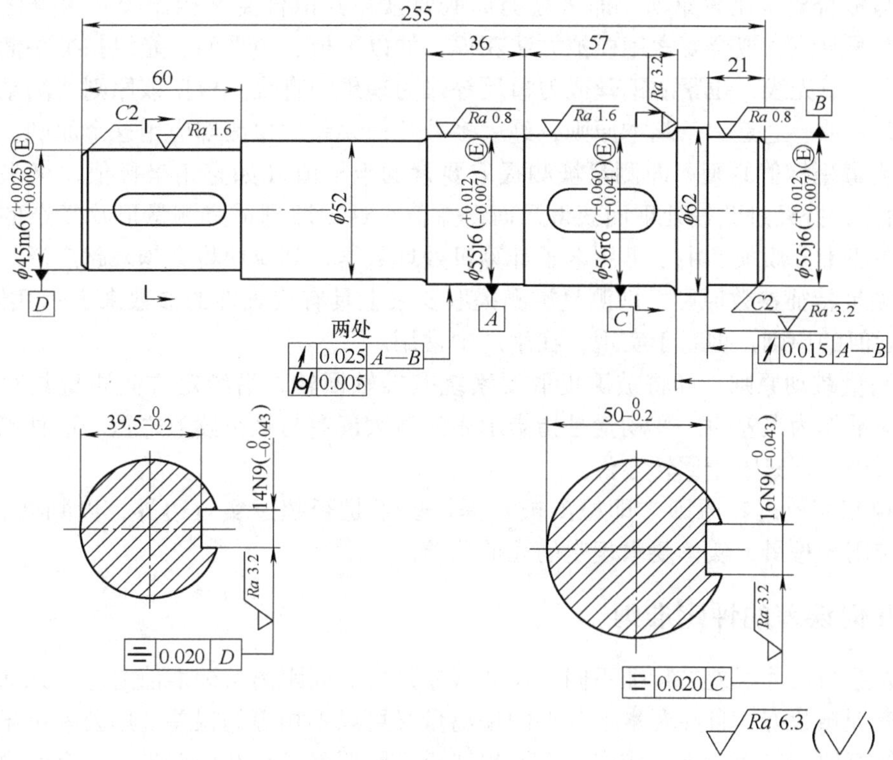

图 3-24　输出轴上几何公差应用示例

2）φ62mm 处左、右两轴肩为齿轮、轴承的定位面，应与轴线垂直，参考 GB/T 275—1993 的规定，提出两轴肩相对于基准轴线 A—B 的轴向圆跳动公差为 0. 015mm。

3）φ56r6 和 φ45m6 分别与齿轮和带轮配合，为保证配合性质，也采用包容要求；为保证齿轮的正确啮合，对 φ56r6 圆柱还提出了对基准 A—B 的径向圆跳动公差为 0. 025mm（参考表 3-15）。

4）键槽对称度常用 IT7 ~9，此处选 IT8，查表 3-10 得公差值为 0. 02mm。

【实例 3-4】 在生产制造中，所加工的零件不可避免地会产生几何误差，那么如何检测这些误差是否在零件几何公差允许的范围内呢？

【分析】 要正确检测零件的几何误差，首先要了解几何误差检测的相关知识：

（1）几何误差的检测原则

（2）几何误差的评定准则

（3）几何误差的检测方法

3. 6　几何误差的检测原则

几何误差的项目较多，加上被测要素的形状和零件上的部位不同，使得几何误差的检测需要采用各种各样的方法。为了便于准确地选用，国家标准（GB/T 1958—2004）将各种检测方法整理出一套检测方案，并概括出五种检测原则。

（1）与拟合要素比较原则　即将被测提取要素与其拟合要素相比较，用直接或间接测量法测几何误差值。拟合要素用模拟方法获得，如以平板、小平面、光线扫描平面等作为理想平面；以一束光线、拉紧的钢丝或刀口尺等作为理想的直线。根据该原则所测结果与规定的误差定义一致。这是一条基本原则，绝大多数几何误差的检测都应用这个原则。

（2）测量坐标值原则　即测量被测提取要素的坐标值（如直角坐标值、极坐标值、圆柱面坐标值），并经过数据处理而获得几何误差值。这项原则适宜测量形状复杂的表面。但数据处理往往十分烦琐。由于可用电子计算机处理数据，其应用将会越来越广泛。

（3）测量特征参数原则　即测量被测提取要素上具有代表性的参数来表示几何误差值。这是一条近似的原则，但易于实现，在生产中常用。

（4）测量跳动原则　即将被测提取要素绕基准轴回转，沿给定方向测量其对某参考点或线的变动量作为误差值。变动量是指指示表的最大读数与最小读数之差。这种测量方法简单，多被采用，但只限于回转零件。

（5）控制实效边界原则　即检测被测提取要素是否超过实效边界，以判断合格与否。这项原则应用于按最大实体要求规定的几何公差。

3.6.1　几何误差的评定准则

几何误差与尺寸误差的特征不同，尺寸误差是两点间距离与标准值之差，几何误差是实际要素偏离理想状态，且在要素上各点的偏离量又可以不相等的误差。用公差带虽可以将整个要素的偏离值控制在一定区域内，但若想知道实际要素是否在公差带内，有时就要测量要素的实际状态，并从中找出理想要素的变动量，再与公差值比较。

1. 形状误差的评定

评定形状误差须在实际要素上找出理想要素的位置。这要求遵循一条原则，即使理想要素的位置符合最小条件。如图 3-25 所示，实际轮廓不直，评定它的误差可用Ⅰ、Ⅱ、Ⅲ三对平行的理想直线包容实际要素，它们的距离分别为 f_1、f_2、f_3。理想直线的位置还可以做出无限个，但其中必有一对平行线之间的距离最小。如图 3-25 中 f_1，也就是说Ⅰ的位置符合最小条件，由Ⅰ及与其平行的另一条直线紧紧包容了实际要素。相比其他情况，这个包容区域也是最小的，故叫最小区域。因此，f_1 可定为直线度误差。

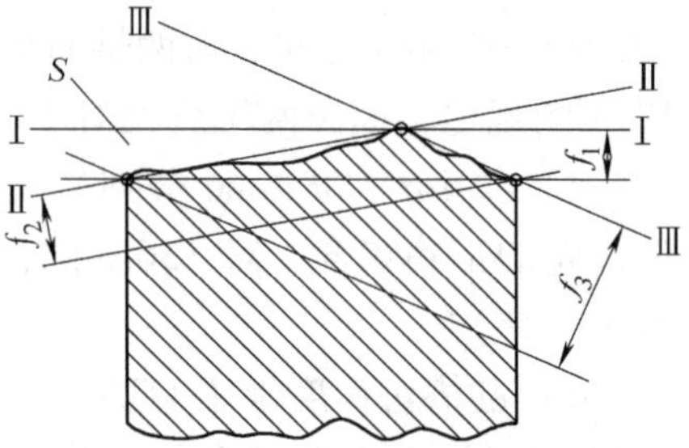

图 3-25　直线度误差的最小包容区

最小区域是根据被测实际要素与包容区域的接触状态来判别的。什么样的接触状态才算符合最小条件呢？根据实际分析和理论证明，得出了各项形状误差符合最小条件的判断准则。例如，评定在给定平面内的直线度误差，实际直线与两包容直线至少应有高、低、高（或低、高、低）三点接触，这个包容区就是最小包容区。如图 3-26 所示，实际轮廓不圆，评定它的误差时，包容区为两同心圆之间的区域，实际圆应至少有内、外交替的四点与两包容圆接触，这个包容区就是最小包容区。

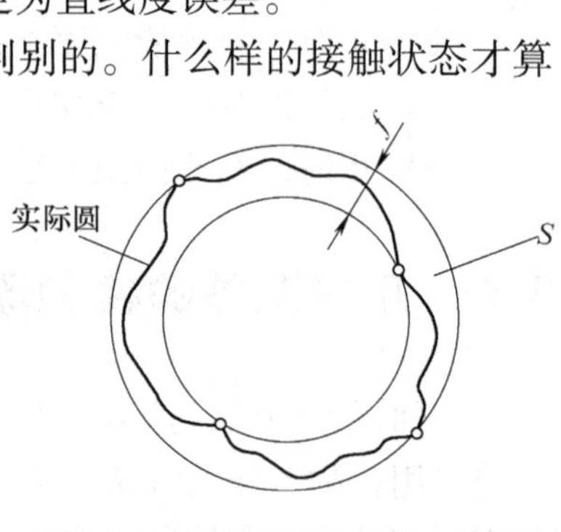

图 3-26　圆度误差的最小包容区

由上述可知，最小条件是指被测要素对其理想要素的最大变动量为最小。此时包容实际要素的区域为最小区域，此区域的宽度（对中心要素来说是直径）就是形状误差的最大变动量，就定为形状误差值。

最小条件是评定形状误差的基本原则，相对其他评定方法来说，评定的数据是最小的，结果也是唯一的。但在实际检测时，在满足功能要求的前提下，允许采用其他近似的方法。

2. 位置误差的评定

位置误差的评定涉及被测要素和基准。基准是确定要素之间几何方位关系的依据，必须是理想要素。但基准要素本身也是实际加工出来的，也存在形状误差，通常采用精确工具模拟的基准要素来建立基准，如图 3-27 ~ 图 3-29 所示。

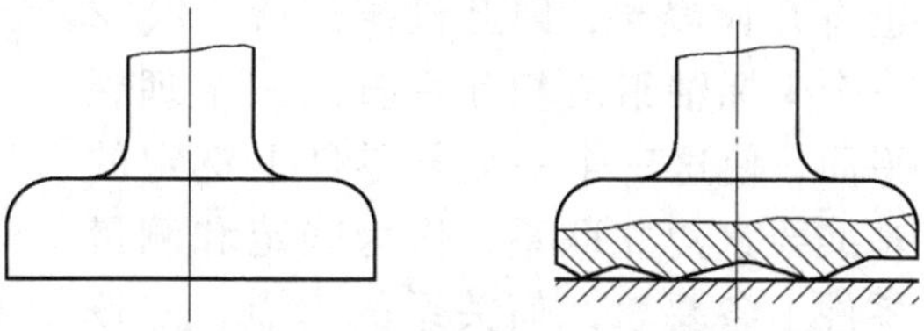

图 3-27　用平板模拟基准平面

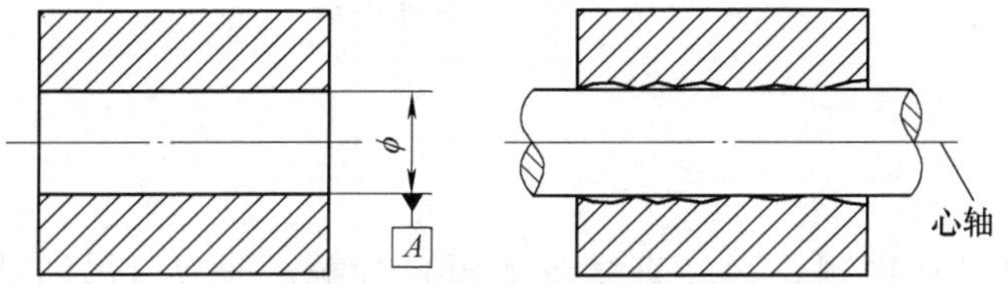

图 3-28　用心轴模拟基准孔轴线

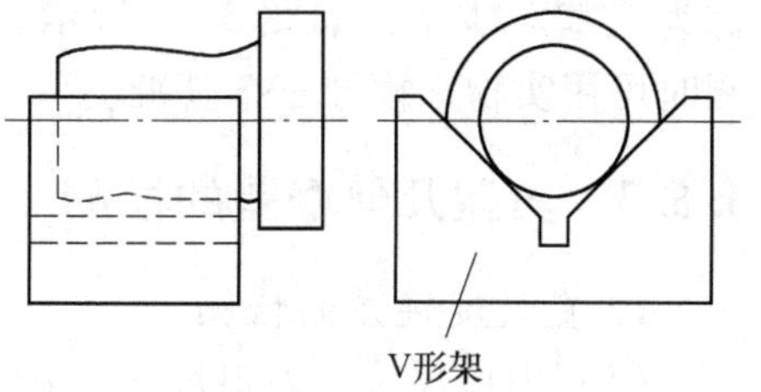

图 3-29　用 V 形架模拟基准孔轴线

为排除形状误差的影响，基准的位置也应符合最小条件，如图 3-30 所示，可用平板的精确平面模拟基准，经过调整以保证按最小条件与底面接触。

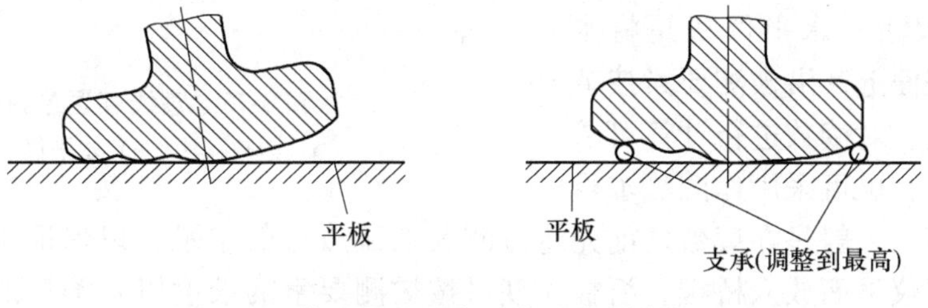

图 3-30　位置误差测定时的基准要素的调整

有了基准，被测要素的理想方位就可确定，进而就可以找出被测实际要素偏离理想要素的最大变动量。此时的被测要素的最大变动量满足最小条件的误差值即为位置误差，如图 3-31 所示。

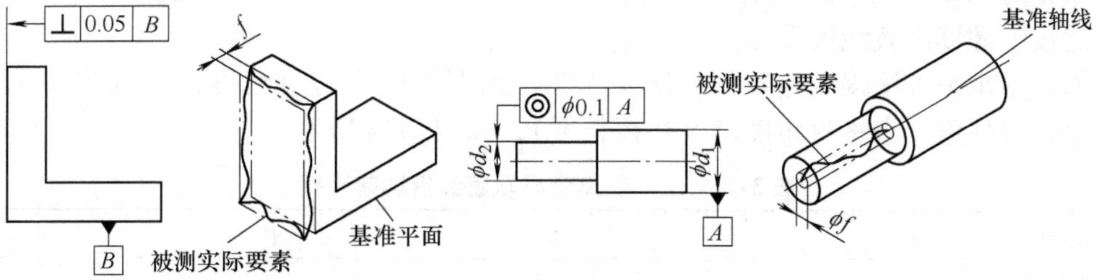

图 3-31　定向、定位最小条件应用示例

3.6.2　三基面体系

在位置公差中，为了确定被测要素在空间的方位，有时仅指定一个基准要素是不够的，需要指定两个或三个。由于基准要素也有几何误差，因此设想用 X、Y、Z 三个坐标轴组成相互垂直的三个理想平面，使这三个平面与零件上选定的基准要素建立联系，作为确定和测量零件上各要素几何关系的起点，并按功能要求，将这三个平面分别称为第Ⅰ、第Ⅱ、第Ⅲ基准平面，这个体系称为三基面体系，如图 3-32 所示。检测时可用实物来模拟三个基准。

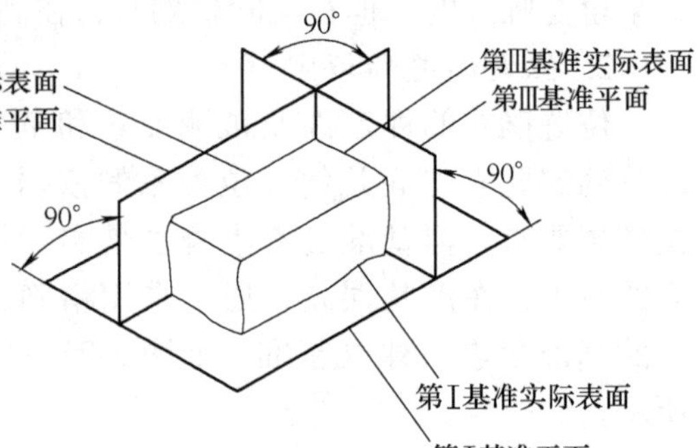

图 3-32　三基面体系

3.6.3　典型几何误差的检测

1. 直线度误差的检测

(1) 刀口尺法　刀口尺法是用刀口尺和被测要素（直线或平面）接触，使刀口尺和被测要素之间的最大间隙为最小，此最大间隙即为被测要素的直线度误差。间隙量可用塞尺测量或与标准间隙比较，如图 3-33a 所示。

(2) 水平仪法　水平仪法是将水平仪放在被测表面上，沿被测要素按节距逐段连续测量。对读数进行计算可求得直线度误差值，也可采用作图法求得直线度的误差值。一般是在读数之前先将被测要素调成近似水平，以保证水平仪读数方便。测量时可在水平仪下面放入桥板，桥板长度可按被测要素的长度以及测量的精度要求确定，如图 3-33b 所示。

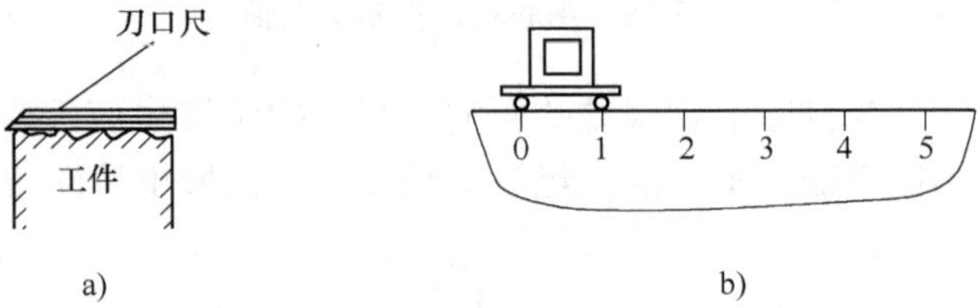

图 3-33　直线度误差测量
a）刀口尺法　b）水平仪法

(3) 误差测量数据的处理　用各种方法测量直线度的误差时，应对所测得的读数进行数据处理，才能得出直线度的误差值。下面介绍用图解法进行直线度测量数据处理的方法。

当采用分段布点测量直线度误差时，采用图解法求出直线度误差是一种直观且易行的方法。根据相对测量基准的测得数据，在直角坐标纸上按一定放大比例描绘出误差曲线的图像，然后按图像读出直线度误差。

例如，用水平仪测得误差数据，见表 3-20，用图解法求解直线度误差（表中读数已化为线性值，线性值 = 水平仪角度值 × 垫板长度），如图 3-34 所示。

表 3-20　水平仪测量导轨直线度误差数据

测量点序号	0	1	2	3	4	5
水平仪读数/格	0	0	+2	+1	+2	-2

$$直线度误差=\frac{1}{1000}fLi$$

式中　L——节距，即桥板两支点间距离，单位为mm；

f——最小包容区沿纵坐标方向的宽度；

i——水平仪的分度值，单位为mm/m。

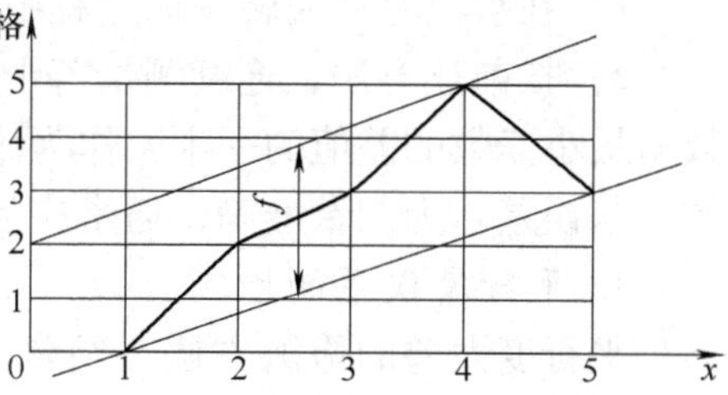

图3-34　图解法求直线度误差

若水平仪分度值为0.02mm/m，节距为300mm，则直线度误差为

$$\frac{1}{1000}\times2.8\times300\times0.02\text{mm}=0.0168\text{mm}$$

2. 圆度和圆柱度误差的检测

圆度误差的检测方法如图3-35所示，先将被测零件装在圆度仪上，调节并使零件轴线与圆度仪的回转轴线同轴；将零件回转一周，通过放大机构，把零件某一位置圆的实际形状描绘在专用纸上，用一块刻有许多等距同心圆的透明板比较，找到半径差最小的两同心圆，其间距就是被测圆的圆度误差。

测量圆柱度误差，也可采用圆度仪来测量，只是要测若干截面的圆度误差，或者是让测头沿零件轴线方向移动，使测头沿圆柱面做螺旋运动，利用计算机算出圆柱度误差。

目前在生产上测量圆柱度误差，也多用测量特征参数的近似方法来测量圆柱度误差。如图3-36所示，将被测零件放在平板上，并紧靠直角座。具体方法如下：

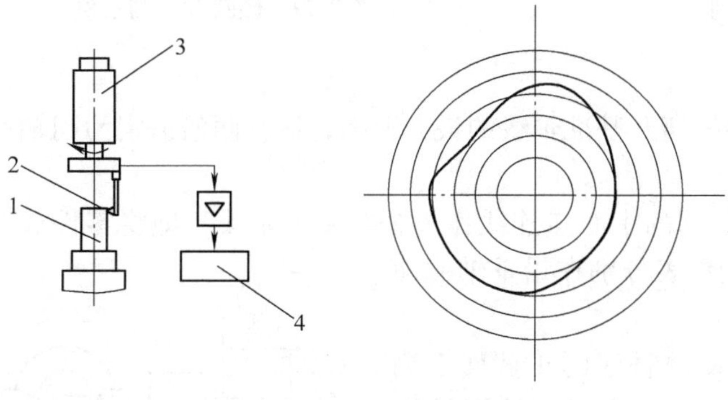

图3-35　用圆度仪测量圆度

1—工件　2—测头　3—精密回转轴　4—记录仪

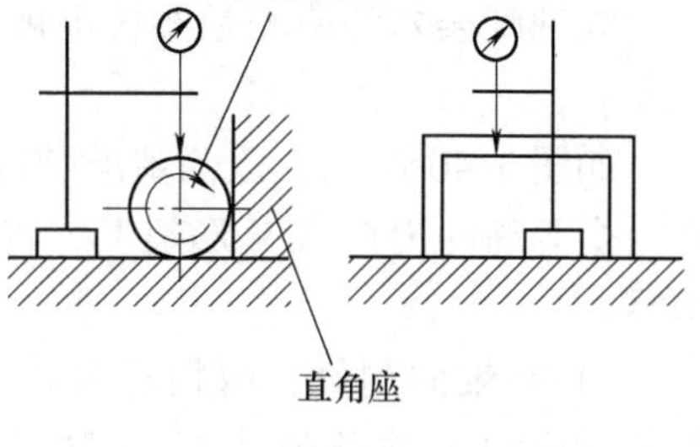

图3-36　两点法测量圆柱度

1）在被测零件回转一周的过程中，测量一个横截面上的最大读数与最小读数。

2）按1）所述方法测量若干个横截面，然后取各截面内所测得所有读数中最大读数与最小读数差的一半作为该零件的圆柱度误差。此方法适用于测量外表面为偶数棱的形状误差。

图3-37所示为用三点法测量圆柱度的实例，将被测零件放在平板上的V形架内（V形架的长度应大于被测零件的长度）。具体方法如下：

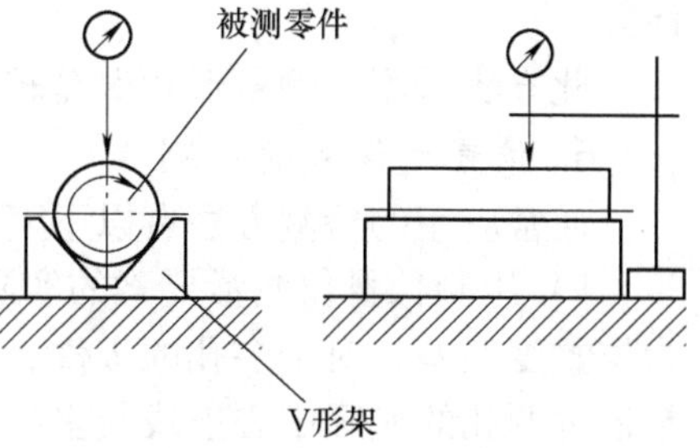

图3-37　三点法测量圆柱度

1）在被测零件回转一周过程中，测量一个横截面上的最大读数与最小读数。

2）按前述方法，连续测量若干个横截面，然后取各截面内所测得的所有读数中最大读数与最小读数的差值的一半，作为该零件的圆柱度误差。此方法适用于测量外表面为奇数棱的形状误差。为测量准确，通常应使用 $\alpha=90°$ 和 $\alpha=120°$ 两种 V 形架分别进行测量。

3. 平行度误差的检测

平行度误差的检测方法，经常采用平板、心轴或 V 形架来模拟平面、孔或轴做基准，然后测量被测轴线、面上各点到基准的距离之差，以最大相对差作为平行度误差，如图 3-38 所示。

4. 垂直度、倾斜度误差的检测

垂直度、倾斜度误差的检测也可转换成平行度误差的检测。如图 3-39 所示，只要加一个定角座或定角套，即可将倾斜度检测转换成平行度的检测。

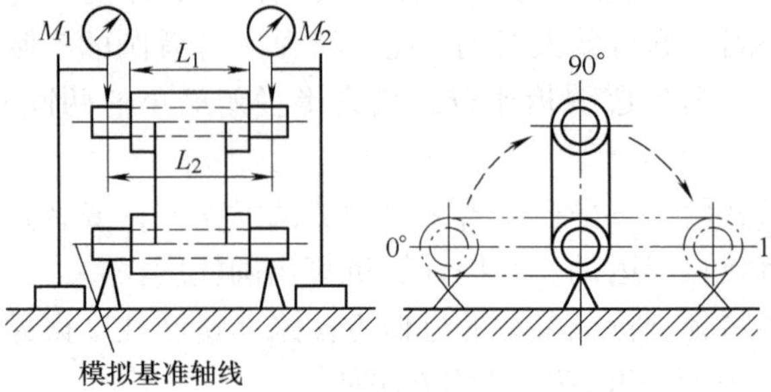

图 3-38　平行度检测示例

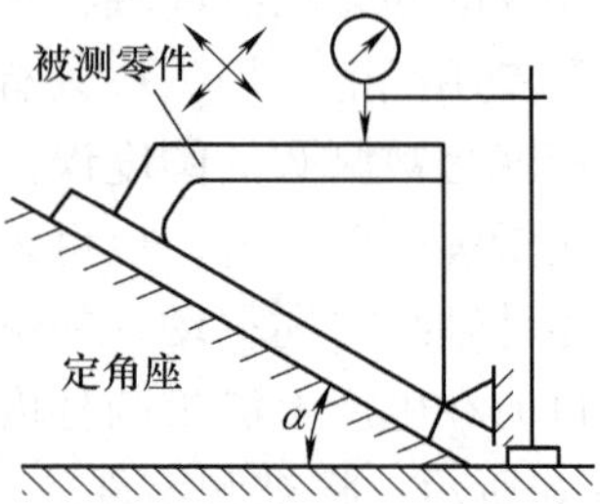

图 3-39　倾斜度检测示例

5. 同轴度误差的检测

同轴度误差的检测是要找出被测轴线离开基准轴线的最大距离，以其两倍值定为同轴度误差。

如图 3-40 所示，以两基准圆柱面中部的中心点连线作为公共基准轴线，即将零件放置在两个等高的刃口状 V 形架上，将两指示表分别在铅垂轴截面调零。

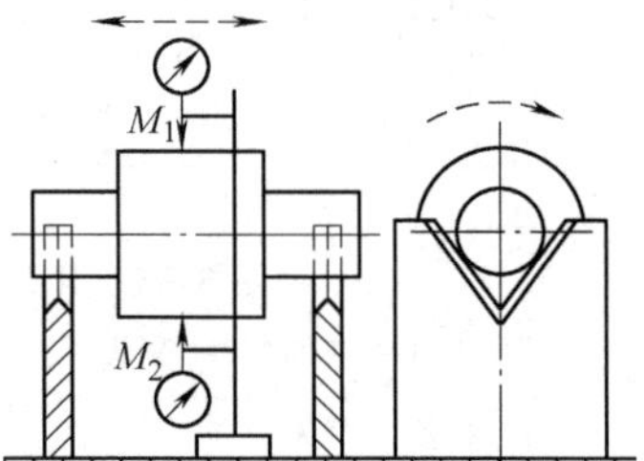

图 3-40　同轴度检测示例

1）在轴向测量，取指示表在垂直基准轴线的正截面上测得各对应的读数差值 $|M_1-M_2|$ 作为在该截面上的同轴度误差。

2）转动被测零件，按前述方法测量若干个截面，取各截面测得读数差中的最大值（绝对值）作为该零件的同轴度误差。

此方法适用于测量形状误差较小的零件。

6. 位置度误差的检测

通常应用的检测方法有以下两类：

1）用测长量仪测量要素的实际位置尺寸，与理论正确尺寸比较，以最大差值的两倍作为位置度误差。对于多孔的板件，使基准平面与仪器的坐标方向一致。未给定基准时，可调整最远两孔的实际中心连线与坐标方向一致，如图 3-41 所示。逐个测量孔边的坐标，定出孔的位置度误差。

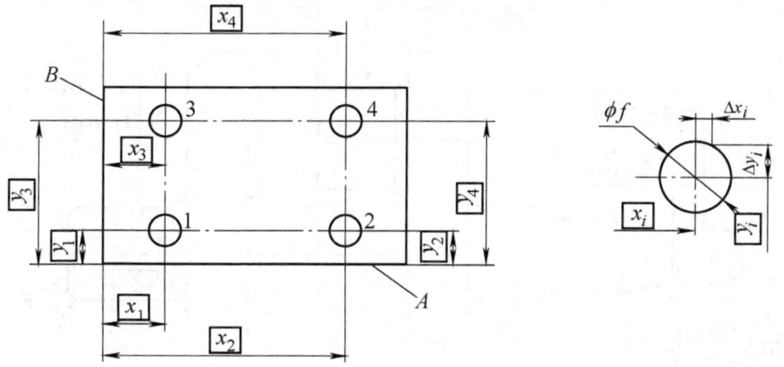

图 3-41　用坐标值测量位置度误差

2）用位置量规测量要素的合格性。如图 3-42 所示，法兰盘上用于装螺钉的 4 个孔具有以中心孔为基准的位置度要求。将量规的基准测销和固定测销插入零件中，再将活动测销插入其他孔中，如果都能插入零件和量规的对应孔中，即可判断被测件是合格品。

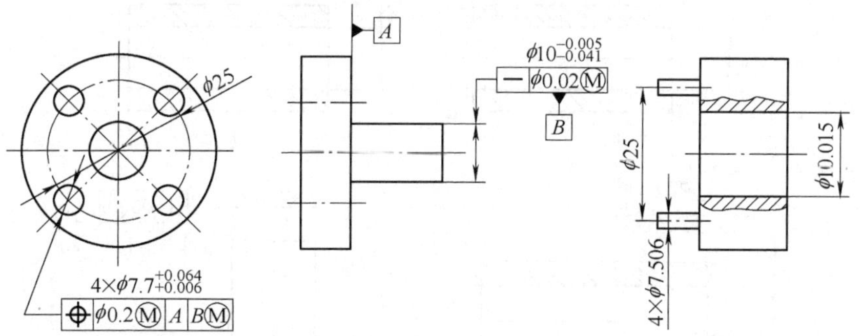

图 3-42　用功能量规检测位置度误差

7. 圆跳动误差的检测

径向圆跳动的检测如图 3-43 所示，基准轴线由 V 形架模拟，被测零件支承在 V 形架上，并在轴向定位。在被测零件回转一周的过程中，指示表读数最大差值即为单个测量平面上的径向圆跳动。按上述方法测量若干个截面，取各截面上测得的跳动量中的最大值，作为该零件的径向圆跳动误差。该测量方法受 V 形架角度和基准实际要素形状误差的综合影响。

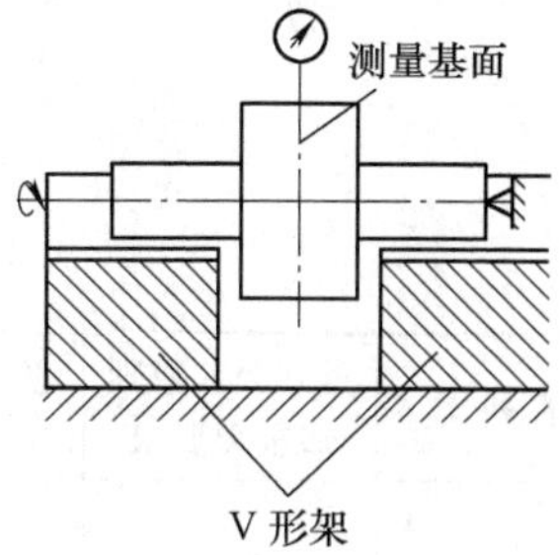

图 3-43　径向圆跳动的检测示例

习　题

3-1　几何公差特征共有几项？其名称和符号是什么？

3-2　试解释图 3-44 中注出的各项几何公差（说明公差特征名称，被测要素，基准要素，公差带形状、大小、方向和位置）。

3-3　什么叫最小条件？评定位置误差的最小包容区与评定形状误差的最小包容区有何不同？

3-4　试述独立原则、包容要求、最大实体要求及最小实体要求的应用场合。

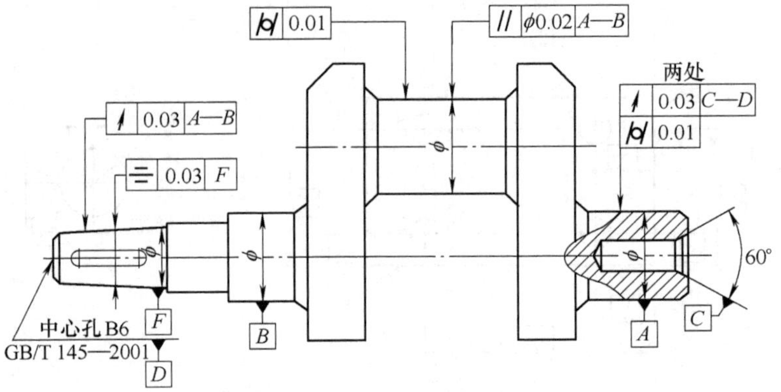

图 3-44　习题 3-2 图

3-5　按图 3-45 的标注填表 3-21。

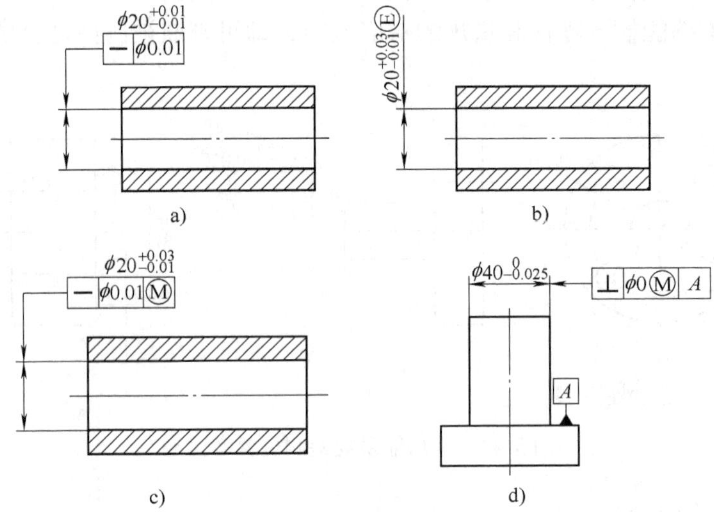

图 3-45　习题 3-5 图

表 3-21　习题 3-5 表

序 列 号	遵守公差原则或公差要求	遵守边界及边界尺寸	最大实体尺寸/mm	最小实体尺寸/mm	最大实体状态时的几何公差/μm	最小实体状态时的几何公差/μm	$d_a(D_a)$

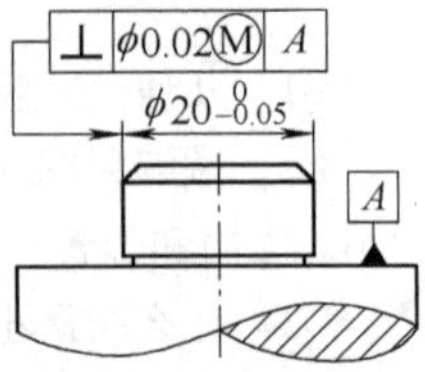

图 3-46　习题 3-6 图

3-6　如图 3-46 所示，若实测零件的圆柱直径为 ϕ19. 97mm，其轴线对基准平面 A 的垂直度误差为 ϕ0. 04mm，试判断其垂直度是否合格？为什么？

3-7　指出图 3-47 中几何公差的标注错误，并加以改正（不改变几何公差特征符号）。

3-8　用水平仪测量某导轨的直线度误差，如图 3-48 所示，依次测得各点读数

a_i列入表3-22中，用图解法按最小条件评定其直线度误差（水平仪的分度值 $i=0.02$mm，跨距 $L=200$mm）。

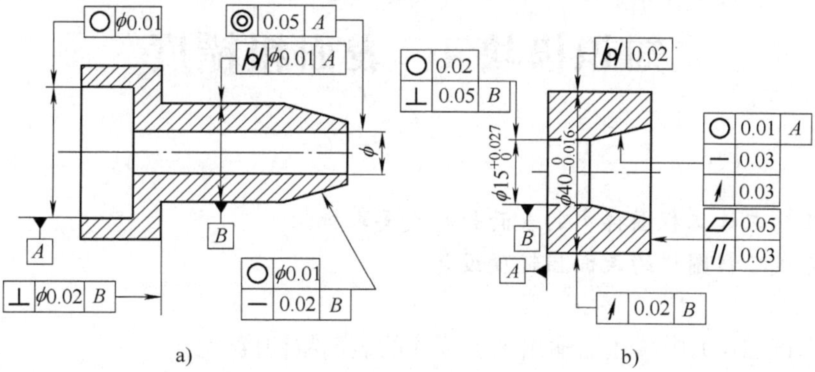

图3-47 习题3-7图

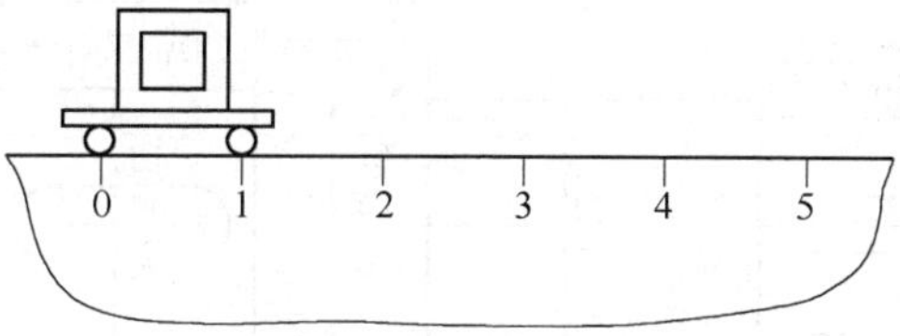

图3-48 习题3-8图

表3-22 习题3-8表

点序	1	2	3	4	5
读数 a_i/格	−1.5	+3	+0.5	−2.5	+1.5

3-9 将下列技术要求标注在图3-49中：

（1）ϕ30H7 内孔表面圆度公差为0.006mm。

（2）ϕ15H7 内孔表面圆柱度公差为0.008mm。

（3）ϕ30H7 孔轴线对 ϕ15H7 孔轴线的同轴度公差为 ϕ0.05mm，且被测要素采用最大实体要求。

（4）ϕ30H7 孔底端面对 ϕ15H7 孔轴线的轴向圆跳动公差为0.05mm。

（5）ϕ35H6 的形状公差采用包容要求。

（6）圆锥面的圆度公差为0.01mm，圆锥面对 ϕ15H7 孔轴线的斜向圆跳动公差为0.05mm。

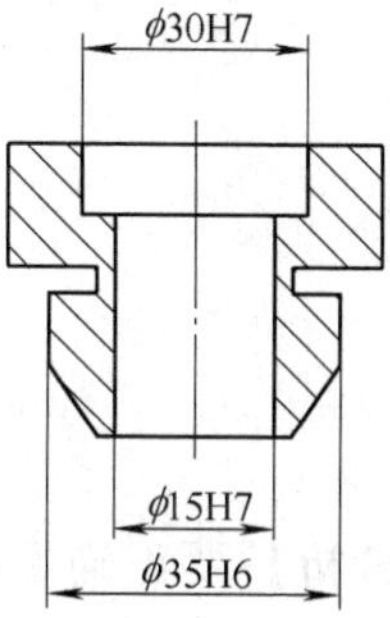

图3-49 习题3-9图

3-10 图样上未注公差的要素应如何解释？

3-11 几何公差的检测原则有哪些？试举例说明。

知识模块4　表面粗糙度

【学习目标】

1. 能够正确识读工程图样中的表面粗糙度要求标注
2. 能够完成工程图样的表面粗糙度设计

【实例 4-1】 识读图 4-1 中减速器输出轴上标注的表面粗糙度含义。

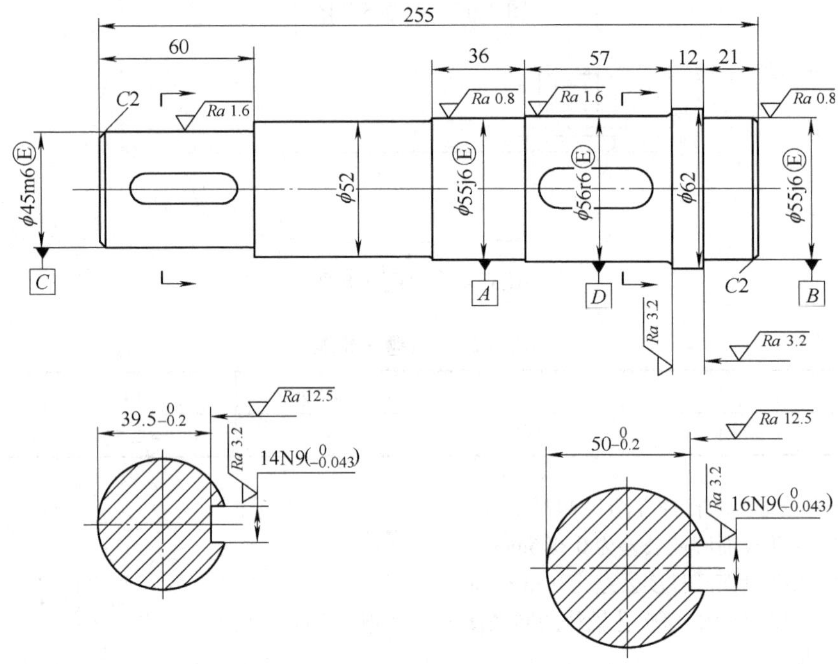

图 4-1　减速器输出轴

【分析】 要正确识读图中标注的表面粗糙度要求，首先要了解表面粗糙度的相关知识：

（1）表面粗糙度的含义

（2）表面粗糙度的评定参数

（3）表面粗糙度代号及其含义

【实施】

Ra 0.8：两个 ϕ55mm 圆柱面的表面粗糙度 *Ra* 值为 0. 8μm。

Ra 1.6：ϕ45mm 圆柱面和 ϕ56mm 圆柱面的表面粗糙度 *Ra* 值为 1. 6μm。

Ra 3.2：ϕ62mm 左右两端面、两个键槽工作侧面的表面粗糙度 *Ra* 值为 3. 2μm。

Ra 12.5：两个键槽底面和图中未注表面的表面粗糙度 *Ra* 值为 12. 5μm。

4.1　概述

4.1.1　表面粗糙度的概念

零件的表面无论是用机械加工，还是用其他加工方法获得，总存在较小间距和峰谷组成的微观高低不平的痕迹，这种微观的高低不平程度称为表面粗糙度，如图4-2所示。表面粗糙度值越小，表面越光滑。

对于加工后零件表面的实际轮廓，除反映实际表面微观几何形状误差特性的表面粗糙度外，还存在着表面波纹度误差和宏观形状误差。它们通常按相邻两波峰或两波谷的波距（间距）来划分：波距值小于1mm的属于表面粗糙度；波距值在1~10mm之间的属于波纹度误差；波距值大于10mm的属于宏观的形状误差范围，如图4-3所示。

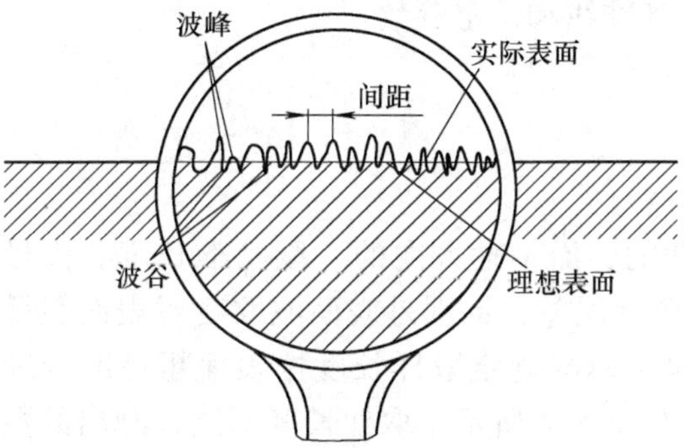

图4-2　表面粗糙度的概念

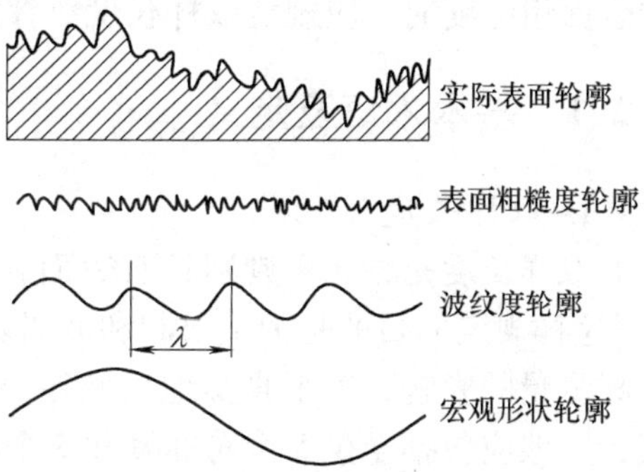

图4-3　加工误差示意图

机械加工形成的表面，其表面粗糙度主要是由于刀具在零件表面留下的刀痕、材料本身的裂痕、加工时的塑性变形、走刀轨迹不稳定、机床的振动、周围自然环境等因素的影响所形成的。

4.1.2　表面粗糙度对零件性能的影响

表面粗糙度的大小对零件的使用性能和使用寿命有很大影响。

1. 对配合性质方面的影响

表面粗糙度影响配合性质的稳定性。对于间隙配合，相配合的一组表面因相对运动，使得峰尖迅速磨损而使间隙逐渐增大；对于过盈配合，则因装配表面的峰凸被挤平，产生塑性变形，使有效实际过盈减少，影响连接强度；对于过渡配合，因装配时用压力或锤敲，表面粗糙度也会使配合变松。

2. 对零件耐磨性的影响

表面越粗糙，摩擦系数就越大，使零件的配合面磨损加剧。表面过于光滑，由于润滑油被挤出和分子间的吸收作用等原因，也会使摩擦阻力增大而加剧磨损。

3. 对零件疲劳强度的影响

零件的表面越粗糙，微观不平的凹痕就越深，在交变应力作用下，应力集中就会越严重，造成零件的抗疲劳强度降低，导致失效。

4. 对零件耐腐蚀性的影响

粗糙的表面，易使腐蚀性物质通过表面微观凹谷渗入金属内层，造成表面锈蚀。

5. 对零件接触刚度的影响

表面越粗糙，表面间接触面积就越小，致使单位面积受力增大，造成峰尖处的局部塑性变形加剧，接触刚度降低，影响机器工作精度和平稳性。

此外，表面粗糙度对结合面的密封性、表面的外观装饰性等也有一定的影响。因此，为保证零件的使用性能和互换性，在设计零件精度时，必须提出合理的表面粗糙度要求。

4.2　表面粗糙度的评定

零件加工后的表面粗糙度轮廓是否符合要求，应由测量和评定的结果来确定。测量和评定表面粗糙度时，应规定取样长度、评定长度、基准线和评定参数。

4.2.1　基本术语及定义

1. 取样长度（*lr*）

取样长度是指用于判别具有表面粗糙度特征的、沿 *x* 轴方向的一段基准长度。代号为 *lr*。这样规定的目的是为了限制和减弱宏观几何形状误差，特别是表面波纹度对表面粗糙度轮廓测量的影响，客观真实地反映零件表面质量。标准规定取样长度按表面粗糙度合理取值，一般应包括至少 5 个轮廓峰和 5 个轮廓谷，如图 4-4 所示。取样长度不同，测出的数值就不同。选取的取样长度如果过小，所包含的峰谷数可能过少，就不能确切地反映表面的粗糙度。如果表面越粗糙，则取样长度 *lr* 就越大。

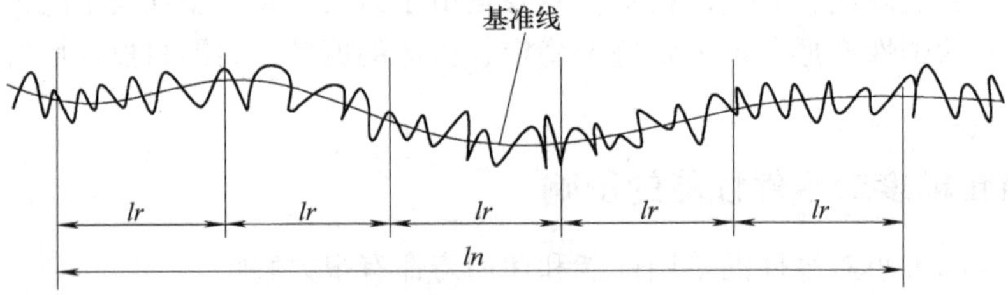

图 4-4　取样长度和评定长度

2. 评定长度（*ln*）

评定长度是指用于评定轮廓表面粗糙度所必需的一段长度。它包括一个或多个取样长度，如图 4-4 所示。这样规定是基于零件表面质量的不均匀性，单一取样长度上的测量和评定所得粗糙度值不尽一致，有时差别甚至很大，这样往往不足以合理地反映该表面的表面粗糙度特征，因此在测量时必须选取一段能反映这种特性的最小长度，即需要在表面上取几个连续的取样长度（即一个评定长度）来进行测量和评定，如图 4-4 所示。

取样长度和评定长度的具体数值见表 4-1。

表 4-1　*lr* 和 *ln* 的数值（GB/T 1031—2009）

Ra/μm	*Rz*/μm	*lr*/mm	*ln*（*ln* = 5*lr*）/mm
≥0.008 ~ 0.02	≥0.025 ~ 0.10	0.08	0.4
>0.02 ~ 0.1	>0.10 ~ 0.50	0.25	1.25
>0.1 ~ 2.0	>0.50 ~ 10.0	0.8	4.0
>2.0 ~ 10.0	>10.0 ~ 50.0	2.5	12.5
>10.0 ~ 80.0	>50.0 ~ 320	8.0	40.0

3. 轮廓的中线（*m*）

轮廓的中线是用以评定表面粗糙度参数大小所规定的一条参考线。据此为基准来计算表面粗糙度参数的数值。中线常有以下两种：

（1）轮廓的最小二乘中线　如图 4-5 所示，在一个取样长度 *lr* 内，使轮廓上的各点到一条假想线距离的平方和为最小，即 $\sum_{i=1}^{n} z_i^2 = \min$，这条假想线就是最小二乘中线。最小二乘中线是唯一的，但比较复杂，常用轮廓算术平均中线来代替。

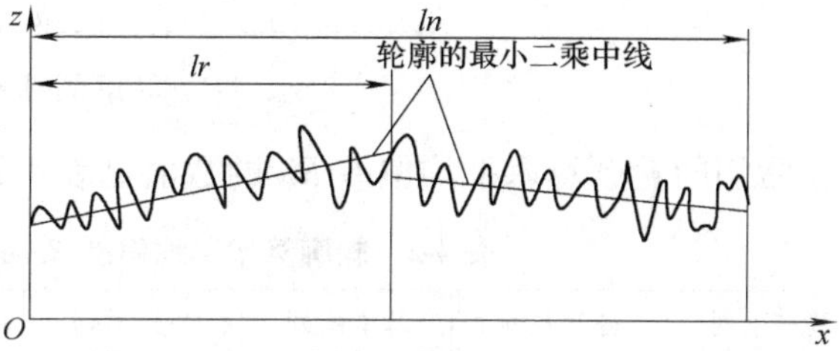

图 4-5　轮廓的最小二乘中线

（2）轮廓的算术平均中线　如图 4-6 所示，在一个取样长度 *lr* 内，有一条假想线将实际轮廓分为上、下两个部分，而且使上部分面积之和等于下部分面积之和，即 $\sum_{i=1}^{n} F_i = \sum_{i=1}^{n} F_i'$，这条假想线就是轮廓算术平均中线。轮廓算术平均中线不是唯一的，在使用图解法评定和测量表面粗糙度时，可用轮廓算术平均中线来代替最小二乘中线。通常轮廓算术平均中线可用目测估定。

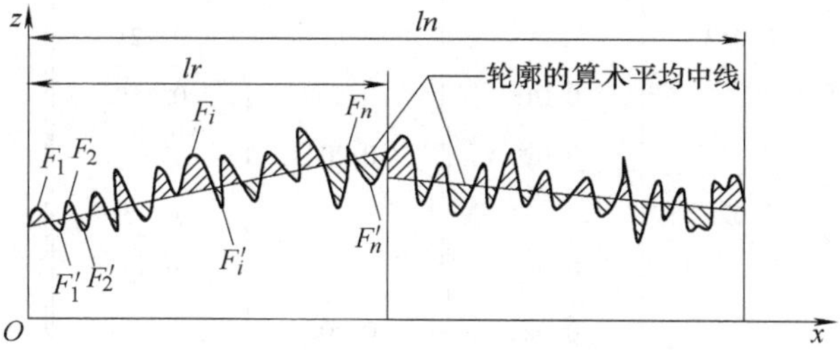

图 4-6　轮廓的算术平均中线

4.2.2　表面粗糙度的评定参数

为了定量地评定表面粗糙度轮廓，必须用参数及其数值来表示表面粗糙度轮廓特征。表示表面结构的参数有轮廓参数、图形参数和支承率曲线参数三种，在实践中一般用轮廓参数。根据 GB/T 3505—2009 中的定义，表面轮廓有 *R*、*W* 和 *P* 轮廓参数。在评定时，一般采用 GB/T 18618—2009 中高斯滤波器定义的 *R* 轮廓参数，通常采用表示表面微观几何形状的高度特征、间距特征和形状特征三个方面的评定参数来表达不同的功能要求。

1. 高度特征参数

（1）轮廓的算术平均偏差 *Ra*　指在一个取样长度 *lr* 内，轮廓上各点到基线的偏距的绝对值的算术平均值，如图 4-7 所示，用公式表示为

$$Ra = \frac{1}{lr}\int_0^{lr} |z(x)| \mathrm{d}x$$

或近似为

$$Ra = \frac{1}{n}\sum_{i=1}^{n} |z_i|$$

式中　z——轮廓偏距（轮廓上各点到基线的距离）；

z_i——第 i 点的轮廓偏距（$i = 1, 2, 3, \cdots, n$）。

Ra 值越大，则表面越粗糙。*Ra* 参数能充分反映表面高低不平度的特征，一般用电动轮廓仪进行测量。

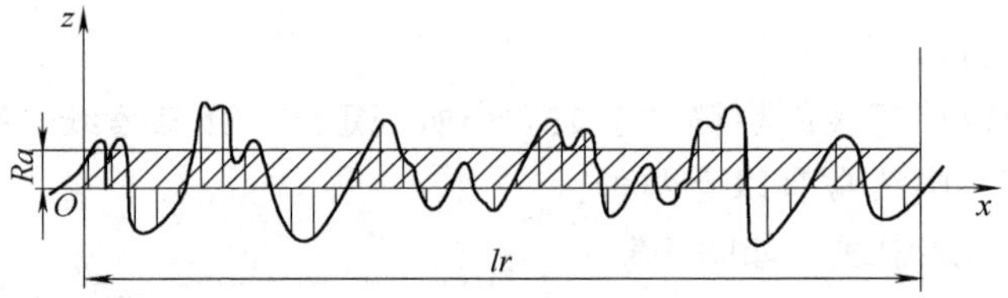

图 4-7　轮廓的算术平均偏差 *Ra*

常用的轮廓算术平均偏差 *Ra* 的数值见表 4-2。

表 4-2　轮廓算术平均偏差 *Ra* 的数值（GB/T 1031—2009）　　（单位：μm）

基本系列	补充系列	基本系列	补充系列	基本系列	补充系列	基本系列	补充系列
	0.008						
	0.010						
0.012			0.125		1.25	12.5	
	0.016		0.160	1.60			16.0
	0.020	0.20			2.0		20
0.025			0.25		2.5	25	
	0.032		0.32	3.2			32
	0.040	0.40			4.0		40
0.050			0.50		5.0	50	
	0.063		0.63	6.3			63
	0.080	0.80			8.0		80
0.100			1.00		10.0	100	

（2）轮廓的最大高度 *Rz*　指在一个取样长度 *lr* 内，最大轮廓峰高和最大轮廓谷深之和，如图 4-8 所示，用公式表示为

$$Rz = z_p + z_v$$

式中　z_p——轮廓最大峰高；

z_v——轮廓最大谷深。

轮廓的最大高度 *Rz* 的系列值见表 4-3。

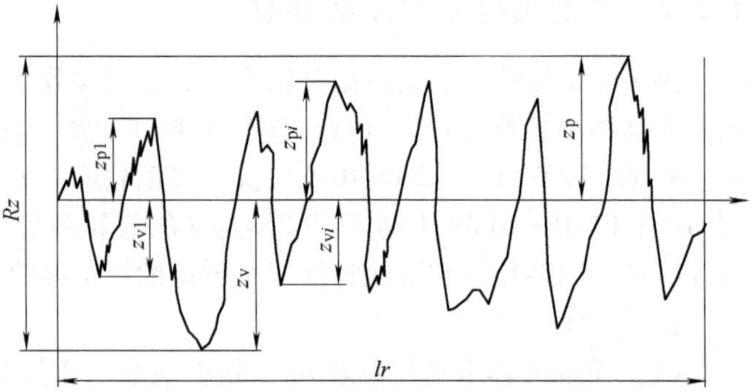

图 4-8　轮廓最大高度 *Rz*

表 4-3　轮廓的最大高度 *Rz* 的系列值（GB/T 1031—2009）　（单位：μm）

0.025	0.40	6.3	100	1600
0.050	0.80	12.5	200	
0.100	1.60	25	400	
0.20	3.2	50	800	

2. 间距特征参数

间距特征参数通常采用轮廓单元的平均宽度 *Rsm*。它是指在取样长度内，轮廓单元宽度 X_{si} 的平均值，如图 4-9 所示，用公式表示为

$$Rsm = \frac{1}{m}\sum_{i=1}^{m} X_{si}$$

式中　X_{si}—— 第 *i* 个单峰间距。

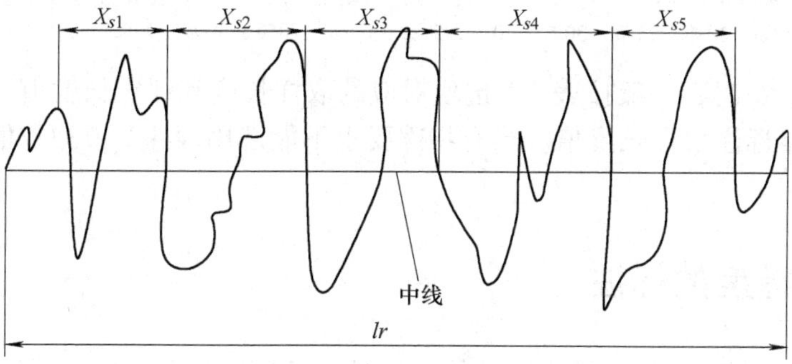

图 4-9　轮廓单元平均宽度 *Rsm*

轮廓单元的平均宽度 *Rsm* 的数值见表 4-4。

表 4-4　轮廓单元的平均宽度 *Rsm* 的数值（GB/T 1031—2009）　（单位：mm）

0.006	0.100	1.60
0.0125	0.20	3.2
0.025	0.40	6.3
0.050	0.80	12.5

3. 形状特征参数

形状特征参数通常采用轮廓长度支承率 *Rmr*(c)。它是指在与中线平行的水平位置 *C* 上，轮廓的实体材料长度 *Ml*(c) 与评定长度 *ln* 的比值，如图 4-10 所示，用公式表示为

$$Rmr(c) = \frac{ml(c)}{ln} = \frac{1}{ln}\sum_{i=1}^{n} b_i$$

式中　b_i——第 *i* 段截线长度。

Ml(c)——在评定长度内，一平行于 *x* 轴的直线从峰顶线向下移一截距（*C*）时，与轮廓相截所得各段截线长度之和。

Rmr(c)值是对应于不同截距 *C* 而给出的。截距 *C* 是从峰顶开始计算的，它可用 μm 或 *Rz* 的百分数表示。给出 *Rmr*(c) 参数时，必须同时给出轮廓截距 *C* 值。

轮廓长度支承率 *Rmr*(c) 的数值见表 4-5。

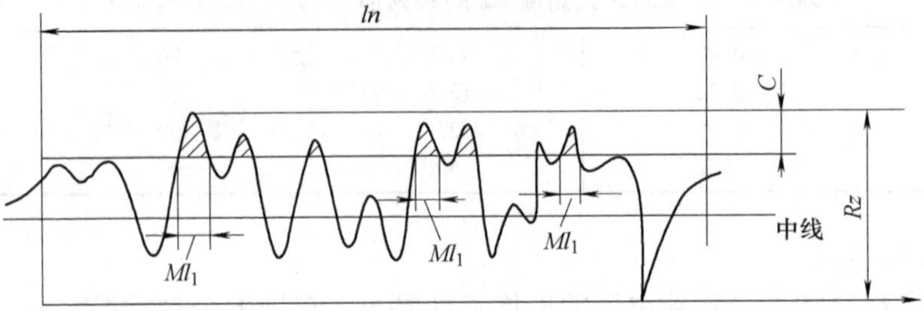

图 4-10　轮廓长度支承率示意图

表 4-5　*Rmr*(c)(%)的数值（GB/T 1031—2009）　　　　（单位：mm）

10	15	20	25	30	40	50	60	70	80	90

注：选轮廓长度支承率 *Rmr*(c) 值时，必须同时给出轮廓截距 *c* 的数值。*c* 值多用 *Rz* 的百分数表示，其系列值为 5%，10%，15%，20%，25%，30%，40%，50%，60%，70%，80%，90%。

在测量 *Ra* 和 *Rz* 时，一般按表 4-1 选取对应的取样长度和评定长度值，此时在图样上或技术文件中可省略标注取样长度值。当有特殊要求不能选用表 4-1 中的数值时，应在图样上标注出取样长度值。

4.3　表面粗糙度的标注

国标 GB/T 131—2006 规定了表面结构的符号、代号及其在图样上的标注方法。标注时，若仅需要加工（采用去除材料的方法或不去除材料的方法），对表面结构没有其他补充要求时，一般只标附有粗糙度 *Ra* 值的粗糙度符号。在特殊情况下，图形符号也可在图样中单独使用，以表示特殊意义。

4.3.1　表面粗糙度的符号

在图样中，对表面结构的要求可用几种不同的图形符号表示表面粗糙度。每种图形符号都有特定的含义。

表面粗糙度的图形符号有基本图形符号、扩展图形符号和完整图形符号。对表面结构有要求的图形符号简称基本图形符号；对表面结构有指定要求（去除材料或不去除材料）的图形符号简称扩展图形符号；对基本图形符号或扩展图形符号扩充后的图形符号简称完整图形符号，用于对表面结构有补充要求的标注。扩展图形符号和完整图形符号都是从基本图形符号演变出来的。基本图形符号是由两条不等长的与标注表面夹角为 60°的直线构成的。

表面粗糙度的符号及其含义见表 4-6。

表 4-6　表面粗糙度的符号及其含义（GB/T 131—2006）

符号名称	符　号	含义及说明
基本图形符号		基本符号，表示对表面有要求以及未指定工艺方法的表面粗糙度。仅适用于简化代号标注，当通过一个注释时可单独使用，没有补充说明时不能单独使用

（续）

符号名称	符　　号	含义及说明
扩展图形符号		扩展图形符号，基本符号加一短画，表示指定表面是用去除材料的方法获得的，如通过机械加工（车、铣、钻、磨、剪切、抛光、腐蚀、电火花加工、气割等）获得的表面
		扩展图形符号，基本符号上加一个圆圈，表示指定表面是用不去除材料的方法获得的，如铸、锻等；或者是用于保持上道工序形成的表面，不管这种表面是通过去除材料或不去除材料形成的
完整图形符号		在基本图形符号和扩展图形符号的长边上均可加一横线，用于标注表面结构特征的补充信息
工件轮廓各表面的图形符号	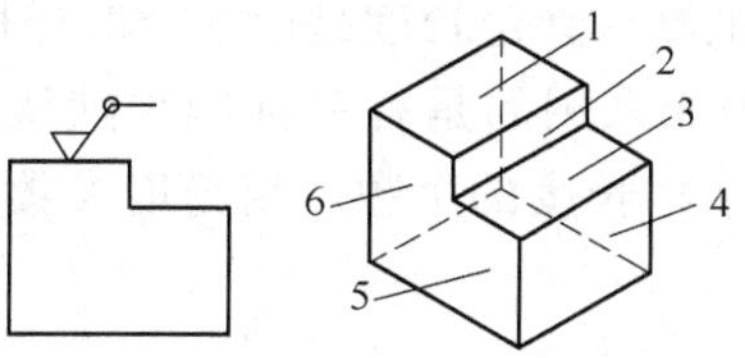	表面粗糙度完整图形符号上均可加一小圆，标注在图样中工件的封闭轮廓线上，表示在图样某个视图上构成封闭轮廓的各表面有相同的表面结构要求； 如果标注会引起歧义，各表面应分别标注。左图中的表面粗糙度符号是指对图形中封闭轮廓的六个面的共同要求（不包括前后面）

4.3.2　完整表面结构要求的符号

为了明确表面结构要求，除了标注表面结构参数和数值外，必要时应标注补充要求，补充要求包括表面结构参数代号、数值、传输带、取样长度、加工工艺、表面纹理及方向、加工余量等。为了保证表面功能特征，应对表面结构参数规定不同要求。

在表面粗糙度完整图形符号中，对表面结构有单一要求和补充要求时，应注写在符号上的规定位置，如图4-11所示。

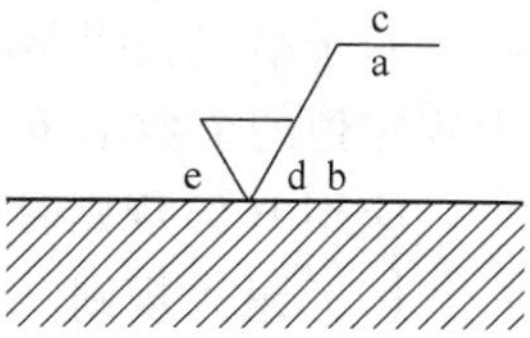

图4-11　表面补充要求的注写位置

a——注写表面粗糙度的单一要求，包括表面结构参数代号、极限值、取样长度（或传输带）等，在参数代号和极限值间应有空格，传输带或取样长度后应有“/”，之后依次是参数代号、数值；

a、b——注写两个或多个表面结构要求；在位置a注写第一个表面结构要求，方法同上，在位置b注写第二个表面结构要求；如果要注写第三个或更多个表面结构要求，图形符号应在垂直方向扩大，以空出足够空间，a、b位置随之上移；

c——标注加工方法、表面处理、涂层或其他加工工艺要求等，如车、磨、镀等加工表面；

d——注写表面纹理和纹理的方向，如“＝”、“X”、“M”。

e——注写加工余量，以毫米为单位给出数值。

4.3.3　表面结构的代号及内容的注法

在图样上标注表面粗糙度要求时，除标注粗糙度参数（从粗糙度轮廓上计算所得的R轮廓参数）的代号和数值（如Ra 1.6和Ra 6.3）外，还应标注取样长度、评定长度、极限值和传输带等信息（为了简化标注，标准中规定了一系列的默认值，不必在代号中标注）。

1. 参数代号的注法

在图样中常用的参数代号是三种表面轮廓 *R*、*W*、*P* 中的 *R* 轮廓参数，包括高度参数（常用的平均值参数 *Ra*，峰谷值 *Rz*、*Rp*、*Rv*），间距参数（*Rsm*），形状特征参数（常用的 *Rmr*(c)）。标注的参数代号后无“max”，表明引用了给定极限的默认定义或默认解释（16%规则），否则应用最大规则解释其给定极限。

2. 取样长度和评定长度的注法

（1）取样长度（*lr*）　取样长度是用于判别被评定轮廓不规则特征的一段基准线长度。在通常情况下，选取的取样长度一定要包含 5 个以上的峰谷，否则应选择较大一级的数值，见表 4-1。

（2）评定长度（*ln*）　评定长度是用于判别被评定轮廓所必需的一段长度，它可以是一个或几个取样长度。在标准规定中，粗糙度参数的默认评定长度是由 5 个取样长度构成，即 $ln=5lr$。如果所标注参数代号后无“max”，则表明采用的是有关标准中默认的评定长度。若不存在默认的评定长度时，参数代号中应标注取样长度的个数。粗糙度参数 *Ra* 的评定长度见表 4-1。

3. 极限值及其判断规则的注法

极限值是指图样上给定的粗糙度参数值（单向上限值、单向下限值、单向最大值或双向上限值和双向下限值）。极限值的判断规则是指在完工零件表面上测出实测值后，与给定值比较，以判断其是否合格的规则。表面结构要求中给定极限值的判断规则有以下两种。

（1）16%规则　16%规则是所有表面结构要求标注的默认规则。它是指当所注参数为上限值时，用同一评定长度测得的全部实测值中，若大于图样上规定值的个数不超过测得值总个数的 16%，则该表面是合格的。

对于给定表面参数下限值的场合，如果用同一评定长度测得的全部实测值中，小于图样上规定值的个数不超过测得值总个数的 16%，则该表面也是合格的。

应用 16%规则时，参数的注法如图 4-12 所示。

（2）最大规则　最大规则是指在被检测的整个表面上测得的参数值中，一个也不应超过图样上的规定值。为了指明参数的最大值，应在参数代号后增加一个“max”的标记，如图 4-13 所示。

MRR *Ra* 0.8；*Rz* 3.2

a)

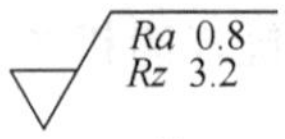

b)

图 4-12　应用 16%规则（默认规则）时参数的注法
a）在文本中注写　b）在图样上标注

MRR *Ra*max 0.8；*Rz*max 3.2

a)

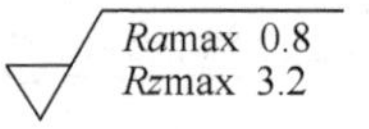

b)

图 4-13　应用最大规则时参数的注法
a）在文本中注写　b）在图样上标注

在标注单向极限要求时，一般是指参数的上限值（16%规则或最大规则的极限值），此时不必加注说明；如果是指参数的下限值（16%规则或最大规则的极限值），则应在参数代号前加“L”。例如 L*Ra* 6.3（16%规则）、L *Ra*max 1.6（最大规则）。

在完整符号中表示双向极限时，应标注极限代号，上限值在上方用“U”表示，下限值在下方用“L”表示，如图 4-14 所示。如果同一参数具有双向极限要求，标注方法如图 4-15

所示；在不引起歧义的情况下，可以不加 U、L，如图 4-16 所示。

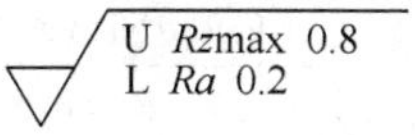

图 4-14　不同参数的注法

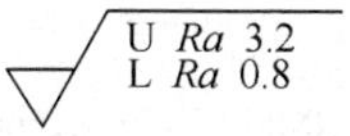

图 4-15　同一参数的注法

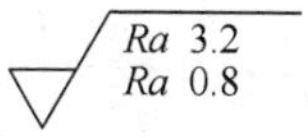

图 4-16　同一参数的省略注法

4. 传输带和取样长度的注法

传输带是指两个长、短波滤波器（测量表面结构参数所用的仪器，其功能是把轮廓分成长波成分和短波成分）之间的波长范围，即评定时的波长范围。传输带被一个截止短波的短波滤波器（λ_s 滤波器）和另一个截止长波的长波滤波器（λ_c 滤波器）所限制。滤波器由截止波长值表示，而长滤波器的截止波长值即为取样长度。

当参数代号中没有标注传输带时，如图 4-12 和图 4-14 所示，表面结构要求采用默认的传输带。*R* 轮廓传输带的截止波长值代号为 λ_s（短波滤波器）和 λ_c（长波滤波器）。评定 *R* 轮廓时，截止波长 λ_s 和 λ_c 的标准值见表 4-7。

表 4-7　默认传输带数值（*R* 轮廓）

λ_c/mm	0.08	0.25	0.8	2.5	8
λ_s/μm	2.5	2.5	2.5	8	25

传输带标注包括滤波器截止波长（mm），短波滤波器在前，长波滤波器在后，并用连字符号“-”隔开，标注在参数代号的前面，并用“/”隔开，如图 4-17 所示。

MRR 0.0025-0.8/*Rz* 3.2

a)

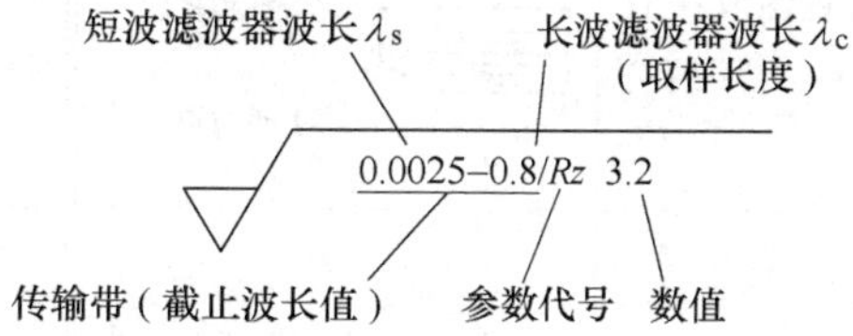

b)

图 4-17　传输带的注法

a）在文本中注写　b）在图样上标注

在某些情况下，如果只标注一个滤波器，应保留连字符号“-”，以区分是短波滤波器还是长波滤波器，此时另一个截止波长应解读为默认值。

例如，“0.008-”表示短波滤波器的标注；“-0.25”表示长波滤波器的标注。

如果表面结构参数没有定义默认的传输带、默认的短波滤波器或默认的取样长度（长波滤波器），则表面结构标注代号中应该指定传输带，即短波滤波器或长波滤波器。

5. 加工方法或相关信息的注法

轮廓曲线的特征对实际表面的表面结构参数影响很大。标注的参数代号、参数值和传输带作为表面结构要求，有时不一定能够完全准确地表示表面功能。加工工艺在很大程度上决定了轮廓曲线的特征，因此，一般应注明加工工艺，加工工艺用文字按图 4-18 和图 4-19 所示的方式在完整符号中注明。

6. 表面纹理的注法

表面纹理及其方向用表 4-8 中规定的符号标注，按图 4-20 所示标注在完整符号中。采用定义的符号标注表面纹理（如图 4-20 中的垂直符号）不适用于文本标注。

MRR 车 *Ra* 3.2

a)

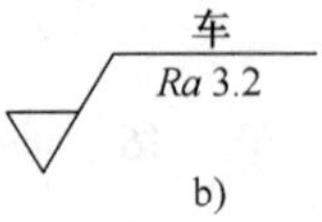

b)

图 4-18　加工工艺和表面粗糙度要求的注法

a）在文本中注写　b）在图样上标注

NMR Fe/Ep·Ni15pCr0.3r；*Rz* 0.8

a)

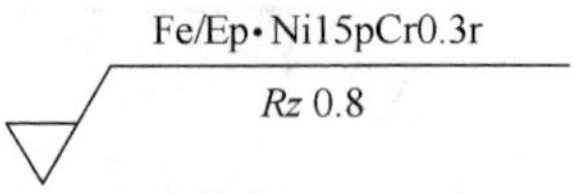

b)

图 4-19　镀覆和表面粗糙度要求的注法

a）在文本中注写　b）在图样上标注

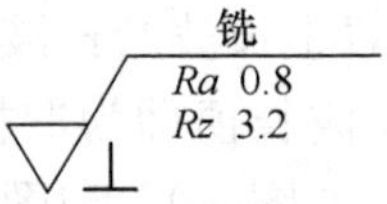

图 4-20　垂直于视图所在投影面的表面纹理方向的注法

表面纹理方向是指表面纹理的主要方向，通常由加工工艺决定。表 4-8 列出了表面纹理及其方向的标注示例及解释。

表 4-8　表面纹理的标注（GB/T 131—2006）

符　号	解　　释	示　　例	符　号	解　　释	示　　例
=	纹理平行于标注代号的视图所在的投影面	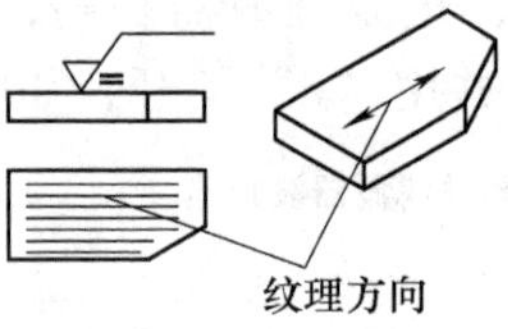	C	纹理呈近似同心圆且圆心与表面中心相关	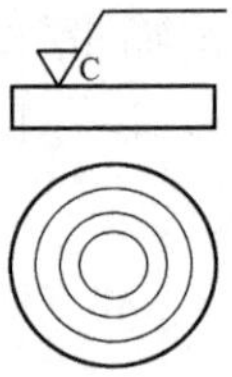
⊥	纹理垂直于标注代号的视图所在的投影面	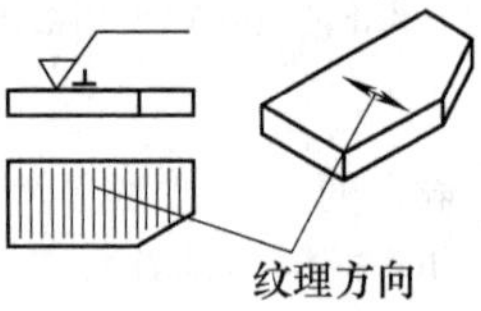	R	纹理呈近似放射状且与表面圆心相关	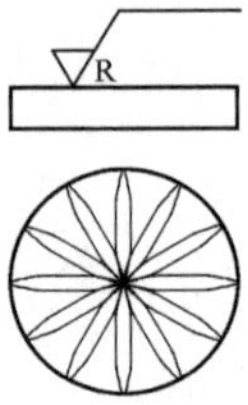
×	纹理呈两斜线交叉且与视图所在的投影面相交	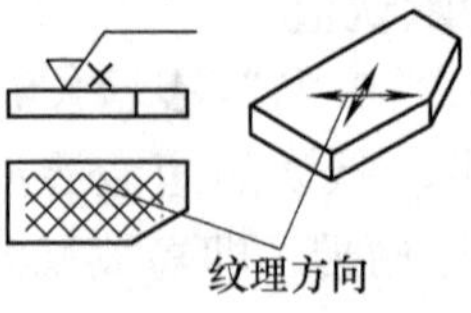	P	纹理呈微粒、凸起，无方向	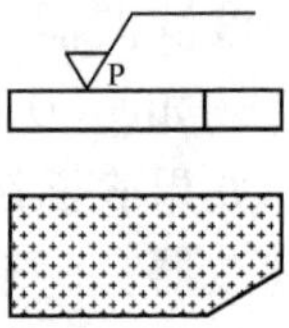
M	纹理呈多方向	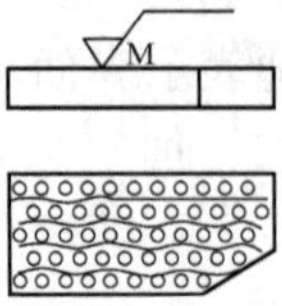			

7. 加工余量的注法

在同一图样中，有多个加工工序的表面可标注加工余量。例如，在表示完工零件形状的锻件图样中给出加工余量，如图 4-21 所示。加工余量可以是注在完整符号上的唯一要求，也可以同表面结构要求一起标注。

8. 表面粗糙度符号的注释

间距参数、形状参数的标注如图 4-22 所示。其中，图 4-22a 是 *Rsm* 上限值的标注；图 4-22b 是 *Rsm* 最大值的标注；图 4-22c 是 *Rmr*(c) 的标注，表示 *Rmr*(c) 的下限值为 70%，水平位置 *C* 在 *Rz* 的 50% 位置；图 4-22d 是 *Rmr*(c) 最小值的标注。

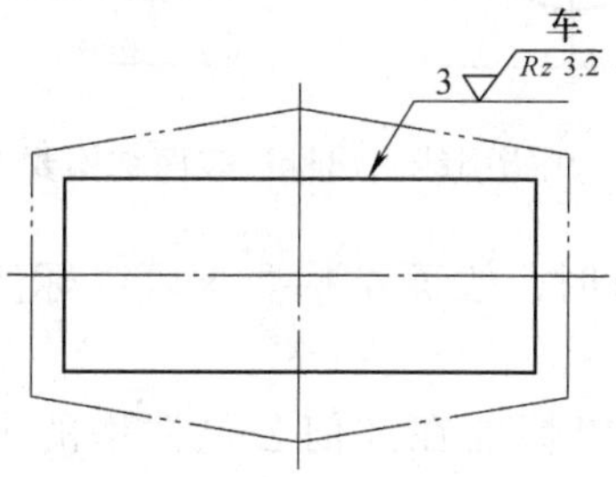

图 4-21　加工余量的注法（所有表面 3mm 加工余量）

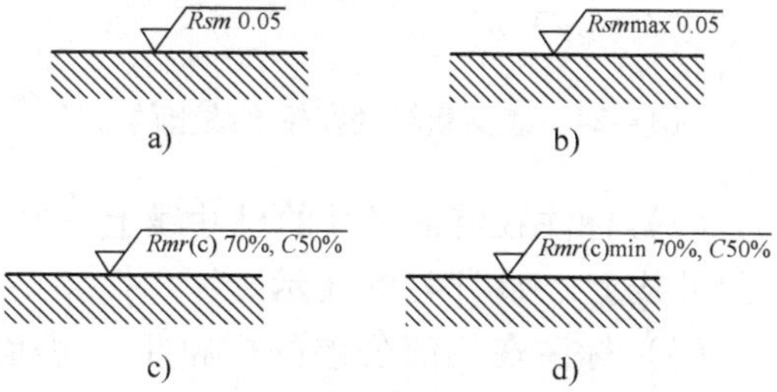

图 4-22　间距参数、形状参数的注法

常用表面粗糙度代号的含义及其注释见表 4-9。

表 4-9　表面粗糙度代号的含义

序　号	符　　号	含义及注释
1	*Rz* 0.4（不允许去除材料）	表示不允许去除材料，单向上限值，默认传输带，*R* 轮廓，粗糙度的最大高度为 0.4μm，评定长度为 5 个取样长度（默认），“16% 规则”（默认）
2	*Rz* max 0.2（去除材料）	表示去除材料，单向上限值，默认传输带，*R* 轮廓，粗糙度的最大高度为 0.2μm，评定长度为 5 个取样长度（默认），“最大规则”
3	0.008–0.8/*Ra* 3.2（去除材料）	表示去除材料，单向上限值，传输带 0.008 ~ 0.8mm，*R* 轮廓，算术平均偏差为 3.2μm，评定长度为 5 个取样长度（默认），“16% 规则”（默认）
4	–0.8/*Ra* 3 3.2（去除材料）	表示去除材料，单向上限值，传输带 – 0.8mm（GB/T 6062），*R* 轮廓，算术平均偏差为 3.2μm，评定长度为 3 个取样长度，“16% 规则”（默认）
5	U *Rz* max 3.2 L *Ra* 0.8（不允许去除材料）	表示不允许去除材料，双向极限值，两极限值均使用默认传输带，*R* 轮廓，上限值 *Rz* 为 3.2μm，评定长度为 5 个取样长度（默认），“最大规则”；下限值 *Ra* 为 0.8μm，评定长度为 5 个取样长度（默认），“16% 规则”（默认）

4.3.4　表面结构要求在图样上的标注

表面结构要求对每一表面一般只标注一次，并尽可能标注在相应的尺寸及其公差的同一视图上。除非另有说明，所标注的表面结构要求是对完工零件表面的要求。

1. 表面结构符号、代号的标注位置与方向

根据 GB/T 4458.4—2003 的规定，总原则是使表面结构的注写和读取方向与尺寸的注写和读取方向一致，如图 4-23所示。

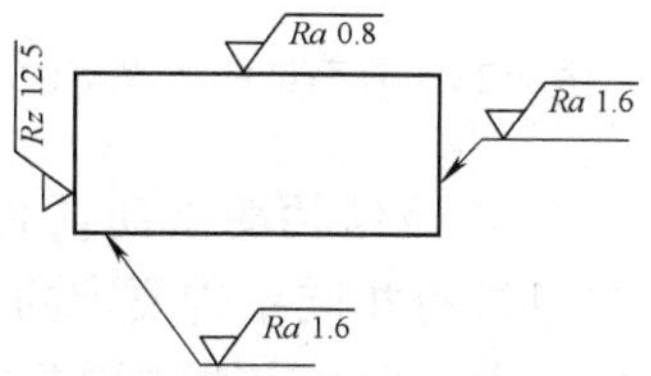

图 4-23　表面结构要求的注写方向

（1）标注在轮廓线或指引线上　表面结构要求可标注在轮廓线上，其符号应从材料外指向并接触表面。必要时，表面结构符号也可以用带箭头或黑点的指引线引出标注，如图 4-24 和图 4-25 所示。

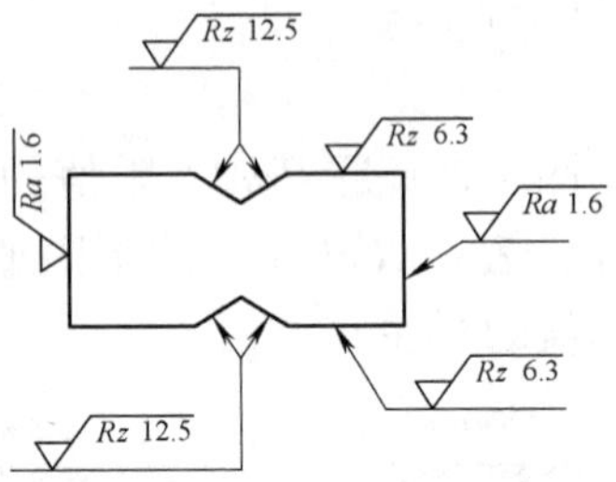

图 4-24　表面粗糙度在轮廓线上的标注

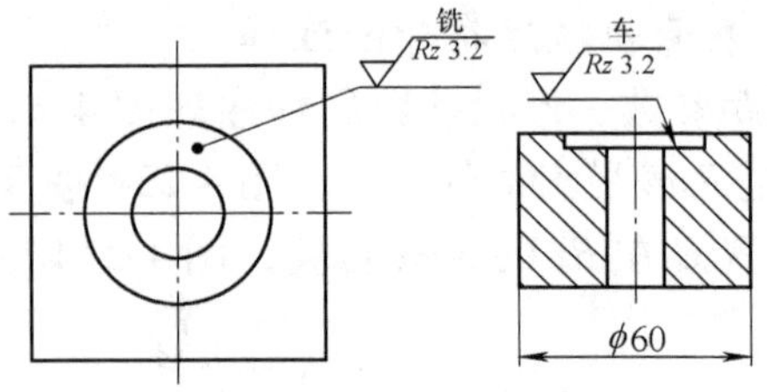

图 4-25　用指引线引出标注表面结构要求

（2）标注在特征尺寸的尺寸线上　在不致引起误解时，表面结构要求可以标注在给定的尺寸线上，如图 4-26 所示。

（3）标注在几何公差的框格上　表面结构要求可以标注在几何公差框格的上方，如图 4-27所示。

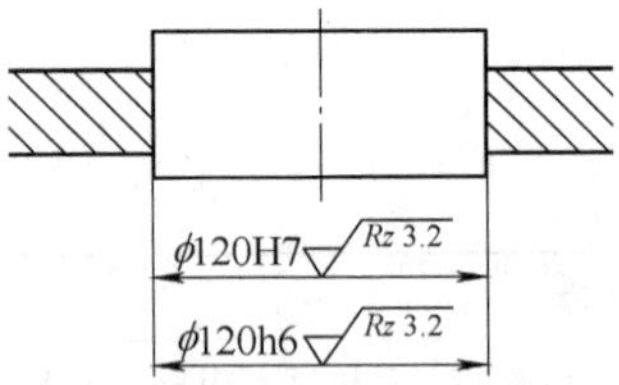

图 4-26　表面结构要求标注在尺寸线上

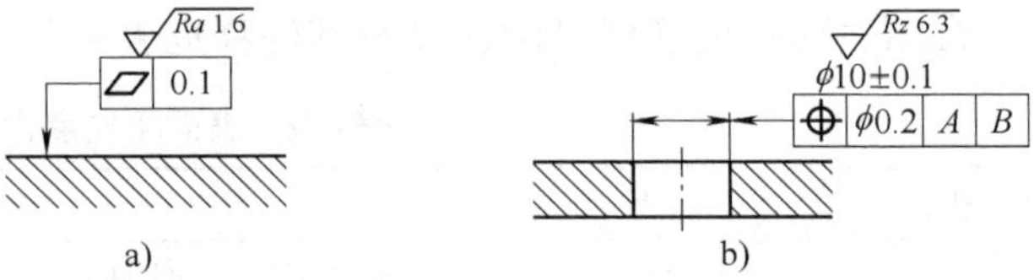

图 4-27　表面结构要求标注在几何公差框格的上方

（4）标注在延长线上　表面结构要求可以标注在延长线上，或用带箭头的指引线引出标注，如图 4-24 和图 4-28 所示。

（5）标注在圆柱和棱柱表面上　圆柱和棱柱表面的表面结构要求只标注一次，如图 4-28 所示。如果每个棱柱表面有不同的表面结构要求，则应分别标注，如图 4-29 所示。

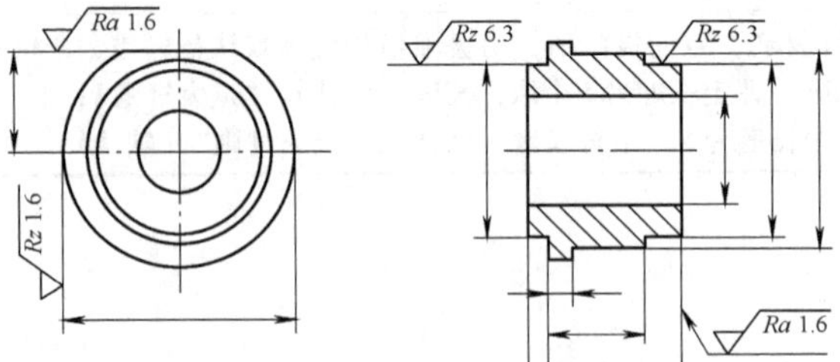

图 4-28　表面结构要求标注在圆柱特征的延长线上

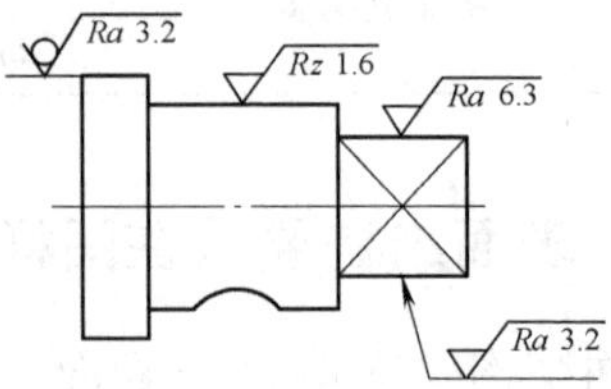

图 4-29　圆柱和棱柱的表面结构要求的注法

2. *表面结构要求的简化注法*

（1）有相同结构要求的简化注法　如果在工件的多数（包括全部）表面有相同的表面结构要求，则其表面结构要求可统一标注在图样的标题栏附近。此时（除全部表面有相同要求的情况外），表面结构要求的符号后面应在圆括号内给出无任何其他标注的基本符号，如图 4-30 所示；或在圆括号内给出不同的表面结构要求的表面结构符号，如图 4-31 所示。

不同的表面结构要求应直接标注在图形中，如图 4-30 和图 4-31 所示。

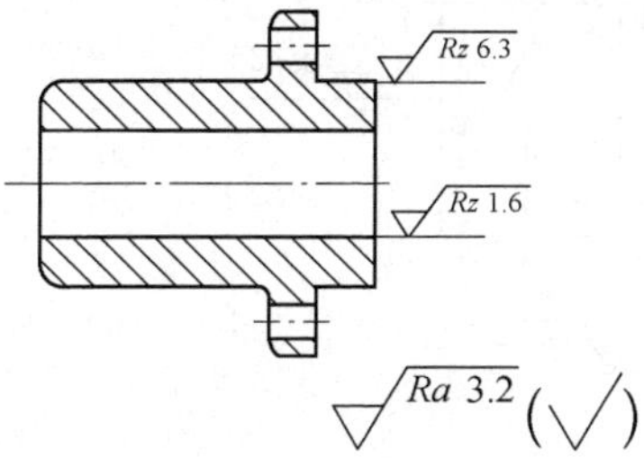

图 4-30　相同表面结构要求的简化注法（一）

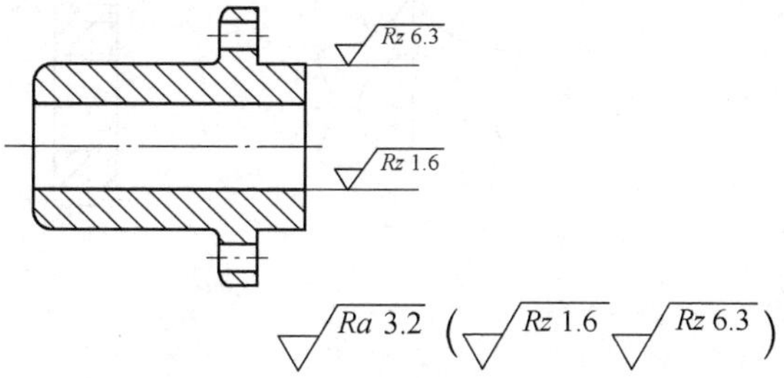

图 4-31　相同表面结构要求的简化注法（二）

（2）多个表面有共同要求的注法　当多个表面具有相同的表面结构要求或图样空间有限时，可以采用简化注法。

1）用带字母的完整符号的简化注法。可用带字母的完整符号，以等式的形式在图形或标题栏附近，对有相同表面结构要求的表面进行简化标注，如图 4-32所示。

2）只用表面结构符号的简化注法。可用基本符号、扩展符号，以等式的形式给出对多个表面共同的表面结构要求，如图 4-33 所示。

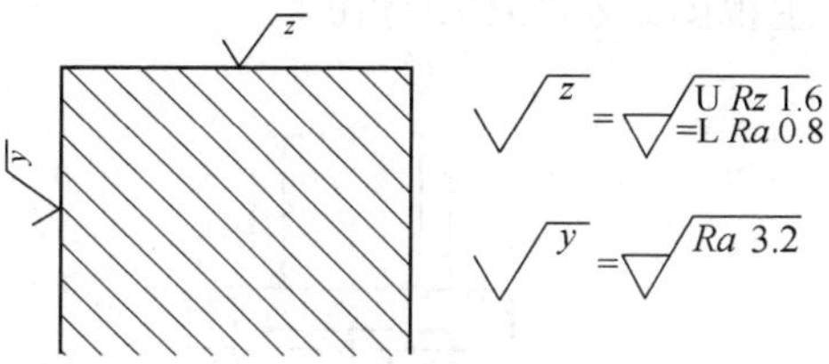

图 4-32　在图样空间有限时的简化注法

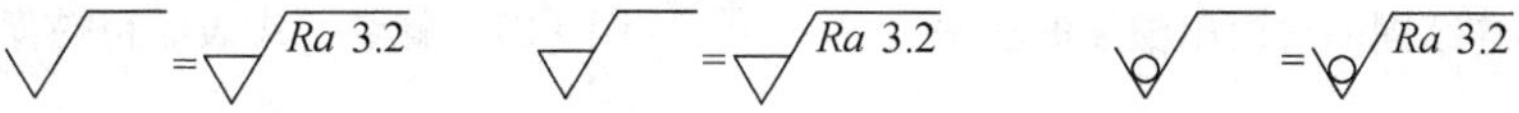

a)　b)　c)

图 4-33　多个表面有共同表面结构要求的简化注法

a）未指定工艺方法　b）要求去除材料的方法　c）要求不允许去除材料的方法

3. 两种或多种工艺获得的同一表面的注法

由几种不同的工艺方法获得的同一表面，当需要明确每种工艺方法的表面结构要求时，可按图 4-34 所示标注。

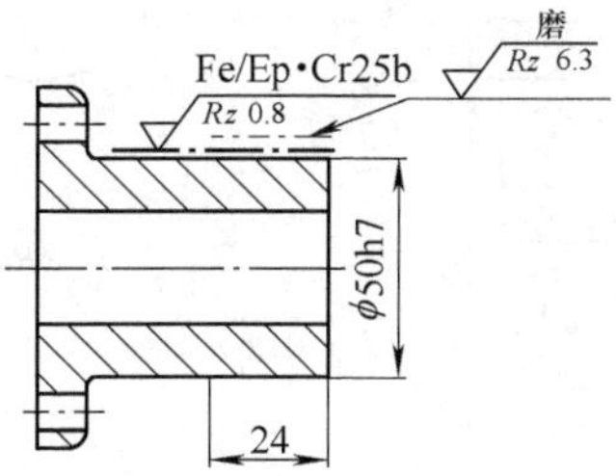

图 4-34　覆镀前后加工方法和表面结构的注法

4. 常用零件表面结构要求的注法

1）零件上的连续表面、重复要素（如孔、槽、齿等）的表面（图 4-35）和用细线连接的不连续的同一表面（图 4-36），其表面粗糙度符号、代号只标注一次。

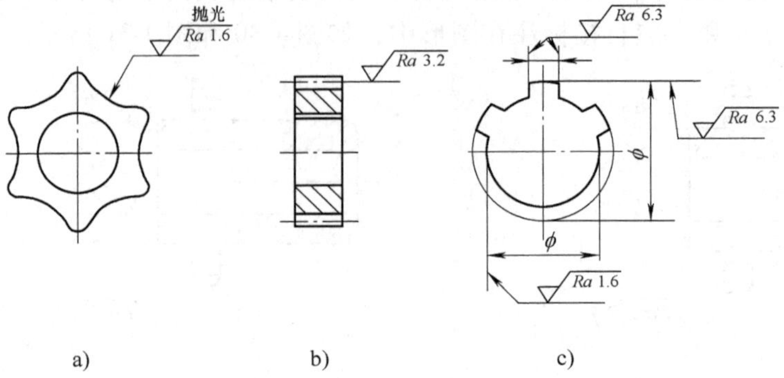

图 4-35　连续表面及重复要素的表面粗糙度的注法

2）螺纹工作面没有画出牙型时，其表面粗糙度代号可按图 4-37 所示的形式标出；或在主视图或左视图中标出。

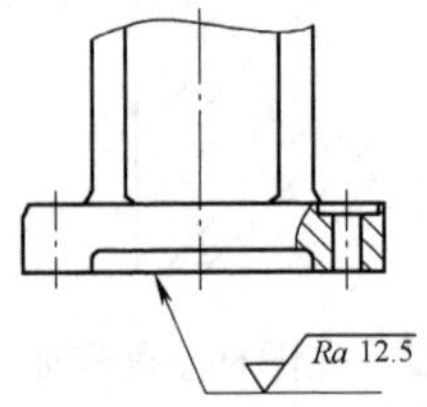

图 4-36　不连续同一表面粗糙度的注法

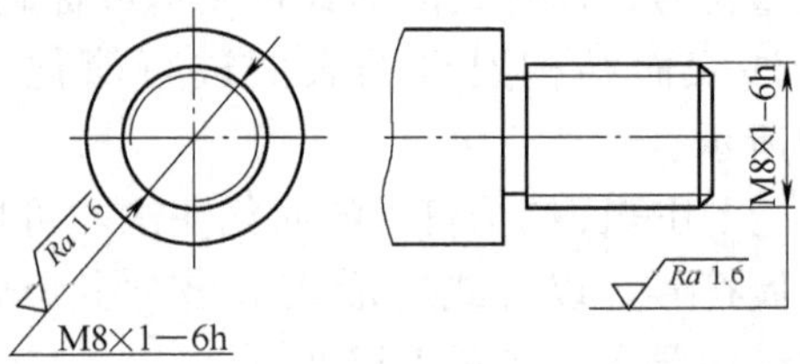

图 4-37　螺纹工作表面粗糙度的注法

【实例 4-2】设计图 4-38 中齿轮的表面粗糙度要求。

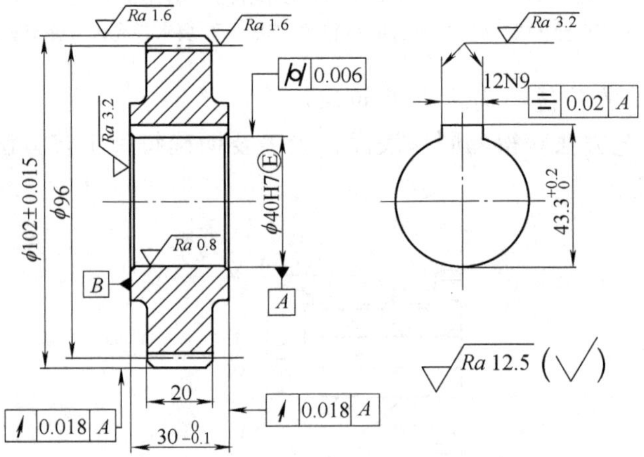

图 4-38　齿轮零件图的几何公差标注示例

【分析】要进行工程图表面粗糙度的设计，首先要了解表面粗糙度选择的相关知识：

（1）表面粗糙度评定参数的选择

（2）表面粗糙度数值的选择

【实施】

1. 选择表面粗糙度评定参数

在图4-38所示零件图样中，对各表面都无特殊要求，因此确定各表面选择表面粗糙度评定参数为 *Ra*。

2. 选择表面粗糙度数值

（1）齿轮孔面 ϕ40H7孔是与轴配合的表面，直接影响装配精度和运转情况，对其应提出很高的表面质量要求，参考表4-10选取 *Ra* 值为0.8μm。

（2）齿顶圆柱面和分度圆柱面 ϕ102mm齿顶圆柱面和ϕ96mm分度圆柱面分别影响两啮合齿轮是否会产生运动干涉和是否安装正确，也应提出较高的表面质量要求，参考表4-10选取 *Ra* 值为1.6μm。

（3）齿轮左右端面 要保证齿轮传递运动的准确性，齿轮安装时必须精确定位，因此对齿轮左右端面也应提出一定的表面质量要求，参考表4-10选取 *Ra* 值为3.2μm。

（4）轮毂槽工作侧面 为保证平键侧面与键槽侧面之间有足够的接触面积，避免装配困难，对轮毂槽工作侧面应提出一定的表面质量要求，参考表4-10选取 *Ra* 值为3.2μm。

（5）其余表面 其余表面的表面粗糙度要求为12.5μm。

4.4 表面粗糙度参数的选择

4.4.1 表面粗糙度技术要求的内容

规定表面粗糙度轮廓的技术要求时，必须给出表面粗糙度轮廓高度参数及其允许值和测量时的取样长度值这两项基本要求，必要时可规定轮廓其他补充要求的参数。如果采用标准取样长度，则在图样上可以省略标注取样长度。

4.4.2 表面粗糙度评定参数的选用

在机械设计和加工中，通常只给出 *R* 轮廓的高度参数 *Ra* 或 *Rz* 及其允许值，根据功能需要，可补充选用间距参数或其他评定参数及相应的允许值。

评定参数 *Ra* 能最全面、最客观地反映表面微观几何形状特征。其测量方法简单，标准推荐优先选用评定参数 *R* 轮廓算术平均值 *Ra*，其常用的取值范围是0.0025~6.3μm。在实际中也用 *Rz* 参数，其取值范围一般为0.100~25μm。对于被测零件表面不允许出现较深加工痕迹和承受交变应力作用的表面，则采用 *Rz* 作为评定参数。*Rz* 概念简单，测量也简便。

4.4.3 表面粗糙度常用评定参数值的选用

表面粗糙度评定参数值的选择，不但与零件的使用性能有关，还与零件的制造及经济性有关。表面粗糙度参数值总的选择原则是在满足功能要求的前提下，尽量选择较大的表面粗糙度参数值，以减小加工困难，降低生产成本。

表面粗糙度 *Ra* 值的选择可参见表4-10。

表 4-10　表面粗糙度 *Ra* 值与表面特征、加工方法的对应关系及应用举例

表面微观特征		*Ra*/μm	加工方法	应用举例
粗糙平面	微见刀痕	≤12.5	粗车、粗刨、粗铣、钻、毛锉、锯断	半成品粗加工的表面，非配合的加工表面，如轴端面、倒角、钻孔、齿轮带轮侧面、键槽底面等
半光表面	可见加工痕迹	≤6.3	车、刨、铣、钻、镗、粗铰	轴上不安装轴承、齿轮处的非配合表面，紧固件的自由装配表面，轴和孔的退刀槽等
	微见加工痕迹	≤3.2	车、刨、铣、钻、镗、磨、拉、粗刮、滚压	半精加工表面，箱体、支架、盖面、套筒等和其他零件结合而无配合要求的表面，需要发蓝的表面等
	看不清加工痕迹	≤1.6	车、刨、铣、钻、镗、磨、拉、刮、压、铣齿	接近于精加工表面，箱体上安装轴承的镗孔表面，齿轮的工作面
光表面	可辨加工痕迹方向	≤0.8	车、镗、磨、拉、刮、精铰、磨齿、滚压	圆柱销、圆锥销、与滚动轴承配合的表面，普通车床导轨面，内、外花键定心表面等
	微辨加工痕迹方向	≤0.4	精镗、磨、精铰、滚压、刮	要求配合性质稳定的配合表面，工作时受交变应力的重要零件，较高精度车床的导轨面
	不可辨加工痕迹方向	≤0.2	精磨、研磨、超精加工	精密机床主轴锥孔、顶尖圆锥面，发动机曲轴、齿轮轴工作表面，高精度齿轮齿面
极光表面	暗光泽面	≤0.1	精磨、研磨、普通抛光	精密机床主轴颈表面，一般量规工作表面，气缸内表面，活塞销表面
	亮光泽面	≤0.05	超精磨、精抛光、镜面磨削	精密机床主轴颈表面，滚动轴承的滚珠，高压油泵中柱塞和柱塞套配合的表面
	镜状光泽面	≤0.02		
	镜面	≤0.01	镜面磨削、超精研	高精度量仪、量块的工作表面，光学仪器中的金属镜面

具体选用表面粗糙度值时，可参照生产中的实例，用类比法确定，同时注意下列几点：

1）同一零件上，工作表面比非工作表面的表面粗糙度参数值小。

2）摩擦表面比非摩擦表面、滚动摩擦表面比滑动摩擦表面的表面粗糙度参数值小。

3）承受交变载荷的表面及易引起应力集中的部分（如圆角、沟槽等），其表面粗糙度参数值应小些。

4）要求配合稳定可靠时，表面粗糙度参数值应小些。小间隙配合表面、受重载作用的过盈配合表面，其表面粗糙度参数值要小。

5）表面粗糙度与尺寸及形状公差应协调。一般来说，尺寸公差和几何公差小的表面，其粗糙度值也小。同一尺寸公差的轴比孔的表面粗糙度参数值要小。

6）密封性、耐蚀性要求高的表面或外形美观的表面，其表面粗糙度参数值应小些。

7）凡有关标准已对表面粗糙度要求作出规定者（如轴承、量规、齿轮等），应按标准规定选取表面粗糙度参数值。

4.5　表面粗糙度的检测方法

表面粗糙度的检测方法主要有比较法、光切法、干涉法和针描法。

1. 比较法

比较法是指将被测零件表面与粗糙度样板用肉眼或借助放大镜或手摸感触进行比较，估计出表面粗糙度的一种检测方法。比较时所用的粗糙度样板材料、形状和加工方法应尽可能与被测表面相同。这样可以减少检测误差，提高判断准确性。当大批量生产时，也可以从加工零件中挑选出样品，经检定后作为表面粗糙度的样板使用。

比较法简单易行，适合在车间使用。缺点是评定的准确性在很大程度取决于检验人员的经验。因此，比较法仅适用于评定表面粗糙度要求不高的场合。

2. 光切法

光切法是利用光切原理来测量零件表面粗糙度的方法。光切显微镜（又称双管显微镜）就是利用这一原理设计而成的。该仪器适宜测量车、铣、刨或用其他类似加工方法加工的金属零件平面或外圆表面。

光切法通常用于测量 Rz 的值，其测量范围为 0.8～50μm。

光切法的原理如图 4-39 所示，显微镜有两个光管，一个为照明管，另一个为观测管，两管轴线互成 90°。在照明管中，由光源 1 发出的光线经过聚光镜 2、光栏（窄缝）3 及透镜 4 后，以一定的角度（45°）投射到被测表面上，形成窄长光带。通过观测管（管内装有透镜 5 和目镜 6）进行观察。若被测表面粗糙不平，光带就会弯曲。设表面不平度的高度为 H，则光带弯曲高度为

$$ab = H/\cos 45^\circ$$

而从目镜中看到的光带弯曲高度为

$$a'b' = KH/\cos 45^\circ$$

式中　K——观测管的放大倍数。

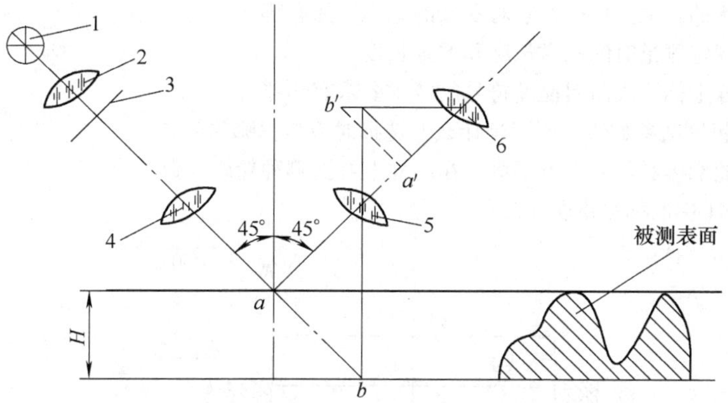

图 4-39　双管显微镜的测量原理

1—光源　2—聚光镜　3—光栏（窄缝）　4、5—透镜　6—目镜

3. 干涉法

干涉法是利用光波干涉原理测量表面粗糙度的方法。常采用的仪器是干涉显微镜，其测量精度高，适宜用来测量表面粗糙度 Rz 的值，其测量范围为 0.025～0.08μm。

实际检测中常常会遇到一些表面不便使用上述仪器直接测量的情况，例如，工件上的一些特殊部位和某些内表面。评定这些表面的粗糙度时，就可以使用干涉法。

4. 针描法

针描法是通过利用仪器的针尖与被测表面接触并使测针沿其表面轻轻滑过，微观不平度

将使触针做垂直方向的位移，再通过传感器将位移转换成电量，经信号放大后送入计算机，在显示器上显示出被测表面粗糙度的评定参数值，也可由记录器绘制出被测表面轮廓的误差图形。

按针描法原理设计制造的表面粗糙度测量仪器通常称为轮廓仪。根据转换原理的不同，可以有电感式轮廓仪、电容式轮廓仪和电压式轮廓仪等。轮廓仪可以测 *Ra*、*Rz*、*Rsm* 及 *Rmr*（c）等多个参数，可以测定 *Ra* 0.025 ~ 5μm。

图 4-40a 是电感式轮廓仪的原理图，图 4-40b 是传感器结构原理图。

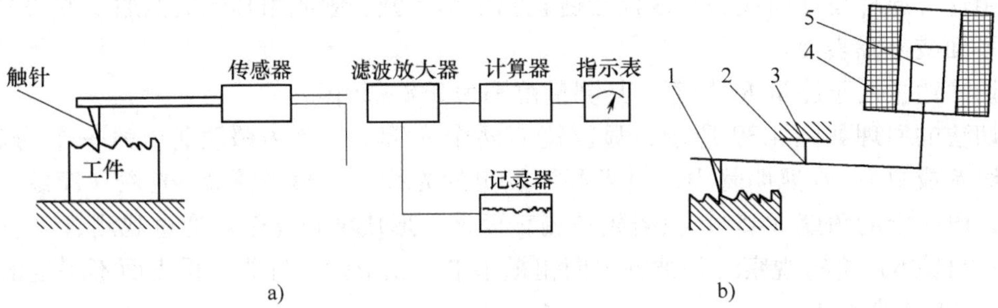

图 4-40　针描法测量原理框图

1—触针　2—支点　3—传感器杠杆　4—电感线圈　5—电磁铁心

习　题

4-1　表面粗糙度的含义是什么？它对零件的工作性能有哪些影响？

4-2　为什么要规定测量时的取样长度和评定长度？

4-3　一般在图样上标注表面粗糙度符号的技术要求有哪些？

4-4　选择表面粗糙度参数值的原则是什么？选择时应考虑哪些问题？

4-5　表面结构轮廓参数的种类有哪些？在图样上标注哪种轮廓参数？

4-6　指出图 4-41 中的标注错误并改正。

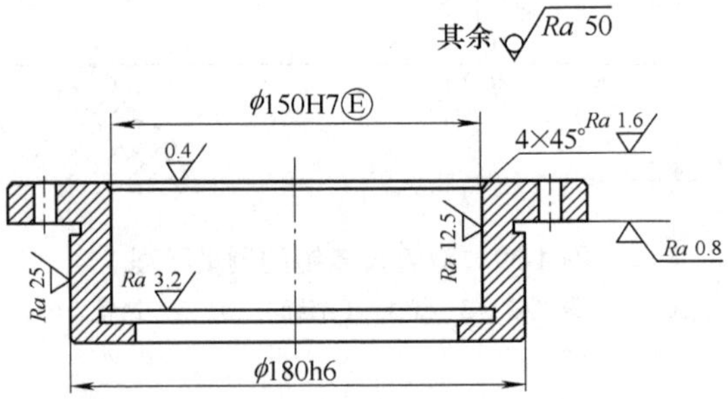

图 4-41　习题 4-6 图

第二篇　知识应用

知识模块 5　滚动轴承的公差与配合

【学习目标】

1. 掌握滚动轴承公差等级及公差带的基本规定
2. 学会正确选择轴颈和外壳孔的尺寸公差、几何公差和表面粗糙度
3. 能够在滚动轴承配合工程图样上进行正确标注

滚动轴承是一种典型的标准件，由专业工厂生产。滚动轴承具有摩擦系数小、润滑简便、易于更换等许多优点，因而在机械制造中得到广泛应用。

滚动轴承一般由外圈、内圈、滚动体和保持架组成，如图 5-1a 所示。滚动轴承的种类很多：按滚动体的形状，可分为球轴承和滚子轴承；按受负荷的作用方向，可分为向心轴承、推力轴承和向心推力轴承，如图 5-1 所示。

在工程应用中，滚动轴承内圈以内径 d 与轴颈配合，外圈以外径 D 与外壳孔配合，如图 5-2 所示。它们的配合属于光滑圆柱体配合，其互换性为完全互换；而内圈、外圈滚道与滚动体的装配一般采用分组装配，其互换性为不完全互换。滚动轴承的工作性能和使用寿命，不仅取决于轴承本身的制造精度，还与和滚动轴承相配合的轴颈和外壳孔的尺寸公差、几何公差和表面粗糙度，以及安装准确度等因素有关。因此，有关滚动轴承公差的国家标准不仅规定了滚动轴承本身的尺寸公差、旋转精度、测量方法，还规定了与滚动轴承相配合的外壳孔和轴颈的尺寸公差、几何公差和表面粗糙度。

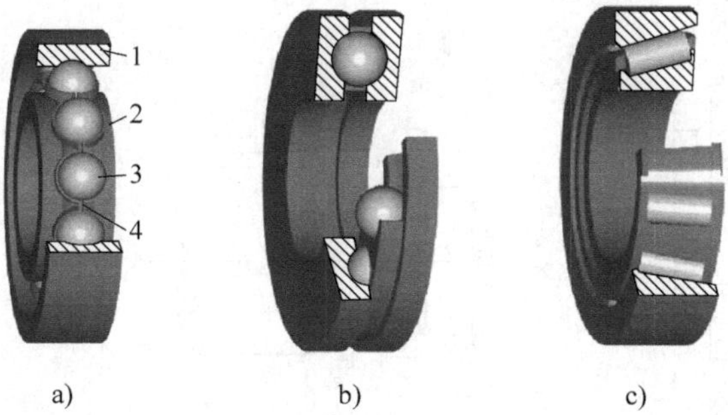

图 5-1　滚动轴承的类型

a）向心轴承　b）推力轴承　c）向心推力轴承

1—外圈　2—内圈　3—滚动体　4—保持架

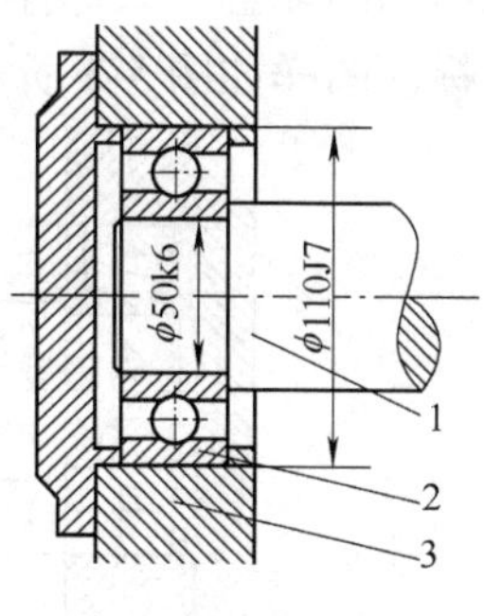

图 5-2　滚动轴承装配示意图

1—轴　2—轴承　3—箱体

【实例 5-1】 某单级直齿圆柱齿轮减速器中，小齿轮轴要求有较高的旋转精度，其两端装有 0 级圆锥滚子轴承（$d=50\text{mm}$，$D=110\text{mm}$），轴承承受的径向当量载荷 $P_r=2.59\times10^3\text{N}$，额定动载荷 $C_r=86410\text{N}$，要求确定滚动轴承与轴颈和外壳孔的配合。

【分析】 工程中采用的滚动轴承，其工作精度不仅与轴承自身的精度有关，还和与其相配合的轴颈和外壳孔的精度有关。因此，滚动轴承的精度设计任务分解如下：

（1）选择滚动轴承的公差等级

（2）确定滚动轴承配合件的尺寸公差

（3）确定滚动轴承配合件的几何公差和表面粗糙度要求

【实施】

1. 确定轴承的公差等级

由题意已知，此处选用 0 级圆锥滚子轴承。

2. 确定滚动轴承与轴颈和外壳孔的配合

（1）判断载荷类型　工程任务中无特殊要求，按一般情况处理，轴承承受径向载荷，内圈旋转，外圈固定。

（2）确定载荷大小　由给定条件计算可知：$P_r\approx0.03C_r$，为轻负荷。

（3）确定轴颈的公差带代号　查表 5-3，选择轴颈的公差带代号为 k6，与轴承内圈形成基孔制配合。

（4）确定外壳孔的公差带代号　查表 5-4，选择外壳孔的公差带代号为 G7 或 H7，但由于小齿轮轴要求有较高的旋转精度，因此选用 J7，保证得到更紧一些的配合。外壳孔与轴承外圈形成基轴制配合。

3. 确定轴颈和外壳孔的几何公差和表面粗糙度

（1）选择几何公差　查表 5-5 得圆柱度要求，轴颈圆柱度公差值为 0.004mm，外壳孔圆柱度公差值为 0.01mm。轴向圆跳动要求，轴肩轴向圆跳公差值为 0.012mm。

（2）选择表面粗糙度　查表 5-6 得表面粗糙度要求：轴颈表面 $Ra\leqslant0.8\mu\text{m}$，外壳孔表面 $Ra\leqslant1.6\mu\text{m}$，轴肩端面 $Ra\leqslant3.2\mu\text{m}$。

4. 标注

在装配图上，外壳孔与滚动轴承外圈的配合，只标注外壳孔的公差带代号；轴颈与滚动轴承内圈的配合，只标注轴的公差带代号。

标注图样如图 5-3 所示。

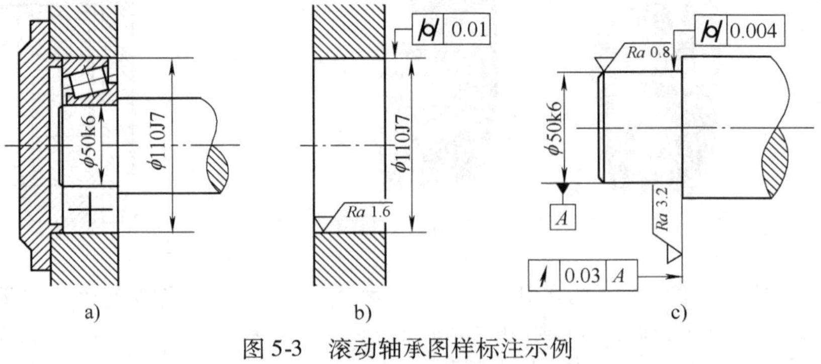

图 5-3　滚动轴承图样标注示例

a）装配图　b）外壳孔零件图　c）轴颈零件图

5.1　滚动轴承的公差等级

根据GB/T 307.3—2005规定，滚动轴承按其外圈公称尺寸的公差和旋转精度进行公差等级的划分。向心轴承分为0、6（6X）、5、4和2五个级别，其中0级精度最低，2级精度最高。圆锥滚子轴承分为0、6X、5、4和P2五个级别。推力轴承分为0、6、5、4四个级别。滚动轴承各公差等级的应用情况见表5-1。

表5-1　滚动轴承各公差等级的应用

公差等级	应　用
0	通常为普通级，在各种机器上应用最广。用于低速、中速及对旋转精度要求不高的一般旋转机构；例如，减速器旋转机构，汽车变速机构等旋转机构
6	用于旋转精度和运转平稳性要求较高的旋转机构，例如，普通车床主轴的后轴承、精密机床变速箱的轴承
5、4	用于高速、高旋转精度要求的机构，例如，精密机床的主轴轴承
2	用于转速很高、旋转精度要求也很高的机构，例如，齿轮磨床、精密坐标镗床的主轴轴承

5.2　滚动轴承内径、外径的公差

由于滚动轴承的内、外圈均为薄壁结构，制造和存放中容易变形（常呈椭圆形），但装配后又容易得到矫正，因此，滚动轴承国家标准（GB/T 307.1—2005）规定了轴承内径、外径的平均直径（d_{mp}、D_{mp}）的公差，用以确定内圈、外圈结合直径的公差带。平均直径d_{mp}、D_{mp}的数值是轴承内径、外径局部实际尺寸的最大值与最小值的平均值。轴承内径的平均直径d_{mp}与公称内径d的差，称为单一平面平均内径偏差Δd_{mp}；轴承外径的平均直径D_{mp}与公称外径D的差，称为单一平面平均外径偏差ΔD_{mp}。国家标准规定Δd_{mp}和ΔD_{mp}必须在极限偏差允许的范围内，用于控制轴承的配合。表5-2给出了部分Δd_{mp}和ΔD_{mp}的极限偏差数值。

表5-2　滚动轴承Δd_{mp}和ΔD_{mp}的极限偏差数值（GB/T 307.1—2005）

公差等级			0		6		5		4		2	
公称直径/mm			极限偏差/μm									
	大于	到	上极限偏差	下极限偏差	上极限偏差	下极限偏差	上极限偏差	下极限偏差	上极限偏差	下极限偏差	上极限偏差	下极限偏差
内圈	18	30	0	-10	0	-8	0	-6	0	-5	0	-2.5
	30	50	0	-12	0	-10	0	-8	0	-6	0	-2.5
外圈	50	80	0	-13	0	-11	0	-9	0	-7	0	-4
	80	120	0	-15	0	-13	0	-10	0	-8	0	-5

由于滚动轴承是精密标准部件，所以滚动轴承内圈与轴颈的配合采用基孔制，外圈与外壳孔的配合采用基轴制。

在滚动轴承内圈与轴的基孔制配合中，轴的各种公差带与一般基孔制配合中的轴公差带相同。但作为基准孔的轴承内圈孔，其公差带位于以公称内径 d 为零线的下方，即上极限偏差为零，下极限偏差为负值，与一般基孔制不同，如图 5-4 所示。这样，在采用相同的轴公差带的前提下，其所得到的配合比一般基孔制的相应配合要紧些，这是为了适应滚动轴承配合的特殊需要。因为在多数情况下，轴承内圈是随传动轴一起转动，传递转矩，并且不允许轴孔之间有相对运动，所以两者的配合应具有一定的过盈。但由于内圈是薄壁零件，又需经常维修拆换，故过盈量不宜太大。而一般基准孔，其公差带位于零线上方，若选用过盈配合，则其过盈量太大，如果改用过渡配合，又可能出现间隙，使内圈与轴在工作时发生相对滑动，导致结合面被磨损。为此国家标准规定，所有公差等级轴承内圈 d_{mp} 的公差带应位于零线的下方。这样当其与过渡配合中的 k6、m6、n6 等轴构成配合时，将获得比一般基孔制过渡配合规定的过盈量稍大的过盈配合；当与 g6、h6 等轴构成配合时，不再是间隙配合，而成为过渡配合。通常轴承外圈安装在壳体孔中不旋转，故外圈与壳体孔的配合不要求太紧。因此，所有公差等级轴承外圈 D_{mp} 的公差带位置，仍按一般基轴制规定，将其布置在零线的下方。

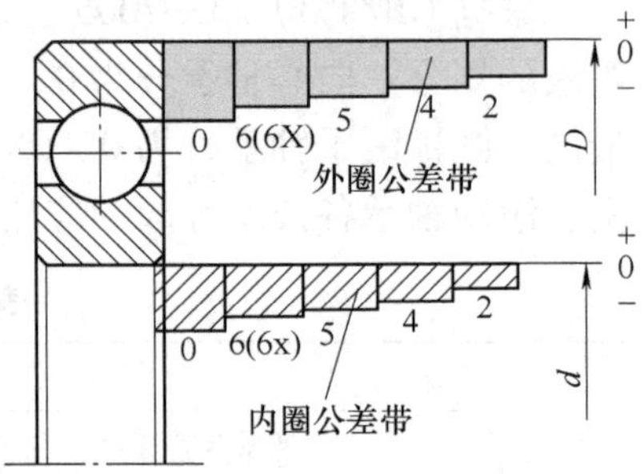

图 5-4　滚动轴承内、外径的公差带

应当指出，由于滚动轴承结合面的公差带是特别规定的，因此，装配图上轴承的配合仅标注公称尺寸及轴、外壳孔的公差带代号，如图 5-2 所示。

5.3　滚动轴承与轴颈和外壳孔的配合

1. 轴颈和外壳孔的公差等级

与滚动轴承配合的轴颈和外壳孔的公差等级应与轴承的公差等级相匹配。当机器要求有较高的旋转精度时，要选择较高公差等级的轴承（如 5 级、4 级轴承），与轴承配合的轴颈和外壳孔，也要选择较高的公差等级（轴颈可取 IT5，外壳孔可取 IT6），以使两者协调。与 0 级、6 级滚动轴承配合的轴颈一般取 IT6，外壳孔一般取 IT7。

2. 轴颈和外壳孔的公差带

滚动轴承配合的选择，实质上就是确定与其相配合的轴颈和外壳孔的公差带。国家标准 GB/T 275—1993《滚动轴承与轴和外壳的配合》中，对与 0 级、6 级滚动轴承配合的轴颈规定了 17 种公差带，如图 5-5 所示；对外壳孔规定了 16 种公差带，如图 5-6 所示。

3. 滚动轴承与轴颈和外壳孔配合的选择

正确地选择滚动轴承的配合，对保证机器正常运转，充分发挥其承载能力，延长使用寿命，都有很重要的关系。工程实际中，应根据滚动轴承承受负荷的类型、负荷大小、轴承的尺寸大小、轴承的游隙等因素来选择滚动轴承的配合。

（1）轴承承受负荷的类型　作用在轴承上的合成径向负荷一般是由定向负荷和旋转负荷合成的。根据轴承套圈所承受合成径向负荷的方向不同，可将负荷分为以下三种类型。

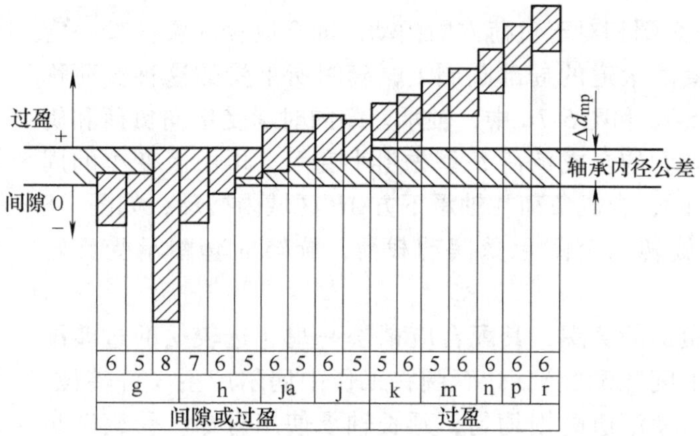

图5-5　滚动轴承与轴颈的配合

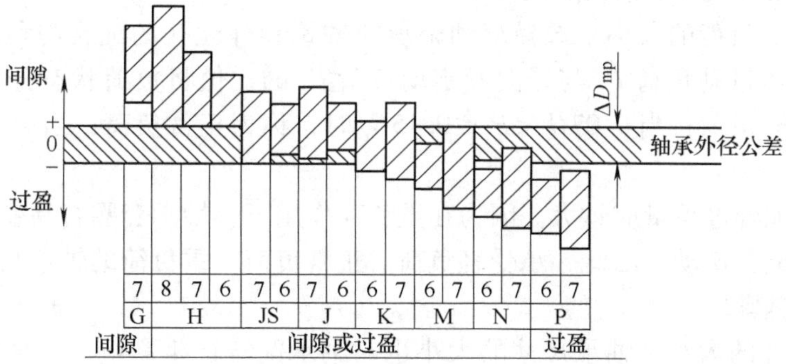

图5-6　滚动轴承与外壳孔的配合

1）定向负荷。套圈相对于负荷方向固定，即合成径向负荷始终方向不变地作用在套圈滚道的局部区域上，套圈所承受的这种负荷称为定向负荷。如图5-7a中的外圈和图5-7b中的内圈，它们均承受定向负荷 F_0 的作用。

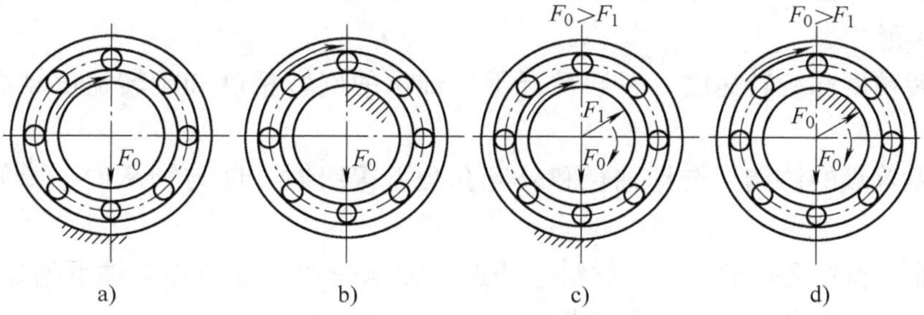

图5-7　轴承承受的负荷类型

2）旋转负荷。套圈相对于负荷方向旋转，即合成径向负荷的作用方向是随套圈一起旋转的，套圈所承受的这种负荷称为旋转负荷。如图5-7a中的内圈和图5-7b中的外圈，它们均承受旋转向负荷的作用。

3）摆动负荷。套圈相对于负荷方向摆动，即合成径向负荷按一定规律变化地作用在套圈滚道的局部圆周上，套圈所承受的这种负荷称为摆动负荷。如图 5-7c 和图 5-7d 中，轴承套圈同时承受定向负荷和旋转向负荷的作用，它们的合成负荷 F 呈先由小变大，再由大变小的周期变化。当 $F_0>F_1$ 时，合成负荷在轴承下方 AB 区域内摆动，如图 5-8 所示。此时轴承不旋转的套圈承受摆动载荷，旋转的套圈承受旋转载荷。

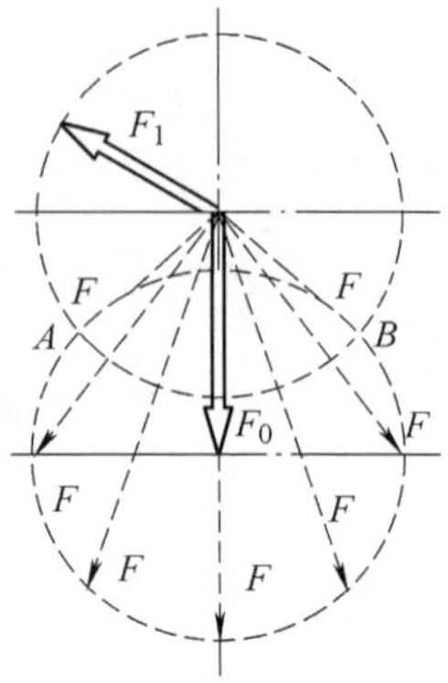

图 5-8　摆动负荷

通常，受定向负荷的套圈，其配合应稍松一些（选较松的过渡配合或具有极小间隙的间隙配合），让套圈在工作中偶尔产生少许转位，从而改变受力状态，使滚道磨损均匀，延长轴承使用寿命。受旋转负荷的套圈，其配合应紧一些（选较紧的过渡配合或过盈量较小的过盈配合），以防止套圈在轴颈或外壳孔的配合表面打滑，引起配合表面发热、磨损，影响正常工作。受摆动负荷的套圈，其配合的松紧程度介于前两者之间。

（2）轴承承受负荷的大小　选择滚动轴承与轴颈和外壳孔的配合与负荷大小有关。向心轴承按其径向当量动负荷 P_r 与径向额定动负荷 C_r 的比值将负荷状态分为三类：当 $P_r \leqslant 0.07C_r$ 时，称为轻负荷；当 $0.07C_r<P_r \leqslant 0.15C_r$ 时，称为正常负荷；当 $P_r>0.15C_r$ 时，称为重负荷。

负荷越大，配合过盈量应越大。因为在重负荷作用下，轴承套圈容易变形，使配合面受力不均匀，引起配合松动。因此，承受轻负荷、正常负荷、重负荷的轴承与轴颈和外壳孔的配合应依次越来越紧。

（3）轴承尺寸的大小　轴承尺寸的大小也对轴承配合产生影响。一般情况下，轴承尺寸越大，选择的间隙配合的间隙量越小，过盈配合的过盈量越大。

（4）轴承游隙　游隙过大，轴承会产生较大的振动和噪声；游隙过小，会使轴承滚动体与套圈产生较大的接触应力，引起轴承摩擦发热，会降低轴承使用寿命。

（5）工作温度　工作过程中，由于摩擦生热和环境热源的影响，往往会导致轴承套圈的温度高于配合件的温度。这时，内圈与轴颈的配合将会变松，外圈与外壳孔的配合将会变紧，故当轴承在高温下工作时，其配合应予以调整。轴承工作温度高于 100℃时，应对选择的配合进行修正。

（6）旋转精度和旋转速度　一般情况下，轴承的旋转精度和旋转速度越高，则应选择越紧的配合。

（7）公差等级的协调　选择轴径和外壳孔公差等级时，应与轴承的公差等级协调，如前所述。

此外，轴颈和外壳孔的结构、材料，装拆、轴承的轴向游动等对轴承的运转也有影响，在选择轴承配合时应当全面地分析和考虑。

在设计中，选择轴承的配合通常采用类比法，有时为了安全起见，才用计算法校核。与向心轴承配合的轴颈公差带代号可参照表 5-3 选择；与向心轴承配合的外壳孔的公差带代号可参照表 5-4 选择。

表 5-3　与向心轴承配合的轴颈公差带代号（GB/T 275—1993）

运转状态	负荷状态	应用举例	深沟球轴承、调心球轴承和角接触球轴承	圆柱滚子轴承和圆锥滚子轴承	调心滚子轴承	公差带代号
圆柱孔轴承						
			轴承公称内径/mm			
旋转的内圈负荷及摆动负荷	轻负荷	一般通用机械、电动机、机床主轴、泵、内燃机、正齿轮传动装置、铁路机车车辆轴箱、破碎机等	≤18 >18～100 >100～200 —	— ≤40 >40～140 >140～200	— ≤40 >40～100 >100～200	h5 j6① k6① m6①
	正常负荷		≤18 >18～100 >100～140 >140～200 >200～280 — —	— ≤40 >40～100 >100～140 >140～200 >200～400 —	— ≤40 >40～65 >65～100 >100～140 >140～280 >280～500	j5、js5 k5② m5② m6 n6 p6 r6
	重负荷		—	>50～140 >140～200 >200 —	>50～100 >100～140 >140～200 >200	n6 p6③ r6 r7
固定的内圈负荷	各类负荷	静止轴上的各种轮子、张紧滑轮、绳轮、振动筛、惯性振动器	所有尺寸			f6 g6① h6 j6
纯轴向负荷		所有应用场合	所有尺寸			j6、js6
圆锥孔轴承						
所有负荷		铁路机车车辆轴箱	装在退卸套上的所有尺寸			h8(IT6)④、⑤
		一般机械传动	装在紧定套上的所有尺寸			h9(IT7)④、⑤

① 凡对精度较有较高要求的场合，应选用 j5、k5 等代替 j6、k6 等。
② 圆锥滚子轴承和角接触球轴承配合对游隙的影响不大，可用 k6、m6 代替 k5、m5。
③ 重负荷下轴承游隙应选用大于 0 组的游隙。
④ 凡有较高精度或转速要求的场合，应选用 h7（IT5）代替 h8（IT6）。
⑤ IT6、IT7 表示圆柱度公差数值。

表 5-4　与向心轴承配合的外壳孔公差带代号（GB/T 275—1993）

运转状态	应用举例	负荷状态	其他情况		公差带①代号	
					球轴承	滚子轴承
固定的外圈负荷	一般机械、铁路机车车辆轴箱、电动机、泵、曲轴主轴承	轻、正常、重	轴向容易移动	轴处于高温工作	G7	
				采用剖分式壳体	H7	
摆动负荷		冲击	轴向能移动，采用整体式或剖分式外壳		J7、JS7	
		轻、正常				
		正常、重	轴向不能移动，采用整体式外壳		K7	
		冲击			M7	
旋转的外圈负荷	张紧滑轮、轮毂轴承	轻			J7	K7
		正常			K7、M7	M7、N7
		重			—	N7、P7

① 并列公差带随尺寸的增大从左至右选择；对旋转精度要求较高时，可相应提高一个公差等级。

5.4 轴颈和外壳孔配合表面及端面的几何公差和表面粗糙度

为了保证轴承的工作质量及使用寿命，除选定轴和外壳孔的公差带之外，对轴和外壳孔的几何公差及表面粗糙度也要提出合理的要求。

1. 配合表面及端面的几何公差

根据 GB/T 275—1993，对与滚动轴承配合的轴颈和外壳孔表面提出了圆柱度公差要求，对轴肩和外壳孔的端面提出了圆跳动公差要求，其几何公差数值参见表 5-5。

表 5-5 轴颈和外壳孔的几何公差（GB/T 275—1993）

公称尺寸/mm		圆柱度				轴向圆跳动			
		轴颈		外壳孔		轴肩		外壳孔肩	
		轴承公差等级							
		P0	P6(P6x)	P0	P6(P6x)	P0	P6(P6x)	P0	P6(P6x)
大于	到	公差值/μm							
	6	2.5	1.5	4	2.5	5	3	8	5
6	10	2.5	1.5	4	2.5	6	4	10	6
10	18	3.0	2.0	5	3.0	8	5	12	8
18	30	4.0	2.5	6	4.0	10	6	15	10
30	50	4.0	2.5	7	4.0	12	8	20	12
50	80	5.0	3.0	8	5.0	15	10	25	15
80	120	6.0	4.0	10	6.0	15	10	25	15
120	180	8.0	5.0	12	8.0	20	12	30	20
180	250	10.0	7.0	14	10.0	20	12	30	20
250	315	12.0	8.0	16	12.0	25	15	40	25
315	400	13.0	9.0	18	13.0	25	15	40	25
400	500	15.0	10.0	20	15.0	25	15	40	25

2. 配合表面及端面的表面粗糙度

国家标准对与滚动轴承内、外圈配合的表面提出了较高的表面粗糙度要求，表面粗糙度数值参见表 5-6。

表 5-6 配合表面的表面粗糙度（GB/T 275—1993）

轴颈或外壳孔直径/mm		轴颈或外壳孔配合表面直径公差等级								
		IT7			IT6			IT5		
大于	到	*Ra*/μm		*Rz*/μm	*Ra*/μm		*Rz*/μm	*Ra*/μm		*Rz*/μm
		磨	车		磨	车		磨	车	
	80	1.6	3.2	10	0.8	1.6	6.3	0.4	0.8	4
80	500	1.6	3.2	16	1.6	3.2	10	0.8	1.6	6.3
轴肩和外壳孔肩端面		3.2	6.3	25	3.2	6.3	25	1.6	3.2	10

习　题

5-1　滚动轴承的精度有几个等级？哪些等级应用广泛？

5-2　滚动轴承的配合应遵守怎样的配合制度？

5-3　滚动轴承的内、外圈公差分布有何特点？

5-4　选择轴承配合时应考虑哪些因素？

5-5　有一圆柱齿轮减速器，小齿轮轴要求有较高的旋转精度，装有0级深沟球轴承，轴承尺寸为50mm×110mm×27mm，额定动载荷$C_r=32000N$，轴承承受的径向载荷$F_r=4000N$。试用类比法确定轴颈和外壳孔的公差带代号，画出公差带图，确定孔、轴的几何公差值和表面粗糙度值，并将它们分别标注在图样上。

知识模块 6　键联接的公差配合与检测

【学习目标】

1. 学会正确选择平键联接的尺寸公差、几何公差和表面粗糙度
2. 能够在平键联接工程图样上进行正确标注
3. 了解花键联接的公差选择

平键联接和花键联接是一种可拆联接，具有联接紧凑、简单、可靠、装卸方便、容易加工等优点，在机械工程中应用非常广泛。键联接可用于联接轴和轴上零件（如齿轮、带轮、链轮、联轴器等），以传递运动或转矩；也可用于轴上零件的导向，如变速箱中变速齿轮花键孔与花键轴的联接。

6.1　平键联接的公差与检测

【实例 6-1】 图 6-1 所示为减速器从动轴的零件图，$\phi45\text{m}6$ 圆柱面和 $\phi56\text{r}6$ 圆柱面分别与带轮和齿轮装配，它们的联接都是由键联接实现的，请根据已知条件设计两处键联接的公差，并标注在相应位置上。

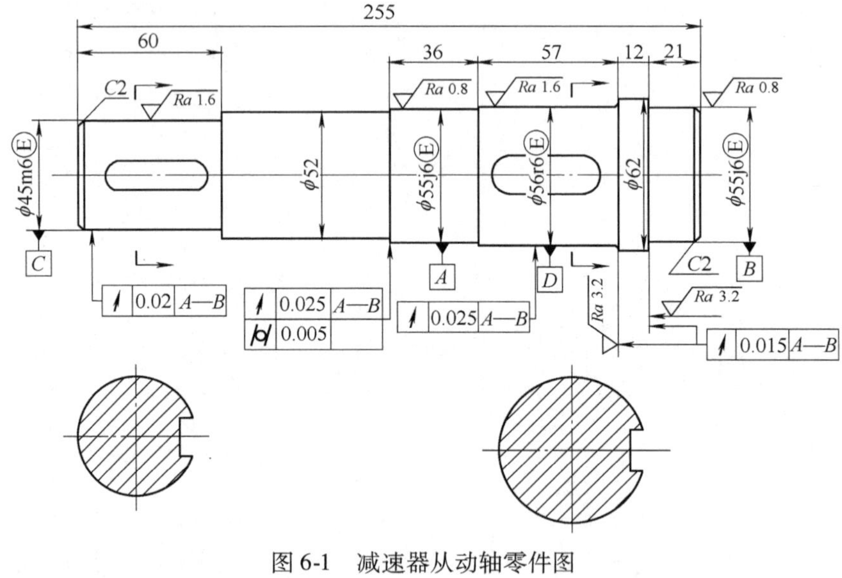

图 6-1　减速器从动轴零件图

【分析】 键联接的公差设计包括以下几个方面：① 确定键联接的尺寸；②确定键联接的尺寸公差与配合；③确定键联接的几何公差要求；④确定键联接的表面粗糙度。

【实施】 根据分析可知，减速器从动轴上的键联接采用的是平键联接。下面进行平键联接的公差设计。

（1）根据轴径确定平键的几何参数　查表 6-1 可得，$\phi45\text{m}6$ 和 $\phi56\text{r}6$ 轴上平键的公称尺

寸分别为 14mm×9mm 和 16mm×10mm，$d-t$ 分别为 $39.5_{-0.2}^{\ 0}$mm 和 $50_{-0.2}^{\ 0}$mm。

（2）选择键联接的配合类型 平键联接应用在减速器上，键在轴槽和轮毂槽中均需固定，且载荷不大，参考表6-2可得，此处键联接的配合采用正常联接。查表6-2可得，轴槽的尺寸公差带代号为N9，轮毂槽的尺寸公差带代号为JS9。

（3）确定键槽的尺寸公差 查表6-1可得，ϕ45m6 轴上的轴槽尺寸公差为 14N9（$_{-0.043}^{\ 0}$），ϕ56r6 轴上的轴槽尺寸公差为 16N9（$_{-0.043}^{\ 0}$）。

（4）确定键槽的几何公差和各表面的表面粗糙度要求

1）确定键槽的几何公差。查表3-10可得，ϕ45m6 和 ϕ56r6 轴上轴槽的对称度公差为 0.02mm（按IT8选取）。

2）确定键槽各表面的表面粗糙度要求。轴槽两侧面的表面粗糙度 Ra 值取 3.2μm，槽底的表面粗糙度 Ra 值取 12.5μm。

（5）标注在图样上减速器从动轴的键槽尺寸与公差标注如图6-2所示。

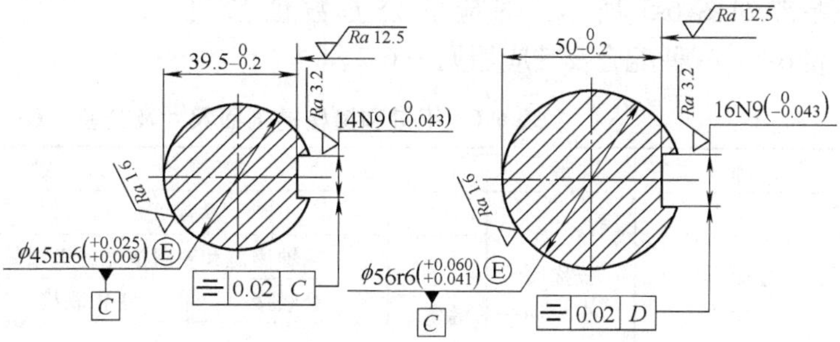

图6-2 减速器从动轴的键槽尺寸与公差标注

1. 键联接的几何参数

单键（通常称键）分为平键、半圆键、切向键和楔键等，如图6-3所示，其中平键应用最为广泛。平键又可分为导向平键和普通平键，前者用于导向联接，后者用于固定联接。

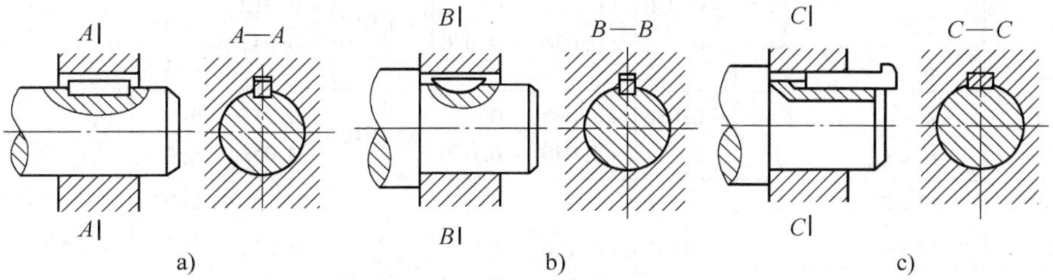

图6-3 键联接的类型

a）平键联接 b）半圆键联接 c）楔键联接

平键联接是由键、轴槽和轮毂槽三部分组成的，其结合尺寸有键宽 b、键槽宽 b（轴槽宽和轮毂槽宽）、键高 h、槽深（轴槽深 t 和轮毂槽深 t_1）和键长 L 等参数。平键联接的几何参数如图6-4所示。平键联接的剖面尺寸均已标准化，在 GB/T 1095—2003《平键 键槽的剖面尺寸》中做了规定。

实例6-1中减速器从动轴上采用的键联接就是平键联接。

2. 平键联接的公差

（1）平键联接的尺寸公差与配合 平键联接是通过键的侧面分别与轴槽和轮毂槽的侧面相互接触来传递运动和转矩的。因此，键宽和是决定配合性质的主要参数、是配合尺寸，应规定较为严格的公差；而键的高度 h、长度 L、轴槽深度 t 和轮毂槽深度 t_1 均为非配合尺寸，可选择较松的公差。

平键配合实质上就是键宽与键槽宽的配合。键宽同时要与轴槽宽和轮毂槽宽配合，相当于一个轴与两个孔相配合，且配合性质不同。平键是标准件，因此，键联接采用基轴制配合，键宽 b

的基本偏差代号为“h”。平键的尺寸大小是根据轴的直径进行选取的，参见表6-1。

国家标准对键宽只规定了一种公差带 h9，对轴槽宽和轮毂槽宽各规定了 H9、N9、P9 和 D10、JS9、P9 三种公差带，构成三种不同性质的配合，以满足不同平键联接的配合要求。按照配合的松紧程度不同，平键联接分为松联接、正常联接和紧密联接。键宽与键槽宽的公差带如图 6-5 所示，对应的公差数值参见表6-1，三种配合及其应用见表6-2。

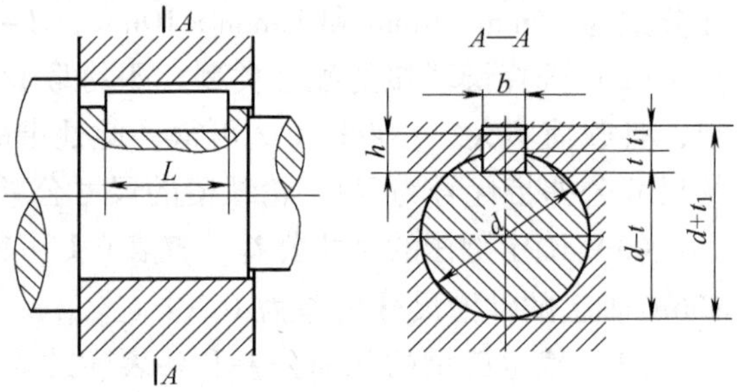

图 6-4　平键联连的几何参数

表 6-1　平键和键槽的剖面尺寸及公差（GB/T 1095—2003）　　（单位：mm）

轴	键	键槽									
		宽度 b						深度			
			轴槽宽和轮毂槽宽的极限偏差					轴槽深 t		轮毂槽深 t_1	
公称直径 d	公称尺寸 $b \times h$	键宽 b	松联接		正常联接		紧密联接				
			轴 H9	毂 D10	轴 N9	毂 JS9	轴和毂 P9	公称	偏差	公称	偏差
6～8	2×2	2	+0.025 0	+0.060 +0.020	-0.004 -0.029	±0.0125	-0.006 -0.031	1.2	+0.10 0	1.0	+0.10 0
>8～10	3×3	3						1.8		1.4	
>10～12	4×4	4	+0.030 0	+0.078 +0.030	0 -0.030	±0.015	-0.012 -0.042	2.5		1.8	
>12～17	5×5	5						3.0		2.3	
>17～22	6×6	6						3.5		2.8	
>22～30	8×7	8	+0.036 0	+0.098 +0.040	0 -0.036	±0.018	-0.015 -0.051	4.0	+0.20 0	3.3	+0.20 0
>30～38	10×8	10						5.0		3.3	
>38～44	12×8	12	+0.043 0	+0.120 +0.050	0 -0.043	±0.0215	-0.018 -0.061	5.0		3.3	
>44～50	14×9	14						5.5		3.8	
>50～58	16×10	16						6.0		4.3	
>58～65	18×11	18						7.0		4.4	
>65～75	20×12	20	+0.052 0	+0.149 +0.065	0 -0.052	±0.026	-0.022 -0.074	7.5		4.9	
>75～85	22×14	22						9.0		5.4	

注：1. 在工作图中，轴槽深常用 $d-t$ 标注，轮毂槽深常用 $d+t_1$ 标注。

2. $(d-t)$ 和 $(d+t_1)$ 两个组合尺寸的偏差按相应的 t 和 t_1 的极限偏差选取，但 $(d-t)$ 的极限偏差应取负号。

表 6-2　平键联接的三种配合及其应用

配合种类	尺寸 b 的公差带			应用
	键	轴槽	轮毂槽	
松联接	h9	H9	D10	键在轴和轮毂上均能滑动，用于导向平键，轮毂可在轴上滑动
正常联接		N9	JS9	键在轴槽中和轮毂槽中均固定，用于载荷不大的场合
紧密联接		P9	P9	键在轴槽和轮毂槽中均牢固固定，用于载荷较大、有冲击和双向传递转矩的场合

（2）平键联接的几何公差　为了保证键和键槽的侧面具有足够的接触面积和避免装配困难，国家标准对键和键槽的几何公差做了以下规定。

1）对称度。轴槽两侧面的中心平面对轴的轴线和轮毂槽两侧面的中心平面对孔的轴线提出对称度公差要求。对称度公差等级按国家标准 GB/T 1184—1996《形状和位置公差　未标注公差值》选取，一般取 IT7 ~ IT9。

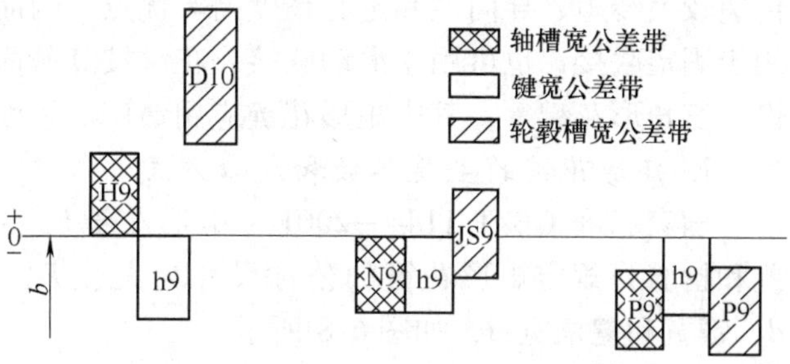

图6-5　键宽与键槽宽的公差带

2）平行度。当平键的键长 L 与键宽 b 之比 $L/b \geqslant 8$ 时，应规定键宽 b 的两工作侧面在长度上的平行度要求。当 $b \leqslant 6$mm 时，公差等级取 IT7；当 $b \geqslant 8 \sim 36$mm 时，公差等级取 IT6；当 $b \geqslant 40$mm 时，公差等级取 IT5。

实例 6-1 中，键联接提出对称度公差要求，公差等级取 IT8。

（3）平键联接的表面粗糙度　轴槽和轮毂槽两侧面的表面粗糙度 Ra 推荐值为 1.6 ~ 6.3μm，槽底的表面粗糙度 Ra 一般取 12.5μm。

（4）平键联接的图样标注　平键联接的标注如图 6-6 所示。

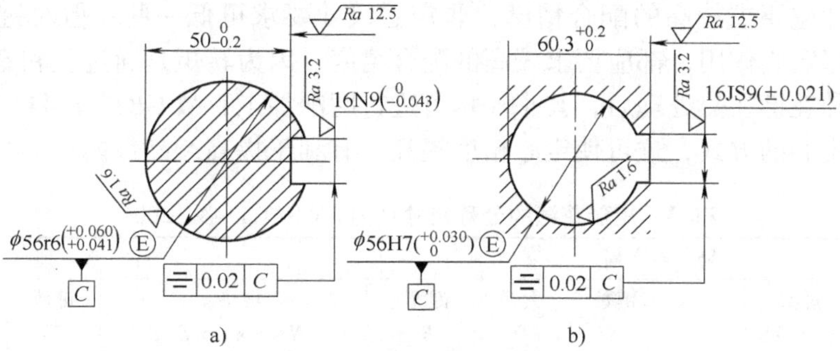

图6-6　键槽尺寸与公差标注

a）轴槽　b）轮毂槽

3. 键联接的检测

在单件小批量生产中，键和键槽的尺寸常用游标卡尺、千分尺等普通测量器具来测量；在大批量生产中可用量块或极限量规来检测，如图 6-7 所示。

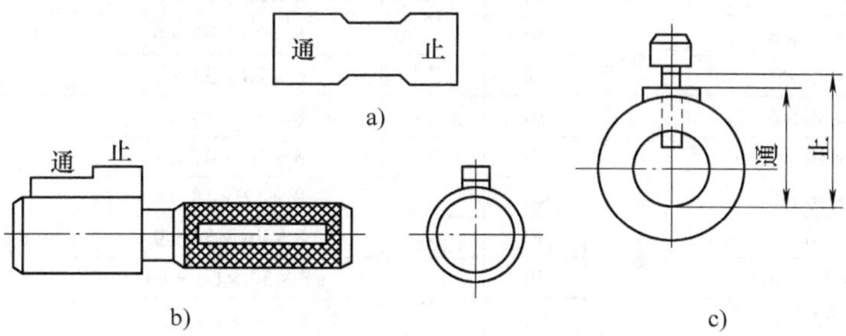

图6-7　键槽尺寸检测用极限量规

a）键槽宽量规　b）轮毂槽深量规　c）轴槽深量规

6.2　花键联接的公差与检测

花键联接由内花键和外花键两个零件组成。与单键联接相比，花键联接具有刚性好、能传递较大转矩、导向性和定心精度高等优点，因而在机械制造中得到广泛应用。花键联接可用于固定联接，也可用于滑动联接。花键按其截面形状的不同，可分为矩形花键、渐开线花键、三角形花键等，其中矩形花键应用最广。下面重点介绍矩形花键的相关知识。

1. 矩形花键的主要参数和定心方式

国家标准 GB/T 1144—2001《矩形花键尺寸、公差和检验》规定矩形花键的公称尺寸为大径 D、小径 d、键宽和键槽宽 B，如图 6-8 所示。

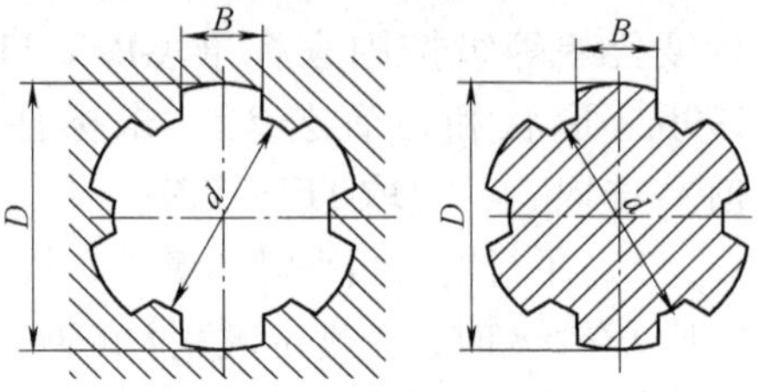

a)　　b)

图 6-8　矩形花键的主要尺寸

a) 内花键　b) 外花键

为了便于加工和测量，键数规定为偶数，有 6、8、10 三种。按承载能力不同，矩形花键可分为中、轻两个系列。同一小径的中系列和轻系列的键数相同，键宽和键槽宽也相同，而大径不相同。中系列的键高尺寸较大，承载能力强；轻系列的键高尺寸较小，承载能力较低。矩形花键的公称尺寸系列参见表 6-3。

矩形花键的定心方式有三种：按大径 D 定心、按小径 d 定心和按键宽 B 定心。对于起定心作用的尺寸应要求较高的配合精度，非定心尺寸要求可低一些；但对键宽这一配合尺寸，无论是否起定心作用，都应要求较高的配合精度，因为转矩是通过键和键槽的侧面传递的。由于内、外花键在热处理后，其小径均可进行磨削加工，故 GB/T 1144—2001 中只规定了用一种小径定心的方式，这可使定心精度提高，有利于提高产品性能。

表 6-3　矩形花键的公称尺寸系列（GB/T 1144—2001）　　（单位：mm）

小径 d	轻系列				中系列			
	规格 $N\times d\times D\times B$	键数 N	大径 D	键宽 B	规格 $N\times d\times D\times B$	键数 N	大径 D	键宽 B
11	—	—	—	—	6×11×14×3	6	14	3
13					6×13×16×3.5		16	3.5
16					6×16×20×4		20	4
18					6×18×22×5		22	5
21					6×21×25×5		25	
23	6×23×26×6	6	26	6	6×23×28×6		28	6
26	6×26×30×6		30		6×26×32×6		32	
28	6×28×32×7		32	7	6×28×34×7		34	7
32	6×32×36×6		36	6	8×32×38×6	8	38	6
36	8×36×40×7	8	40	7	8×36×42×7		42	7
42	8×42×46×8		46	8	8×42×48×8		48	8
46	8×46×50×9		50	9	8×46×54×9		54	9
52	8×52×58×10		58	10	8×52×60×10		60	10
56	8×56×62×10		62		8×56×65×10		65	
62	8×62×68×12		68	12	8×62×72×12		72	12
72	10×72×78×12	10	78		10×72×82×12	10	82	
82	10×82×88×12		88		10×82×92×12		92	
92	10×92×98×14		98	14	10×92×102×14		102	14
102	10×102×108×16		108	16	10×102×112×16		112	16
112	10×112×120×18		120	18	10×112×125×18		125	18

2. 矩形花键联接的公差与配合

（1）矩形花键的尺寸公差带　内、外花键的尺寸公差带分为一般级和精密级两种。精密级多用于机床变速箱中，在定心精度要求高或传递较大转矩时，小径应选较高等级的公差带。一般级适用于定心精度要求不高而传递较大转矩之处，如用在汽车、拖拉机的变速箱中。内、外花键的尺寸公差带见表 6-4。

为减少专用刀具和量具的数量，花键联接采用基孔制配合。从表 6-4 可以看出，对一般用的内花键槽宽规定了两种公差带：加工后不再热处理的内花键，公差带为 H9；加工后需要进行热处理的内花键，为修正热处理变形，公差带为 H11。对于精密传动用内花键，当联接要求键侧配合间隙较小时，槽宽公差带选用 H7，一般情况选用 H9。

定心直径 *d* 的公差带，在一般情况下，内、外花键取相同的公差等级，且比相应的大径 *D* 和键宽 *B* 的公差等级都高。但在有些情况下，内花键允许与高一级的外花键配合，公差带为 H7 的内花键可以与公差带为 f6、g6、h6 的外花键配合；公差带为 H6 的内花键可以与公差带为 f5、g5、h5 的外花键配合。这主要是考虑矩形花键常用来作为齿轮的基准孔，有可能出现外花键的定心直径公差等级低的情况，而大径只有 H10/a11 一种配合。

表 6-4　矩形花键的尺寸公差带（GB/T 1144—2001）

<table>
<tr><th colspan="4">内　花　键</th><th colspan="3">外　花　键</th><th rowspan="3">装配形式</th></tr>
<tr><th rowspan="2">小径 d</th><th rowspan="2">大径 D</th><th colspan="2">键宽 B</th><th rowspan="2">小径 d</th><th rowspan="2">大径 D</th><th rowspan="2">键宽 B</th></tr>
<tr><th>拉削后不热处理</th><th>拉削后热处理</th></tr>
<tr><td colspan="8">一般用</td></tr>
<tr><td rowspan="3">H7</td><td rowspan="3">H10</td><td rowspan="3">H9</td><td rowspan="3">H11</td><td>f7</td><td rowspan="3">a11</td><td>d10</td><td>滑动</td></tr>
<tr><td>g7</td><td>f9</td><td>紧滑动</td></tr>
<tr><td>h7</td><td>h10</td><td>固定</td></tr>
<tr><td colspan="8">精密传动用</td></tr>
<tr><td rowspan="3">H5</td><td rowspan="6">H10</td><td colspan="2" rowspan="6">H7、H9</td><td>f5</td><td rowspan="6">a11</td><td>d8</td><td>滑动</td></tr>
<tr><td>g5</td><td>f7</td><td>紧滑动</td></tr>
<tr><td>h5</td><td>h8</td><td>固定</td></tr>
<tr><td rowspan="3">H6</td><td>f6</td><td>d8</td><td>滑动</td></tr>
<tr><td>g6</td><td>f7</td><td>紧滑动</td></tr>
<tr><td>h6</td><td>h8</td><td>固定</td></tr>
</table>

（2）矩形花键公差与配合的选择

1）尺寸公差带的选择。传递转矩大或定心精度要求高时，应选用精密传动用的尺寸公差带；否则可选用一般用的尺寸公差带。

2）配合的选择。内、外花键的装配形式可分为滑动配合、紧滑动配合和固定配合三种。当内、外花键联接只传递转矩而无相对轴向移动时，应选用配合间隙最小的固定联接；当内、外花键联接不但要传递转矩，还要求有相对轴向移动时，应选用滑动联接或紧滑动联接；当内、外花键联接移动频繁、移动距离长时，则应选用配合间隙较大的滑动联接，以保证运动灵活，而且确保配合面间有足够的润滑油层。表 6-5 列出了几种矩形花键配合的应用情况。

表 6-5　矩形花键配合应用

应　用	固定联接		滑动联接	
	配　合	特征及应用	配　合	特征及应用
精密传动用	H5/h5	紧固程度较高，可传递大转矩	H5/g5	滑动程度较低，定心精度高，传递转矩大
	H6/h6	传递中等转矩	H6/f6	滑动程度中等，定心精度较高，传递中等转矩
一般用	H7/h7	紧固程度较低，传递转矩较小，可经常拆卸	H7/f7	移动频率高，移动长度大，定心精度要求不高

（3）矩形花键的几何公差　由于矩形花键联接表面复杂，键长与键宽比值较大，几何误差对花键联接的装配性能和传递转矩与运动的性能影响很大，是影响联接质量的重要因素，因此必须对其加以控制。

国家标准对矩形花键的几何公差做了以下规定：

1）为了保证定心表面的配合性质，内、外花键小径（定心直径）的尺寸公差和几何公差的关系必须采用包容要求。

2）为保证花键（或花键槽）在圆周上分布的均匀性，对键和键槽应规定位置度公差，位置度公差见表 6-6，图样标注如图 6-9 所示。

表 6-6　矩形花键的位置度公差（GB/T 1144—2001）　　（单位：mm）

键槽宽或键宽 B			3	3.5~6	7~10	12~18
t_1	键槽宽		0.010	0.015	0.020	0.025
	键宽	滑动、固定	0.010	0.015	0.020	0.025
		紧滑动	0.006	0.010	0.013	0.016

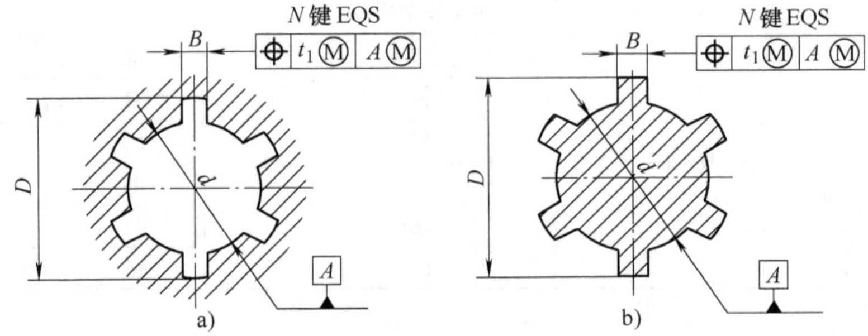

图 6-9　花键位置度公差的标注

a）内花键　b）外花键

3）当单件、小批量生产时，应规定键（键槽）两侧面的中心平面对定心表面轴线的对称度公差，花键对称度公差见表 6-7。

表 6-7　矩形花键的对称度公差（GB/T 1144—2001）　　（单位：mm）

键槽宽或键宽 B		3	3.5~6	7~10	12~18
t_2	一般用	0.010	0.012	0.015	0.018
	精密传动用	0.006	0.008	0.009	0.011

（4）矩形花键的表面粗糙度　矩形花键的表面粗糙度 Ra 上限值推荐见表6-8。

表6-8　矩形花键的表面粗糙度推荐值　（单位：μm）

加工表面	内花键	外花键
	Ra 不大于	
大径	6.3	3.2
小径	0.8	0.8
键侧	3.2	0.8

（5）矩形花键的标注方式　矩形花键的规格按下列顺序标注：键数 $N\times$ 小径 $d\times$ 大径 $D\times$ 键宽（键槽宽）B。在工程图样上，矩形花键各规格参数的公差带代号或配合代号标注于各公称尺寸之后。

【实例6-2】 某矩形花键联接，键数 $N=8$，小径 $d=40$mm，配合为 H6/f6；大径 $D=54$mm，配合为 H10/a11；键宽（键槽宽）$B=9$mm，配合为 H9/d8，其标注为

花键规格：$N\times d\times D\times B$，即 $8\times40\times54\times9$。

花键副：$8\times40\dfrac{\mathrm{H6}}{\mathrm{f6}}\times54\dfrac{\mathrm{H10}}{\mathrm{a11}}\times9\dfrac{\mathrm{H9}}{\mathrm{d8}}$　GB/T 1144—2001

内花键：$8\times40\mathrm{H6}\times54\mathrm{H10}\times9\mathrm{H9}$　GB/T 1144—2001

外花键：$8\times40\mathrm{f6}\times54\mathrm{a11}\times9\mathrm{d8}$　GB/T 1144—2001

3. 花键联接公差的检测

矩形花键的检验方法有单项检验法和综合检验法两种。

（1）单项检验法　单项检验法是用通用计量器具或极限量规对花键的小径、大径、键宽或键槽宽、位置度、对称度、表面粗糙度等单项参数进行检验。单项检验的目的是控制花键各单项参数的精度。

（2）综合检验法　综合检验法是对花键的尺寸、几何误差按控制最大实体实效边界要求，用综合量规进行检验。花键综合量规综合检验花键的小径，大径，键槽宽或键宽，大径对小径的同轴度，键槽的位置度（包括等分度、对称度）；并需用单项止端量规（或用其他量规）分别检验小径、大径、键槽宽的最大极限尺寸（内花键）或键宽的最小极限尺寸（外花键）。

综合检验时，若综合量规能通过，而单项止端量规不通过，则该零件为合格品；综合量规不通过，则零件为不合格品。

习　题

6-1　平键联接为什么对键宽（键槽宽）规定严格的公差要求？

6-2　矩形花键的主要参数有哪些？定心方式有哪几种？为什么国家标准规定矩形花键的定心方式采用小径定心？

6-3　平键、花键联接的配合采用何种基准制？为什么？

6-4　齿轮与轴 ϕ56H7/h6 采用一般平键联接。试查出键槽尺寸偏差、几何公差和表面粗糙度值，分别标注在图6-10中。

6-5　某变速器传动轴采用矩形花键联接，标记为"$6\times26\times30\times6$"。要求定心精度较高，固定联接，

批量生产。试将确定的内、外花键的尺寸公差、几何公差和表面粗糙度值等要求标注在图 6-11 中。

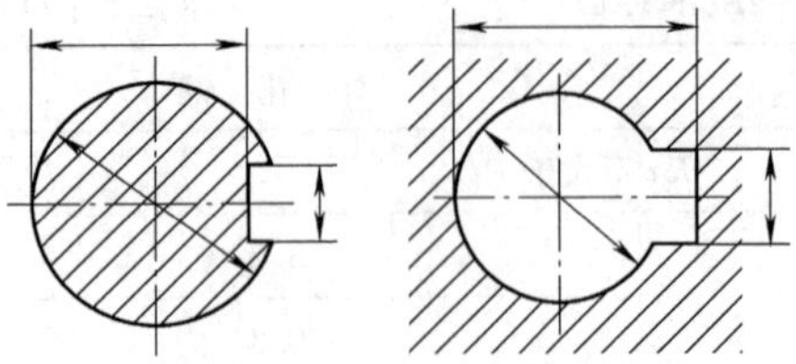

图 6-10　习题 6-4 图

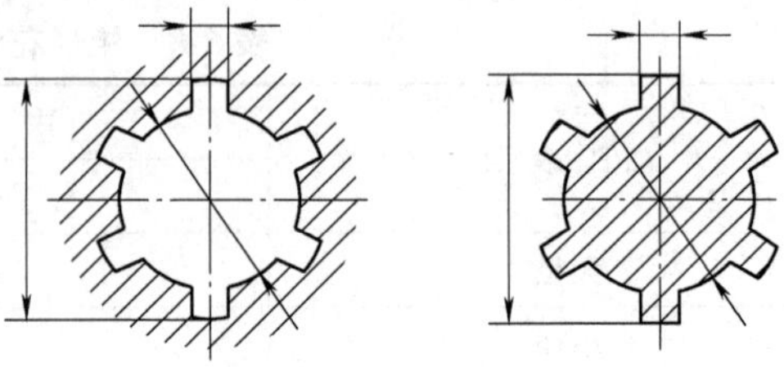

图 6-11　习题 6-5 图

知识模块 7　螺纹的公差配合与检测

【学习目标】

1. 了解有关螺纹公差的基本术语和含义
2. 学会有关螺纹极限尺寸、极限偏差、公差的计算
3. 能够正确识读工程图样中螺纹标记的含义

螺纹在机械工程中应用很广，螺纹的互换程度也很高。螺纹的几何参数较多，国家标准对螺纹的牙型、公差与配合等都做了规定，以保证其几何精度。螺纹主要用于紧固联接、密封、传递力和运动等。对于在工程图样中出现的各种螺纹标记应能完整准确识读，才能够更好地掌握在机械工程中对螺纹的精度要求。

【实例 7-1】 识读图 7-1 所示螺纹标记的含义，并求出螺纹大径、小径、中径的公称尺寸、极限偏差和极限尺寸。

【分析】 工程图样中的各种螺纹标记涉及很多螺纹相关知识：

（1）螺纹的种类

（2）螺纹大径、小径、中径的公称尺寸和极限偏差

（3）螺纹的公差与配合

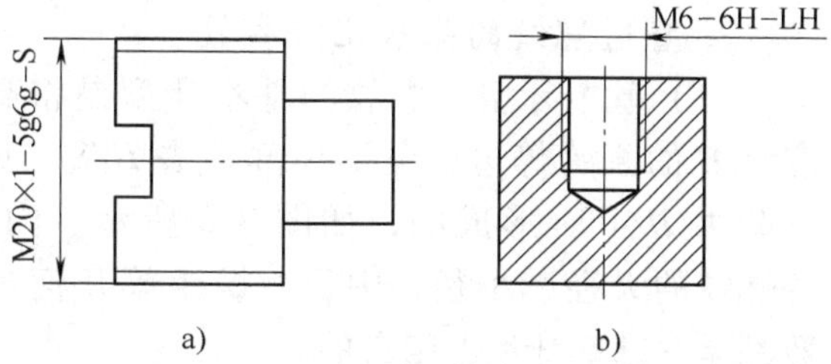

图 7-1　螺纹标注

【实施】

1. M20 × 1 − 5g6g − S

（1）标记含义　M20——普通外螺纹，公称直径为 20mm；1——螺距为 1mm，螺纹为细牙；5g——中径公差带代号；6g——顶径公差带代号；S——旋合长度为短；另外，没有说明螺纹旋向，表示螺纹为右旋。

（2）螺纹大径、中径、小径的公称尺寸、极限偏差、公差　查表 7-2 可得，大径 d = 20mm，中径 d_2 = 19.350mm，小径 d_1 = 18.917mm；由螺距为 1mm，查表 7-6 可得，外螺纹的基本偏差 es = −26μm。

1）大径。已知外螺纹的螺距为 1mm，大径（顶径）公差等级为 IT6，查表 7-6 可得，外螺纹大径公差 T_d = 180μm，则大径下极限偏差 ei = es − T_d =（−26 − 180）μm = −206μm，大径极限尺寸 d_{max} = 19.974mm，d_{min} = 19.794mm。

2）中径。已知外螺纹的螺距为 1mm，中径公差等级为 IT5，查表 7-5 可得，外螺纹中径公差 T_{d2} = 95μm，则中径下极限偏差 ei = es − T_{d2} =（−26 − 95）μm = −121μm，中径极限尺寸 d_{2max} = 19.324mm，d_{2min} = 19.229mm。

3）小径。国家标准中，对外螺纹的小径下偏差 ei 未做要求，小径极限尺寸 d_{1max} = 18.891mm，d_{1min}不超出实体牙型即可。

2. M6 − 6H − LH（略）

7.1　螺纹的种类及几何参数特性

1. 螺纹的种类

螺纹按用途可分为紧固螺纹、传动螺纹和紧密螺纹；按牙型可分为三角形螺纹、梯形螺纹、矩形螺纹和锯齿形螺纹等，参见表 7-1。

表 7-1　螺纹的分类及用途

螺纹分类	螺纹种类	代　号	用　　途
紧固螺纹	粗牙普通螺纹	M	主要用于联接和紧固零件，牙型是三角形的，是应用最广泛的螺纹；主要要求是可旋合性和联接的可靠性
	细牙普通螺纹		
传动螺纹	梯形螺纹	Tr	主要用于传递精确的位移、动力和运动，如机床中的丝杠和螺母、千斤顶的起重螺杆等；主要要求是传递位移的准确性和传递动力的可靠性
	锯齿形螺纹	B	
紧密螺纹	非螺纹密封的管螺纹	G	用于密封的螺纹联接，如管螺纹的联接，主要要求是结合的紧密性，应不漏水、不漏气、不漏油
	螺纹密封的管螺纹	R	

2. 普通螺纹的基本几何参数

（1）基本牙型　螺纹的基本牙型是将高度为 H 的原始等边三角形顶部截去 $H/8$、底部截去 $H/4$ 所形成的，如图 7-2 所示。内、外螺纹的大径、小径、中径、螺距等几何参数都是在基本牙型上定义的。

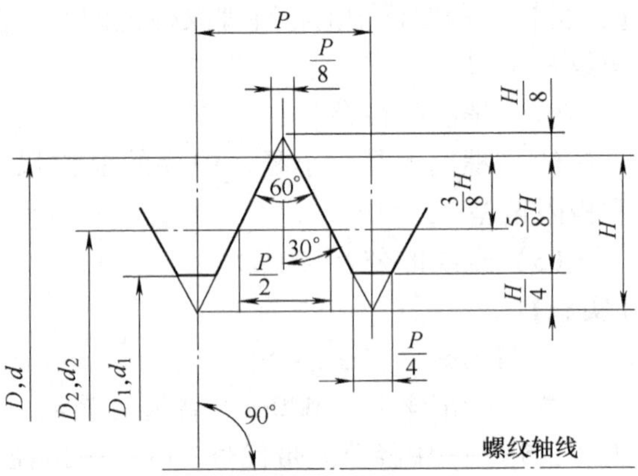

图 7-2　普通螺纹的基本牙型

（2）几何参数　下面从普通螺纹互换性的角度来介绍螺纹的主要几何参数。

1）大径 d 或 D。大径是指与外螺纹牙顶或内螺纹牙底相切的假想圆柱面的直径。

2）小径 d_1 或 D_1。小径是指与外螺纹牙底或内螺纹牙顶相切的假想圆柱面的直径。

说明：

① 外螺纹几何参数代号一律用小写字母，内螺纹几何参数代号一律用大写字母。

② 国家标准规定，螺纹大径的公称尺寸为螺纹的公称直径。

③ 外螺纹的大径和内螺纹的小径统称为顶径，外螺纹的小径和内螺纹的大径统称为底径。

3）中径 d_2 或 D_2。中径是指一个假想圆柱面的直径，该圆柱面的母线通过牙型上牙槽和凸起宽度相等的地方。

4）单一中径 d_{2s} 或 D_{2s}。单一中径是指一个假想圆柱面的直径，该圆柱面的母线通过牙型上牙槽宽度等于螺距公称尺寸一半的地方。

5）螺距 P 和导程 P_h。螺距是指相邻两牙在中径线上对应两点间的轴向距离；导程是指同一条螺旋线上的相邻两牙在中径线上对应两点间的轴向距离。螺距和导程的关系为 $P_h = nP$，其中 n 表示螺纹的线数。

6）牙型角 α 和牙型半角 $\alpha/2$。牙型角是指螺纹牙型上相邻两侧间的夹角；牙型半角是指牙侧与螺纹轴线的垂线之间的夹角。米制普通螺纹的牙型角为 60°，牙型半角为 30°。

7）旋合长度 L。旋合长度是指两个相互配合的螺纹沿螺纹轴线方向相互旋合部分的长度。

GB/T 196—2003 规定了普通螺纹的公称尺寸，部分尺寸参见表 7-2。

表 7-2　普通螺纹的公称尺寸（GB/T 196—2003）　（单位：mm）

大径 D、d			螺距 P	中径 D_2、d_2	小径 D_1、d_1
第一系列	第二系列	第三系列			
6			1	5. 350	4. 917
			0. 75	5. 513	5. 188
			(0. 5)	5. 675	5. 459
		7	1	6. 350	5. 917
			0. 75	6. 513	6. 188
			(0. 5)	6. 675	6. 459
8			1. 25	7. 188	6. 647
			1	7. 350	6. 917
			0. 75	7. 513	7. 188
			(0. 5)	7. 675	7. 459
		9	1. 25	8. 188	7. 647
			1	8. 350	7. 917
			0. 75	8. 513	8. 188
			(0. 5)	8. 675	8. 459
10			1. 5	9. 026	8. 376
			1. 25	9. 188	8. 647
			1	9. 350	8. 917
			0. 75	9. 513	9. 188
			(0. 5)	9. 675	9. 459
		11	(1. 5)	10. 026	9. 376
			1	10. 350	9. 917
			0. 75	10. 513	10. 188
			0. 5	10. 675	10. 459
12			1. 75	10. 863	10. 106
			1. 5	11. 026	10. 376
			1. 25	11. 188	10. 647
			1	11. 350	10. 917
			(0. 75)	11. 513	11. 188
			(0. 5)	11. 675	11. 459
	14		2	12. 701	11. 835
			1. 5	13. 026	12. 376
			(1. 25)	13. 188	12. 647
			1	13. 350	12. 917
			(0. 75)	13. 513	13. 188
			(0. 5)	13. 675	13. 459
		15	1. 5	14. 026	13. 376
			(1)	14. 350	13. 917
16			2	14. 701	13. 835
			1. 5	15. 026	14. 376
			1	15. 350	14. 917
			(0. 75)	15. 513	15. 188
			(0. 5)	15. 675	15. 459
		17	1. 5	16. 026	15. 376
			(1)	16. 350	15. 917
	18		2. 5	16. 376	15. 294
			2	16. 701	15. 835
			1. 5	17. 026	16. 376
			1	17. 350	16. 917
			(0. 75)	17. 513	17. 188
			(0. 5)	17. 675	17. 459
20			2. 5	18. 376	17. 294
			2	18. 701	17. 835
			1. 5	19. 026	18. 376
			1	19. 350	18. 917
			(0. 75)	19. 513	19. 188
			(0. 5)	19. 675	19. 459
	22		2. 5	20. 376	19. 294
			2	20. 701	19. 835
			1. 5	21. 026	20. 376
			1	21. 350	20. 917
			(0. 75)	21. 513	21. 188
			(0. 5)	21. 675	21. 459
24			3	22. 051	20. 752
			2	22. 701	21. 835
			1. 5	23. 026	22. 376
			1	23. 350	22. 917
			(0. 75)	23. 513	23. 188
		25	2	23. 701	22. 835
			1. 5	24. 026	23. 376
			(1)	24. 350	23. 917

（3）螺纹几何参数对互换性的影响　螺纹联接的互换性要求是指装配过程的可旋合性以及使用过程中联接的可靠性。影响螺纹互换性的几何参数有 5 个：大径、小径、中径、螺

距和牙型半角。在加工过程中，这些参数不可避免地都会产生一定的误差，这些误差将影响螺纹的可旋合性、接触高度和联接的可靠性，从而影响螺纹联接的互换性。

为了使实际的螺纹结合避免在大径、小径处发生干涉而影响螺纹的可旋合性，在制定螺纹公差时，保证在大径、小径的结合处具有一定量的间隙。以下重点介绍螺纹中径误差、螺距误差及牙侧角误差对螺纹互换性的影响。

1）螺距误差对互换性的影响。普通螺纹的螺距误差分为两种，一种是单个螺距误差，另一种是螺距累积误差。前者是指单个螺距的实际值与公称值的代数差，它与旋合长度无关。后者是指在指定的螺纹长度内，包含若干个螺距的任意两牙，在中径上相应两点之间的实际轴向距离与公称轴向距离的代数差，它与旋合长度有关。螺距累积误差使内、外螺纹螺牙在旋合时发生干涉，不能旋合。因此，影响螺纹可旋合性的主要是螺距累积误差。

在图 7-3 中，假设内螺纹具有理想牙型，仅外螺纹存在螺距误差。在 n 个螺牙的旋合长度内，外螺纹存在螺距累积误差 ΔP_Σ。在旋合时，内、外螺纹牙侧产生干涉而无法旋合。为了保证具有螺距累积误差的外螺纹能够旋入理想的内螺纹，在制造时将外螺纹的中径减少一个数值 f_P，这个数值称为螺距误差的中径补偿值。取牙型角 $\alpha=60°$，则其计算公式为

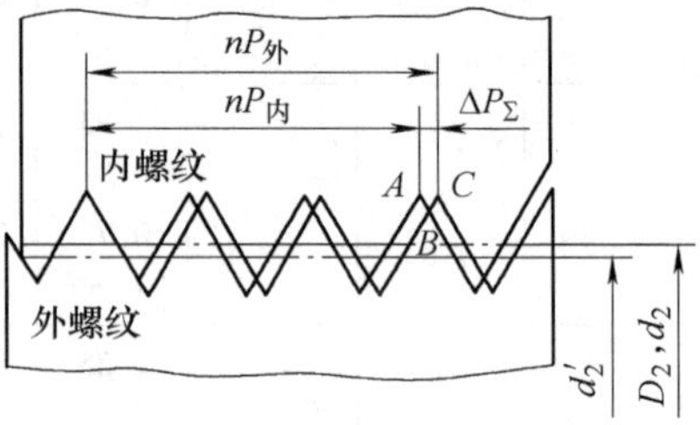

图 7-3　螺距误差

$$f_P = 1.732\,|\Delta P_\Sigma|$$

同理，假设外螺纹具有理想牙型，仅内螺纹存在螺距误差。为了保证可旋合性，可将内螺纹的中径增大一个数值 f_P。

2）牙型半角误差对互换性的影响。螺纹牙型半角误差是指实际牙型半角与理论牙型半角之差，它是牙侧相对于螺纹轴线的位置误差。牙型半角存在误差对螺纹的可旋合性和联接强度均有影响。

为了让一个有牙型半角误差的外螺纹仍能旋入内螺纹，必须将外螺纹的中径减小一个量 $f_{\alpha/2}$，该量称为牙型半角误差的中径补偿值。同理，为了让一个有牙型半角误差的内螺纹仍能旋入外螺纹，必须将内螺纹的中径增大一个量 $f_{\alpha/2}$。$f_{\alpha/2}$ 的计算公式为

$$f_{\alpha/2} = 0.073P\left[K_1\left|\Delta\frac{\alpha}{2}_{(左)}\right| + K_2\left|\Delta\frac{\alpha}{2}_{(右)}\right|\right]$$

式中　P——螺距；

$\Delta\frac{\alpha}{2}_{(左)}$——左牙型半角误差，单位为（′）；

$\Delta\frac{\alpha}{2}_{(右)}$——右牙型半角误差，单位为（′）；

K_1、K_2——系数，其值见表 7-3。

表 7-3　K_1、K_2 的系数值

	内　螺　纹		外　螺　纹	
牙型半角误差	>0	<0	>0	<0
K_1、K_2	3	2	2	3

3）中径误差对螺纹互换性的影响。由于螺纹旋合时在牙侧面接触，因此中径的大小直接影响牙侧相对轴线的径向位置。外螺纹中径大于内螺纹中径，影响螺纹的可旋合性；外螺纹中径过小，影响联接强度。因此，必须对内、外螺纹中径误差加以控制。

（4）螺纹中径合格性的判断原则

1）作用中径。根据前面的分析可知，当外螺纹存在螺距误差和牙型半角误差时，只能与一个中径较大的理想内螺纹旋合，相当于外螺纹的中径增大了，这个增大的假想中径叫作外螺纹的作用中径 d_{2m}。它是与内螺纹旋合时，实际起作用的中径，其值等于外螺纹的实际中径与螺距误差及牙型半角误差的中径补偿值之和，即 $d_{2m} = d_{2s} + (f_P + f_{\alpha/2})$。

同样，当内螺纹存在螺距误差和牙型半角误差时，只能与一个中径较小的理想外螺纹旋合，相当于内螺纹的中径减小了，这个减小的假想中径叫作内螺纹的作用中径 D_{2m}。它是与外螺纹旋合时，实际起作用的中径，其值等于内螺纹的实际中径与螺距误差及牙型半角误差的中径补偿值之差，即 $D_{2m} = D_{2s} - (f_P + f_{\alpha/2})$。

说明：实际中径由螺纹的单一中径 d_{2s}、D_{2s}代替。

2）螺纹中径合格性的判断原则。实际加工螺纹时，往往同时存在螺距误差、牙型半角误差和中径误差，这三种误差的综合结果可以用作用中径来表示。国家标准中没有单独规定螺距和牙型半角公差，仅用内、外螺纹的中径公差综合控制实际中径、螺距和牙型半角三项误差，因而中径公差是衡量螺纹互换性的重要指标。

判断螺纹中径合格性遵循泰勒原则：实际螺纹的作用中径不能超出最大实体牙型的中径，任何部位的单一中径不得超出最小实体牙型的中径。即

外螺纹：$d_{2m} \leqslant d_{2max}$，$d_{2s} \geqslant d_{2min}$

内螺纹：$D_{2m} \geqslant D_{2min}$，$D_{2s} \leqslant D_{2max}$

7.2　普通螺纹的公差与配合

螺纹配合由内、外螺纹的公差带组合而成，GB/T 197—2003《普通螺纹　公差》将普通螺纹公差带的大小（公差等级）和位置（基本偏差）进行了标准化，组成各种螺纹公差带。考虑到旋合长度对螺纹精度的影响，由螺纹公差带与旋合长度构成螺纹精度，形成了较为完整的螺纹公差带体系。

1. 普通螺纹的公差

（1）普通螺纹的公差等级　国家标准 GB/T 197—2003 规定的普通螺纹公差等级见表 7-4。各公差等级中，IT3 精度最高，IT9 精度最低，IT6 为基本级。考虑到加工难易程度，在加工同一等级的螺纹时，内螺纹的中径公差比外螺纹的中径公差大 32%。

表 7-4　普通螺纹的公差等级

螺纹直径	公差等级	螺纹直径	公差等级
内螺纹中径 D_2	4、5、6、7、8	外螺纹中径 d_2	3、4、5、6、7、8、9
内螺纹小径 D_1	4、5、6、7、8	外螺纹大径 d	4、6、8

由表 7-4 可知，对内螺纹大径 D 和外螺纹小径 d_1 没有规定具体公差等级。而国家标准规定了内、外螺纹牙底实际轮廓不得超出按基本偏差所确定的最大实体牙型，这样就可以保证螺纹旋合时不发生干涉。内、外螺纹公差数值参见表 7-5 和表 7-6。

表 7-5　普通螺纹的中径公差（GB/T 197—2003）　　（单位：μm）

公称直径 D、d/mm		螺距 P/mm	内螺纹中径 T_{D2} 公差等级					外螺纹中径公差 T_{d2} 公差等级						
>	≤		4	5	6	7	8	3	4	5	6	7	8	9
5.6	11.2	0.75	85	106	132	170	—	50	63	80	100	125	—	—
		1	95	118	150	190	236	56	71	90	112	140	180	224
		1.25	100	125	160	200	250	60	75	95	118	150	190	236
		1.5	112	140	180	224	280	67	85	106	132	170	212	265
11.2	22.4	1	100	125	160	200	250	60	75	95	118	150	190	236
		1.25	112	140	180	224	280	67	85	106	132	170	212	265
		1.5	118	150	190	236	300	71	90	112	140	180	224	280
		1.75	125	160	200	250	315	75	95	118	150	190	236	300
		2	132	170	212	265	335	80	100	125	160	200	250	315
		2.5	140	180	224	280	355	85	106	132	170	212	265	335
22.4	45	1	106	132	170	212	—	63	80	100	125	160	200	250
		1.5	125	160	200	250	315	75	95	118	150	190	236	300
		2	140	180	224	280	355	85	106	132	170	212	265	335
		3	170	212	265	335	425	100	125	160	200	250	315	400
		3.5	180	224	280	355	450	106	132	170	212	265	335	425
		4	190	236	300	375	475	112	140	180	224	280	355	450
		4.5	200	250	315	400	500	118	150	190	236	300	375	475

表 7-6　普通螺纹基本偏差和顶径公差（GB/T 197—2003）　　（单位：μm）

螺距 P/mm	内螺纹基本偏差 EI		外螺纹基本偏差 es				内螺纹小径公差 T_{D1} 公差等级					外螺纹大径公差 T_d 公差等级		
	G	H	e	f	g	h	4	5	6	7	8	4	6	8
1	+26	0	−60	−40	−26	0	150	190	236	300	375	112	180	280
1.25	+28		−63	−42	−28		170	212	265	335	425	132	212	335
1.5	+32		−67	−45	−32		190	236	300	375	475	150	236	375
1.75	+34		−71	−48	−34		212	265	335	425	530	170	265	425
2	+38		−71	−52	−38		236	300	375	475	600	180	280	450
2.5	+42		−80	−58	−42		280	355	450	560	710	212	335	530
3	+48		−85	−63	−48		315	400	500	630	800	236	375	600
3.5	+53		−90	−70	−53		355	450	560	710	900	265	425	670
4	+60		−95	−75	−60		375	475	600	750	950	300	475	750

（2）普通螺纹的基本偏差　普通螺纹公差带的位置是以基本牙型为零线布置的，因此基本牙型是计算螺纹偏差的基准。螺纹公差带相对于零线的位置是由基本偏差来确定的，与孔、轴配合的公差带位置一样。对于外螺纹，基本偏差是上极限偏差 es；对于内螺纹，基本偏差是下极限偏差 EI。

国家标准 GB/T 197—2003 对内螺纹规定了代号为 G、H 两种基本偏差，如图 7-4 所示；对外螺纹规定了代号为 e、f、g、h 四种基本偏差，如图 7-5 所示。其中 H、h 的基本偏差为零，G 的基本偏差为正值，e、f、g 的基本偏差为负值。

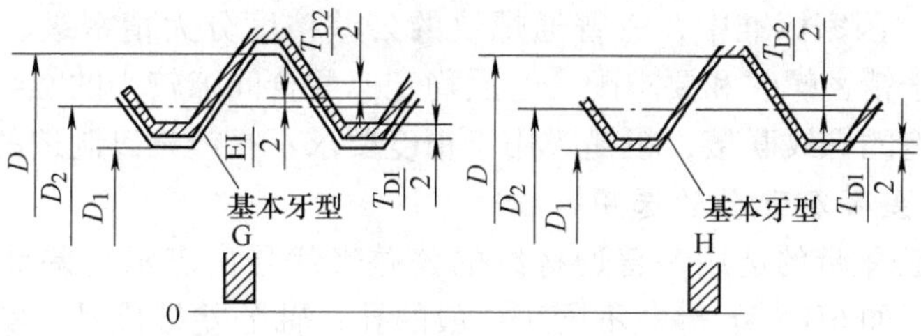

图7-4　内螺纹的基本偏差

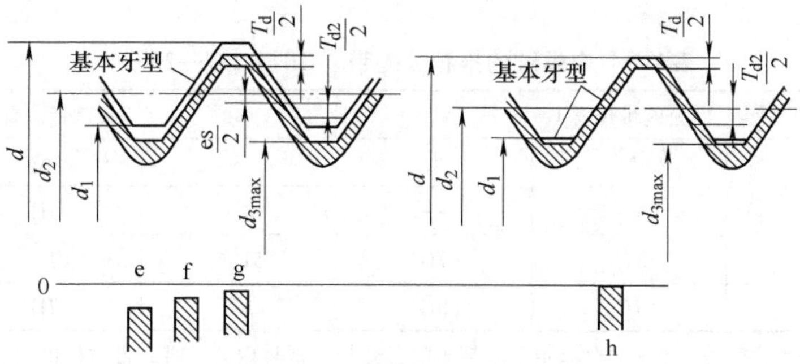

图7-5　外螺纹的基本偏差

2. 普通螺纹的旋合长度与精度

（1）旋合长度　国家标准中，将螺纹的旋合长度划分了三组，即短旋合长度组（S）、中等旋合长度组（N）和长旋合长度组（L）。一般情况下，采用中等旋合长度，在工程图样中省略标注N。各组旋合长度取值范围参见表7-7。

表7-7　螺纹的旋合长度（GB/T 197—2003）　　（单位：mm）

公称直径 D、d		螺距 P	旋合长度			
			S	N		L
>	≤		≤	>	≤	>
5.6	11.2	0.75	2.4	2.4	7.1	7.1
		1	3	3	9	9
		1.25	4	4	12	12
		1.5	5	5	15	15
11.2	22.4	1	3.8	3.8	11	11
		1.25	4.5	4.5	13	13
		1.5	5.6	5.6	16	16
		1.75	6	6	18	18
		2	8	8	24	24
		2.5	10	10	30	30
22.4	45	1	4	4	12	12
		1.5	6.3	6.3	19	19
		2	8.5	8.5	25	25
		3	12	12	36	36
		3.5	15	15	45	45
		4	18	18	53	53
		4.5	21	21	63	63

（2）公差精度　国家标准中，将普通螺纹的公差精度分为精密级、中等级和粗糙级三个等级。精密级用于精密螺纹和要求配合性质稳定、配合间隙较小的螺纹联接；中等级用于中等精度和一般用途的螺纹联接；粗糙级用于精度要求不高或难以制造的螺纹。

3. 普通螺纹公差带及配合的选用

（1）普通螺纹公差带的选用　普通螺纹的公差带代号由表示公差等级的数字和表示基本偏差的字母组成，如6H、5g 等；不同于一般的孔、轴公差带代号。实际生产中，为减少螺纹刀具和螺纹量规的规格及数量，提高经济效益，国家标准规定了供选择的公差带，参见表7-8 和表7-9。

表 7-8　内螺纹的推荐公差带（GB/T 197—2003）

公差精度	公差带位置 G			公差带位置 H		
	S	N	L	S	N	L
精密	—	—	—	4H	5H	6H
中等	（5G）	6G*	（7G）	5H*	[6H]*	7H*
粗糙	—	（7G）	（8G）	—	7H	8H

注：公差带优先选用顺序为：带 * 的公差带、不带 * 的公差带、括号内公差带。带方框的公差带用于大量生产的紧固件螺纹。

表 7-9　外螺纹的推荐公差带（GB/T 197—2003）

公差精度	公差带位置 e			公差带位置 f			公差带位置 g			公差带位置 h		
	S	N	L	S	N	L	S	N	L	S	N	L
精密	—	—	—	—	—	—	—	（4g）	（5g4g）	（3h4h）	4h*	（5h4h）
中等	—	6e*	（7e6e）	—	6f*	—	（5g6g）	[6g]*	（7g6g）	（5h6h）	6h	（7h6h）
粗糙	—	（8e）	（9e8e）	—	—	—	—	8g	（9g8g）	—	—	—

注：表注同表 7-8。

（2）螺纹配合的选用　理论上，表 7-8 所列的内螺纹公差带与表 7-9 所列的外螺纹公差带可以任意组合，但为了保证螺纹有足够的接触高度，优先选用 H/g、H/h 或 G/h 配合。实际选用螺纹配合时，主要依据其使用要求，注意以下几点：

1）同轴度要求较高，且要保证足够的联接强度时，可选用最小间隙为零的 H/h 配合。

2）要求拆装方便和改善螺纹的疲劳强度时，可选用 H/g 或 G/h 配合。

3）需要涂镀保护层或在高温下工作时，可选用 H/g、H/e 等大间隙配合。

7.3　普通螺纹的标记

1. 普通螺纹的标记

完整的螺纹标记由螺纹特征代号、尺寸代号、公差带代号及其他有必要进一步说明的个别信息（螺纹的旋合长度和旋向）组成。

（1）螺纹特征代号　普通螺纹用字母“M”表示。

（2）尺寸代号　单线螺纹的尺寸代号为“公称直径 × 螺距”，公称直径和螺距数值的单位为毫米。细牙螺纹需要标注螺距，粗牙螺纹可以省略标注其螺距。

多线螺纹的尺寸代号为“公称直径×Ph导程P螺距”，数值单位均为毫米。如需进一步表明螺纹的线数，可在后面增加括号说明。

（3）公差带代号　螺纹公差带代号包括中径公差带代号和顶径公差带代号。如果中径与顶径公差带代号相同，则只要标一个代号；若中径与顶径公差带代号不同，则需分别注出，前者为中径公差带代号，后者为顶径公差带代号。

螺纹尺寸代号与公差带代号之间用“-”号分开。

（4）旋合长度　螺纹的旋合长度有S（短）、N（中等）、L（长）三种。中等旋合长度的螺纹一般省略标注。其他两种情况需在公差带代号后标注旋合长度代号（S或L），并与公差带代号间用“-”号分开。

（5）旋向　当螺纹为左旋时，应在旋合长度代号之后标注代号“LH”，不注时即为右旋螺纹。

旋合长度代号与旋向代号之间用“-”号分开。

2. 普通螺纹标注示例

（1）单个螺纹的标记

1）外螺纹：M30×2-5g6g-S

2）内螺纹：M30×2-6H

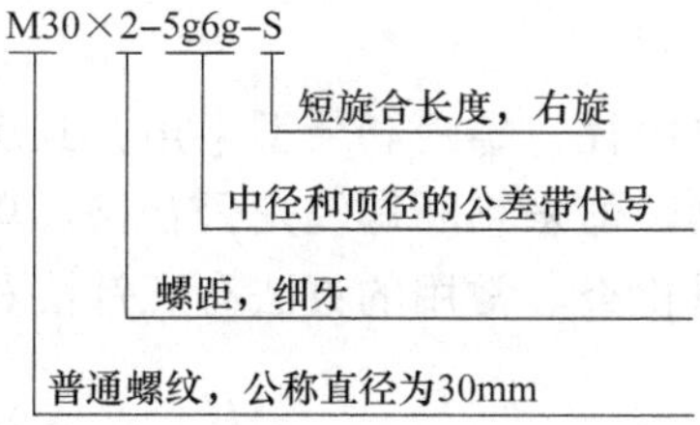

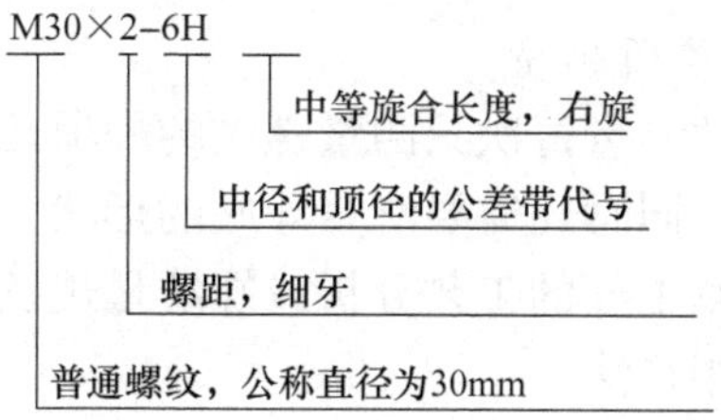

（2）螺纹配合的标记　M30×2-6H/5g6g-S

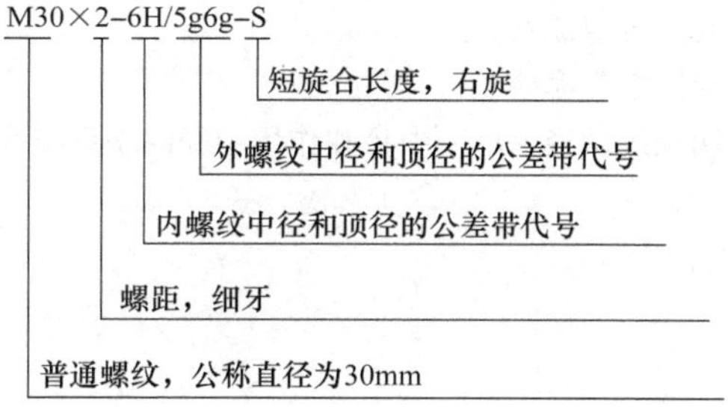

7.4　普通螺纹的检测

1. 综合检验

普通螺纹的综合检验是指用量规对影响螺纹互换性的几何参数偏差的综合结果进行检验。其中包括：使用普通螺纹量规通规和止规分别对被测螺纹的作用中径（含底径）和单一中径进行检验；使用光滑极限量规对被测螺纹的实际顶径进行检验。

检验内螺纹用的螺纹量规称为螺纹塞规，检验外螺纹用的量规称为螺纹环规。

图 7-6 所示为用螺纹环规和光滑极限量规检验外螺纹。先用卡规检验外螺纹大径是否合格；再用螺纹环规的通规检验外螺纹作用中径是否合格，如能与被检验螺纹顺利旋合，则表明该外螺纹的作用中径合格。

图 7-7 所示为用螺纹塞规和光滑极限量规检验内螺纹。

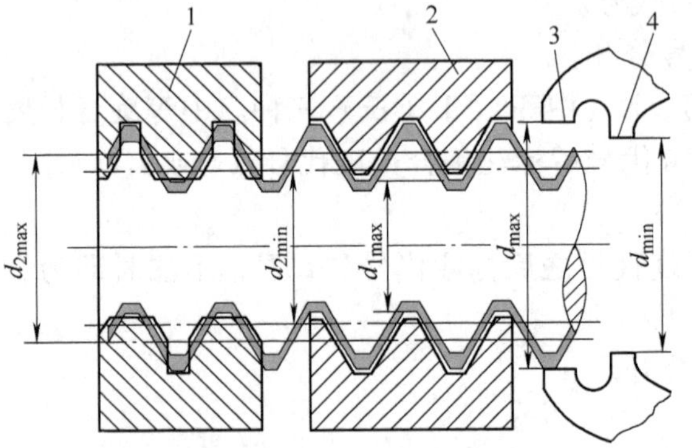

图 7-6　用螺纹环规和光滑极限量规检验外螺纹
1—止端螺纹环规　2—通端螺纹环规
3—通端光滑卡规　4—止端光滑卡规

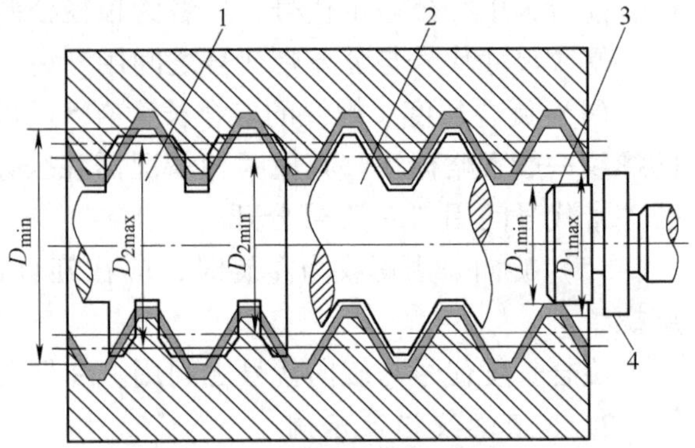

图 7-7　用螺纹塞规和光滑极限量规检验内螺纹
1—止端螺纹塞规　2—通端螺纹塞规
3—通端光滑塞规　4—止端光滑塞规

2. 单项测量

单项测量每次只测量螺纹的一项几何参数，主要是中径、螺距和牙型半角，其次是顶径和底径，同时还需要测量牙底的形状，并以所测得的实际值来判断螺纹是否合格。单项测量用于螺纹工件的工艺分析或螺纹量规及螺纹刀具的质量检查。常用的方法有三针法和螺纹千分尺测中径法。

习　题

7-1　螺纹的完整标记由哪几部分组成?

7-2　影响螺纹互换性的主要因素有哪些?

7-3　以外螺纹为例，试说明螺纹中径、单一中径和作用中径的联系与区别，以及三者在什么情况下是相等的。

7-4　说明以下螺纹标记的含义。

（1）M12 × 2—6H—LH

（2）M30—5g6g—L

（3）M18 × 1—6H/5g6g

7-5　有一标记为 M18 × 1—6f 的螺钉，试查表求出螺纹大径、中径和小径的公称尺寸、极限偏差和公差。

参考文献

[1] 王宇平．公差配合与几何精度检测［M］. 2版．北京：人民邮电出版社，2012.
[2] 成大先．机械设计手册：机械制图极限与配合［M］. 北京：化学工业出版社，2007.
[3] 陈于萍，周兆元．互换性与测量技术基础［M］. 2版．北京：机械工业出版社，2006.
[4] 胡凤兰．互换性与技术测量基础［M］. 2版．北京：高等教育出版社，2010.
[5] 付风岚，胡业发，张新宝．公差与检测技术［M］. 北京：科学出版社，2006.
[6] 苏采兵，王凤娜．公差配合与测量技术［M］. 北京：北京邮电大学出版社，2013.
[7] 张琳娜．精度设计与质量控制基础［M］. 2版．北京：中国计量出版社，2006.
[8] 杨好学，蔡霞．公差与技术测量［M］. 北京：国防工业出版社，2009.
[9] 赵美卿，王凤娟．公差配合与技术测量［M］. 北京：冶金工业出版社，2008.